VETORES COM APLICAÇÕES EM FÍSICA

Blucher

Sergio Leonardo Gómez

VETORES COM APLICAÇÕES EM FÍSICA

Vetores com aplicações em física

Editora Edgard Blücher Ltda.

Blucher

Rua Pedroso Alvarenga, 1245, 4° andar
04531-934 – São Paulo – SP – Brasil
Tel.: 55 11 3078-5366
contato@blucher.com.br
www.blucher.com.br

Segundo o Novo Acordo Ortográfico, conforme 5. ed. do *Vocabulário Ortográfico da Língua Portuguesa*, Academia Brasileira de Letras, março de 2009.

Dados Internacionais de Catalogação na Publicação (CIP)
Angélica Ilacqua CRB-8/7057

Gómez, Sergio Leonardo
Vetores com aplicações em física / Sergio Leonardo Gómez. – São Paulo : Blucher, 2020.
304 p. : il.

Bibliografia
ISBN 978-65-5506-002-7 (impresso)
ISBN 978-65-5506-008-9 (eletrônico)

1. Mecânica. 2. Física. I. Título.

20-0373 CDD 531

Índice para catálogo sistemático:
1. Vetores

À minha esposa, Rozane, e aos meus filhos,
Andres e Lucas, pelo amor, compreensão e apoio.

"Science is far from a perfect instrument of knowledge. It's just the best we have."

Carl Sagan, *The Demon-Haunted World*

Prefácio

Uma das mais importantes noções matemáticas que se encontram no âmago da física é a de vetor. Este não é simplesmente uma ferramenta matemática adequada para uma formulação "elegante" e simplificada das leis físicas, mas se encontra na essência de numerosas grandezas físicas em todas as áreas nas quais a física foi dividida, e a sua noção vai além da descrição geométrica simples de uma seta com um conjunto de operações algébricas elementares. As ideias fundamentais referentes aos vetores, como a adição vetorial, podem ser encontradas nos textos dos primeiros trabalhos científicos de que se tem conhecimento, aparecendo também no primeiro corolário na obra de Newton, os *Princípios Matemáticos da Filosofia Natural* (1687), junto com a ideia de que a força é um ente com direção e sentido (2ª lei). A álgebra vetorial de vetores bidimensionais estava presente nos estudos referentes à representação de números complexos, nos quais importantes contribuições, simultâneas e independentes, foram dadas, entre outros, por Caspar Wessel e Carl Friedrich Gauss. Tal representação geométrica buscava representar analiticamente uma direção no plano. Porém, não se obteve êxito na representação de uma direção no espaço. Esse passo fundamental foi dado por Sir William Rowan Hamilton, com o descobrimento dos "quatérnions", uma estrutura polinomial representada por $q = w + x\,\mathbf{i} + y\,\mathbf{j} + z\,\mathbf{k}$, constituída de uma parte real (w), batizada por ele de *scalar* (escalar), e uma parte imaginária ($x\,\mathbf{i} + y\,\mathbf{j} + z\,\mathbf{k}$), que chamou *vector*, do latim *vehere*, que representava uma direção no espaço.

O estudo das propriedades algébricas dos vetores é normalmente abordado em cursos de Geometria Analítica, sendo deixados para cursos mais avançados de Cálculo e de Álgebra Linear os aspectos mais abstratos. Contudo, normalmente não é feita uma abordagem integradora dos vetores. Na física, e mais especificamente na mecânica, a imagem geométrica simples de um vetor como uma seta é normalmente adequada para a resolução da dinâmica de sistemas físicos simples. Grandezas como posição, velocidade, força, torque e momento angular podem ser representadas por setas, o que permite uma rápida visualização do problema e do comportamento resultante (dinâmica). Porém, uma noção mais abstrata de vetor é necessária para o estudo de sistemas mecânicos como os osciladores acoplados, ou nos estudos de difusão de calor, alcançando seu ápice na descrição dos estados dos sistemas na mecânica quântica.

Durante os anos em que ministrei cursos de Mecânica em diferentes níveis para os cursos de Engenharia e de Física, observei grande dificuldade dos alunos em se familiarizar com o conceito de vetor e em transpor, por exemplo, o que foi visto num curso de Geometria Analítica para um curso de Álgebra Linear ou de Física. Este livro procura fazer uma abordagem integradora do tema de vetores, dando subsídios para uma compreensão geral do tema. Na primeira parte desta obra, é realizada uma abordagem geométrica dos vetores e da álgebra vetorial, tendo em mente a noção de vetores em $\mathbb{R}^3$. Também é apresentado o tema da representação dos vetores em sistemas de coordenadas e a relação entre as diversas representações. Na segunda parte, são abordados temas usualmente presentes em cursos de cálculo avançado. É trabalhado o conceito de vetor como objeto matemático de um espaço de dimensão n. Em especial, são apresentadas as noções de campos escalares e vetoriais e os campos associados como os campos gradiente, divergente e rotacional. Na última parte, são apresentadas as noções de vetor dentro do formalismo da álgebra linear. Concomitantemente com os temas abordados, serão fornecidos exemplos de aplicação dos conceitos matemáticos em diversas áreas da física, os quais não buscam exaurir as possibilidades, mas apresentar a aplicabilidade de conceitos que possam parecer demasiado abstratos *a priori*.

Sergio L. Gómez
Ponta Grossa, 2020.

Conteúdo

Capítulo 1

Álgebra vetorial

1.1 Introdução

Para postular modelos que descrevam sistemas físicos, precisamos realizar medições de grandezas físicas, as quais podem ter diversas naturezas, mas que podem ser agrupadas segundo algumas particularidades. Existem, por exemplo, grandezas físicas que para serem completamente especificadas precisam somente de um valor e de uma unidade de medida. Por exemplo, para indicar a massa de um objeto dissemos que ela vale 2 kg, ou que o volume de um corpo é de 0,5 m^3. Outras grandezas similares, no sentido de serem indicadas só por um número e uma unidade, são a superfície de um objeto, o trabalho de uma força e a energia cinética de um corpo em movimento, por exemplo. Grandezas dessa natureza são denominadas grandezas *escalares*. Contudo, existem grandezas que necessitam de mais informações que somente um número e uma unidade de medida para serem completamente especificadas. Consideremos, por exemplo, o deslocamento de um carro num determinado intervalo de tempo. Para indicar completamente esse deslocamento, não é suficiente dizer que foi de 2 m. É necessário, também, dizer em que direção e para qual sentido (dada uma direção, temos dois sentidos possíveis) ele se deslocou. Similarmente, se um corpo sofre o efeito de uma força de 2 N, a teoria da mecânica clássica mostra que o movimento resultante da ação de tal força depende, além da sua intensidade, da direção e do sentido desta. Grandezas como o deslocamento e a força são chamadas de grandezas *vetoriais*. Outros exemplos de grandezas vetoriais são a velocidade, a aceleração e o campo elétrico. Finalmente, existem grandezas que não podem ser indicadas por um simples número com uma unidade nem por um conjunto de quatro elementos (um número, uma unidade, uma direção e um sentido), mas por um conjunto de valores dados em determinada ordem. Por exemplo, a inércia de um corpo ante as rotações depende tanto da direção em torno da qual o corpo sofre a rotação, denominado eixo de rotação, quanto da distribuição da massa em torno desse eixo. Também, as tensões de um material num determinado ponto dependem da direção que passa pelo ponto. Grandezas como a inércia e a tensão são exemplos de grandezas *tensoriais*. Outros exemplos de grandezas tensoriais são a condutividade térmica e a susceptibilidade elétrica. Essas grandezas físicas não serão discutidas nesta obra.

1.2 Reta e segmento orientado

Começaremos o estudo dos vetores mediante uma abordagem puramente geométrica. Assim, a noção de uma direção (reta) e um sentido nos remete diretamente à imagem de uma seta. Uma reta é dita *orientada* quando nela se estabelece um sentido de percurso considerado como positivo (Figura 1.1). Graficamente, o sentido positivo é indicado com uma seta. Uma reta orientada é chamada também de *eixo*.

Figura 1.1 – Reta e reta orientada. A reta indica uma direção e a reta orientada, uma direção e um sentido preferencial.

Um segmento de reta é determinado por dois pontos sobre a reta. Quando os pontos são dados numa certa ordem, o segmento é dito orientado. Dados os pontos O e P, nessa ordem, eles determinam o segmento de reta orientado com origem no ponto O e extremo no ponto P. A notação para um segmento orientado é $\overline{\text{OP}}$ (Figura 1.2). O segmento $\overline{\text{PO}}$ é dito *segmento orientado oposto* do segmento $\overline{\text{OP}}$.

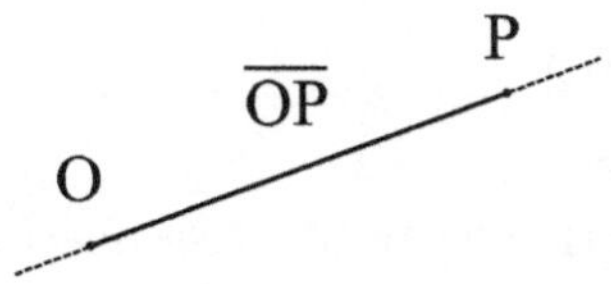

Figura 1.2 – Segmento orientado, de origem O e extremo P.

Fixada uma unidade de comprimento, denomina-se módulo do segmento $\overline{\text{OP}}$ e denotamos por $|\overline{\text{OP}}|$ o comprimento do segmento em termos da unidade de comprimento (u.c.) adotada (Figura 1.3).

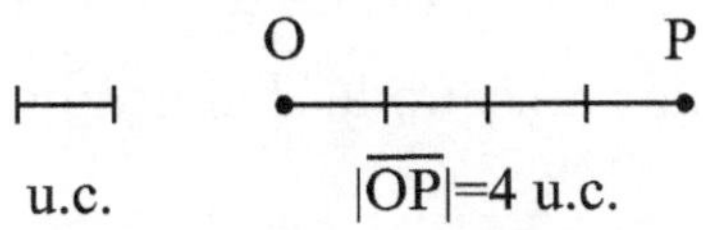

Figura 1.3 – Segmento de 4 unidades de comprimento.

- Um segmento orientado é dito *nulo* quando o seu comprimento é zero.

- Dois segmentos orientados são ditos *paralelos* se as retas que os contêm são paralelas ou coincidentes.

- Dois segmentos são ditos *equipolentes* quando têm a mesma direção, módulo e sentido, embora possam não estar sobre a mesma reta (Figura 1.4).

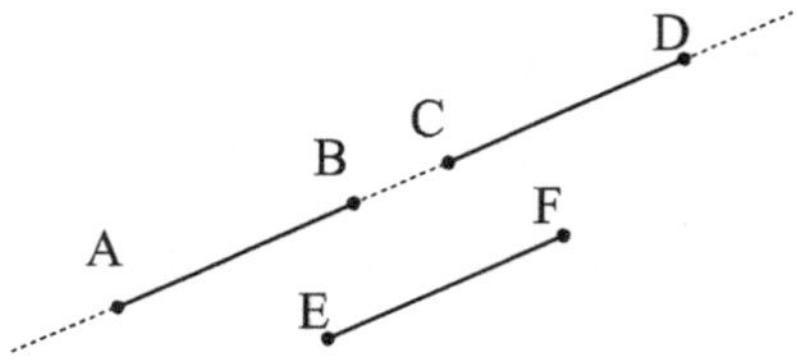

Figura 1.4 – $\overline{\text{AB}}$ é um segmento orientado, e $\overline{\text{CD}}$ e $\overline{\text{EF}}$ são segmentos equipolentes a $\overline{\text{AB}}$.

1.3 Vetor

Apresentado o conceito de segmento orientado, estamos em condições de introduzir a primeira definição de vetor.

1ª definição: Dado um segmento orientado $\overline{\text{AB}}$, chama-se **vetor** à classe dos segmentos equipolentes a $\overline{\text{AB}}$ e se representa por $\overrightarrow{\text{AB}}$.

Qualquer segmento orientado equipolente constitui uma representação do vetor. Assim, dado um vetor, existem infinitas representações deste e, portanto, podemos formular a segunda definição de vetor.

2ª definição: Vetor é uma terna constituída de uma direção, um sentido e um número não negativo denominado módulo do vetor.

Notação: Notações usuais de vetor são uma letra em negrito ($\mathbf{v}$) e letras com uma seta na parte superior ($\vec{v}$). Nesta obra adotaremos a primeira alternativa.

No que segue, não se fará distinção entre um vetor e qualquer uma das suas representações. Graficamente, uma grandeza vetorial é representada por uma seta orientada, sendo a sua magnitude proporcional ao módulo do vetor. A direção da seta é dada pela direção da reta à qual pertence a seta (Figura 1.5).

O módulo de um vetor $\mathbf{V}$, denominado mod $\mathbf{V}$, é o comprimento do

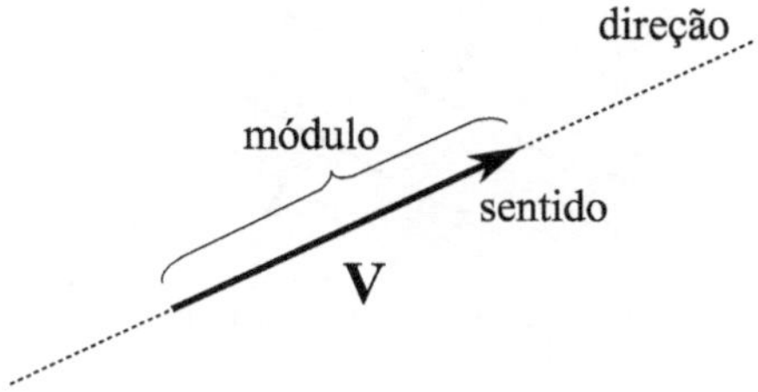

Figura 1.5 – Representação gráfica de um vetor **V**.

segmento orientado. Por ser um comprimento, o módulo de um vetor é sempre um número não negativo. Outras notações do módulo são $|\mathbf{V}|$ e V.

1.3.1 Vetor nulo

Um vetor de módulo igual a zero é denominado *vetor nulo*, embora, estritamente falando, um vetor nulo seja um ponto, não sendo possível atribuir uma direção e um sentido a ele. Representamos o vetor nulo por **0**.

1.3.2 Igualdade de vetores

Definição: Dois vetores **A** e **B** são ditos iguais, e denota-se $\mathbf{A} = \mathbf{B}$ quando eles têm a mesma direção, mesmo módulo e mesmo sentido. A igualdade de vetores satisfaz as seguintes propriedades:

1. $\mathbf{A} = \mathbf{A}$ (Propriedade Reflexiva),

2. Se $\mathbf{A} = \mathbf{B} \Rightarrow \mathbf{B} = \mathbf{A}$ (Propriedade de Simetria),

3. Se $\mathbf{A} = \mathbf{B}$ e $\mathbf{B} = \mathbf{C} \Rightarrow \mathbf{A} = \mathbf{C}$ (Propriedade Transitiva).

1.3.3 Vetor oposto

Dado o vetor **A**, define-se o seu oposto e denota-se por $-\mathbf{A}$ o vetor de mesmo módulo e direção que **A**, mas de sentido contrário (Figura 1.6).

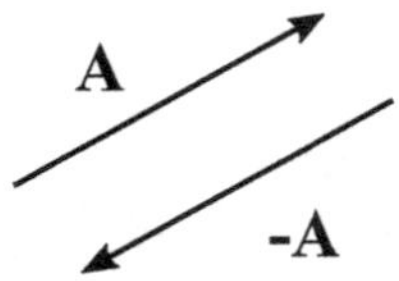

Figura 1.6 – Representação gráfica de um vetor e do seu oposto.

1.3.4 Vetores coplanares

Dois vetores não paralelos são sempre coplanares, ou seja, eles determinam um plano que contém ambos simultaneamente (Figura 1.7). Com efeito, dados dois vetores, sempre podem ser escolhidas representações de ambos os vetores com uma origem comum. Essas representações sempre definem um plano, sendo, portanto, o plano definido pelos vetores.

Em geral, três ou mais vetores não serão todos simultaneamente coplanares.

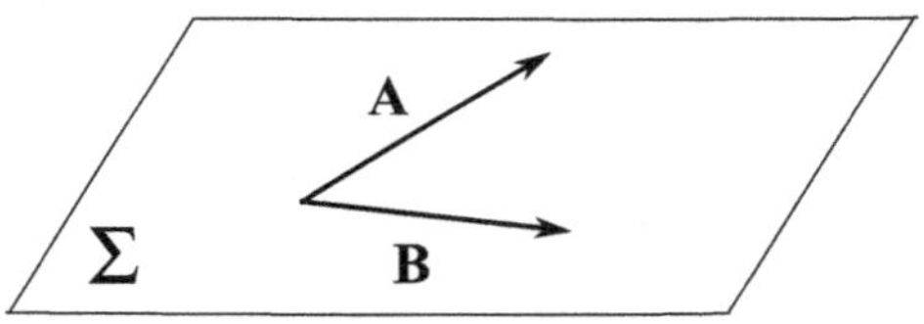

Figura 1.7 – Plano $\sum$ determinado pelos vetores **A** e **B**.

1.4 Adição de vetores

Sejam dois vetores quaisquer **A** e **B**. O vetor soma ou vetor resultante **R** dos vetores **A** e **B**, indicado por $\mathbf{R} = \mathbf{A} + \mathbf{B}$, é o vetor que pode ser obtido seguindo este procedimento:

Os vetores **A** e **B** são transladados paralelamente um à continuação do outro, fazendo coincidir o extremo de um com a origem do seguinte. O vetor resultante **R** será o vetor que terá a sua origem na origem do primeiro vetor (**A**) e o seu extremo no extremo do último vetor (**B**). Esse método de

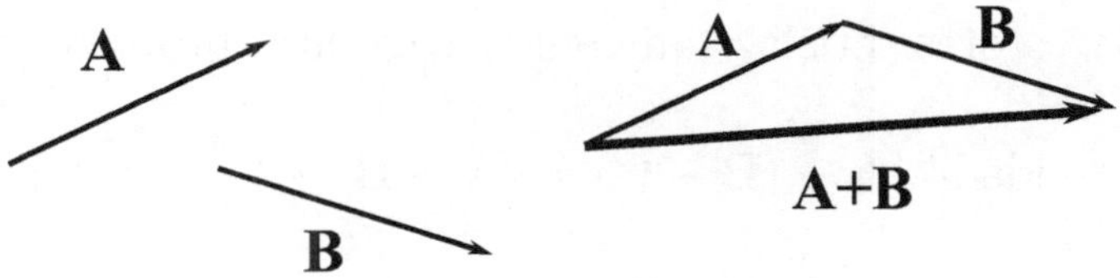

Figura 1.8 – Representação gráfica do Método da Poligonal para a obtenção da soma dos vetores **A** e **B**.

obtenção da soma de vetores é conhecido como *Método da Poligonal* (Figura 1.8).

A adição de um vetor e o seu oposto dará como resultante o vetor nulo, ou seja

$$\mathbf{A} + (-\mathbf{A}) = \mathbf{0}.$$

A diferença dos vetores **A** e **B**, indicada por $\mathbf{A} - \mathbf{B}$, é definida como a soma de **A** e do oposto de **B** (Figura 1.9):

$$\mathbf{A} - \mathbf{B} \equiv \mathbf{A} + (-\mathbf{B}) .$$

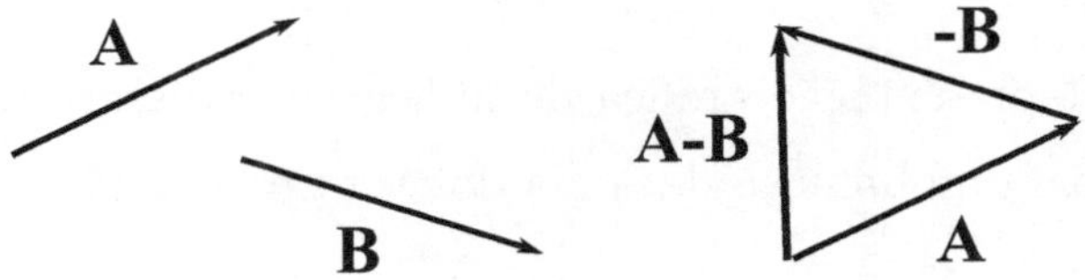

Figura 1.9 – Representação gráfica da aplicação de Método da Poligonal para a obtenção da diferença entre os vetores **A** e **B**.

1.4.1 Propriedades da soma de vetores

Sendo que os vetores **A**, **B** e **A**+**B** formam um triângulo, os módulos dos vetores satisfazem a seguinte relação:

$$|\mathbf{A} + \mathbf{B}| \leq |\mathbf{A}| + |\mathbf{B}| .$$

A soma de vetores satisfaz também as seguintes propriedades:

- Associatividade: $\mathbf{A} + (\mathbf{B} + \mathbf{C}) = (\mathbf{A} + \mathbf{B}) + \mathbf{C} \equiv \mathbf{A} + \mathbf{B} + \mathbf{C}$,
- Comutatividade: $\mathbf{A} + \mathbf{B} = \mathbf{B} + \mathbf{A}$,
- $\mathbf{A} + \mathbf{0} = \mathbf{A}$.

A última propriedade indica que o vetor nulo é o elemento neutro na adição vetorial. Uma consequência da propriedade comutativa da adição de vetores é a denominada *Regra do Paralelogramo* para a obtenção da resultante de dois vetores: dados dois vetores, $\mathbf{A}$ e $\mathbf{B}$, a resultante $\mathbf{A} + \mathbf{B}$ é dada pela diagonal do paralelogramo determinado por $\mathbf{A}$ e $\mathbf{B}$ (Figura 1.10).

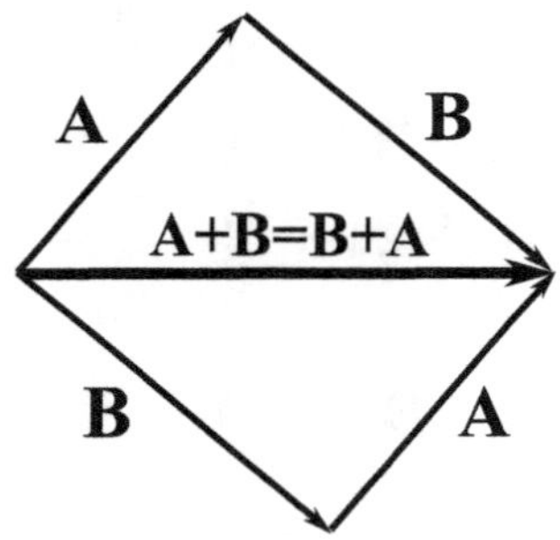

Figura 1.10 – Representação gráfica da aplicação da Regra do Paralelogramo para a obtenção da soma dos vetores $\mathbf{A}$ e $\mathbf{B}$.

A soma de vetores pode ser estendida para qualquer número de vetores por meio do método da poligonal. A soma dos vetores $\mathbf{A} + \mathbf{B} + \mathbf{C} \ldots$ é realizada levando os vetores a coincidir o extremo de cada vetor com a origem do seguinte. O vetor soma é determinado pela origem do primeiro e o extremo do último vetor da série.

Princípio de superposição de forças

Na física, a adição de grandezas vetoriais, como as forças, é conhecida como *Princípio de Superposição*. Não constitui um resultado *a priori*, mas a

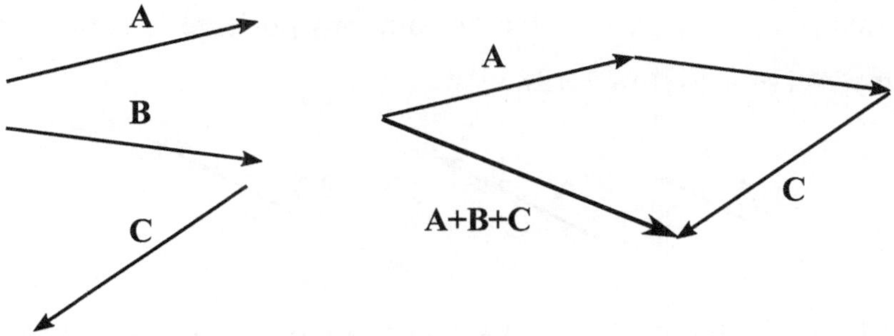

Figura 1.11 – Método da poligonal para a obtenção da resultante de um número arbitrário de vetores.

conclusão de numerosos resultados experimentais sobre o efeito da aplicação de um número arbitrário e simultâneo de forças a um corpo. Se sobre uma partícula dada atuam simultaneamente as forças $\mathbf{F}_1$, $\mathbf{F}_2, \ldots, \mathbf{F}_n$, o efeito dinâmico sobre a partícula, como enunciado pela 2ª lei de Newton, é equivalente ao de uma única força, chamada *força resultante*, $\mathbf{F}_R$, dada pela soma vetorial das forças aplicadas sobre a partícula:

$$\mathbf{F}_R = \mathbf{F}_1 + \mathbf{F}_2 + \ldots + \mathbf{F}_n.$$

A força resultante é responsável pela aceleração $\mathbf{a}$ do corpo e a relação entre ambas é dada por $\mathbf{F}_R = m\,\mathbf{a}$.

O Princípio de Superposição Linear é também satisfeito pelos campos elétricos e magnéticos, como consequência da linearidade das Equações de Maxwell. A superposição linear dos campos eletromagnéticos associados à luz é responsável pelos fenômenos ópticos conhecidos como *interferência* e *difração*.

1.5 Multiplicação por um escalar

Seja o vetor $\mathbf{A}$ e o escalar k. O produto de $\mathbf{A}$ pelo escalar k, indicado por $k\mathbf{A}$, é um vetor de mesma direção que $\mathbf{A}$, de módulo $k\mathrm{A}$ e cujo sentido será o mesmo que o de **A** se k for um número positivo, e será contrário se k for negativo (veja Figura 1.12).

Figura 1.12 – Os vetores 2**A** e -3**A** têm módulos 2 e 3, respectivamente, em unidades do módulo de **A**.

1.5.1 Propriedades do produto por um escalar

Dados os vetores **A** e **B** e os escalares k e l, pode-se mostrar que o produto de um vetor por um escalar tem as seguintes propriedades:

1. $k(\mathbf{A}+\mathbf{B}) = k\mathbf{A} + k\mathbf{B}$,
2. $(k+l)\,\mathbf{A} = k\mathbf{A} + l\mathbf{A}$,
3. $0\mathbf{A} = \mathbf{0}$,
4. $|k\mathbf{A}| = |k|\,|\mathbf{A}|$.

1.6 Versor

No caso de um vetor não nulo **A**, o produto do vetor pelo inverso de seu módulo é um outro vetor, de módulo unitário, sendo denominado vetor unitário ou *versor* correspondente ao vetor **A** e indicado da seguinte forma:

$$\hat{\mathrm{A}} = \frac{1}{\mathrm{A}}\mathbf{A}. \tag{1.1}$$

Um vetor qualquer **A** pode ser escrito em termos do seu versor correspondente e do seu módulo como

$$\mathbf{A} = \mathrm{A}\hat{\mathrm{A}}. \tag{1.2}$$

Velocidade relativa

Como dissemos no começo do capítulo, a velocidade de um objeto é um exemplo típico de vetor. Sua direção e seu sentido são correspondentes aos do movimento do objeto, e o seu módulo é definido como a taxa instantânea de avanço ao longo da direção do movimento. Suponhamos que o objeto seja um barco que atravessa um rio, cuja correnteza tem uma velocidade $\mathbf{v}_{ág-s}$ em relação ao solo, que se desloca com velocidade $\mathbf{v}_{b-ág}$ em relação à água. A velocidade do barco relativa ao solo, $\mathbf{v}_{b-s}$, é dada por $\mathbf{v}_{b-s} = \mathbf{v}_{b-ág} + \mathbf{v}_{ág-s}$. Assim, se a partir de um ponto O desejamos atingir o ponto O′ num tempo t, a direção na qual o barco deve ser direcionado não corresponde, em geral, à do vetor $\mathbf{R} = \overline{\mathrm{OO'}}$, mas à do vetor $\mathbf{R}' = \overline{\mathrm{OP}}$ (Figura 1.13), de forma que $\mathbf{R} = \mathbf{R}' + \mathbf{W}$, onde $\mathbf{R} = \mathbf{v}_{b-s}\,t$, $\mathbf{R}' = \mathbf{v}_{b-ág}\,t$ e $\mathbf{W} = \mathbf{v}_{ág-s}\,t$.

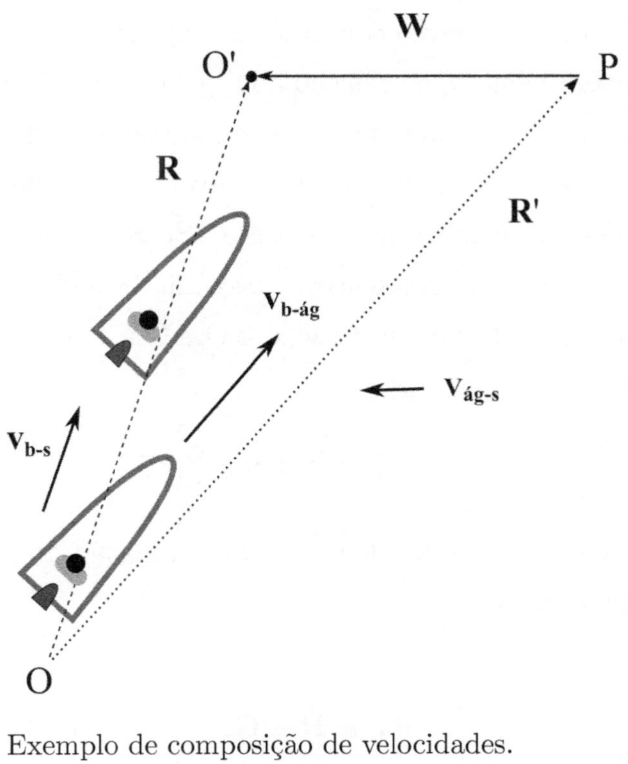

Figura 1.13 – Exemplo de composição de velocidades.

Baricentro e Centro de massa

Seja um conjunto de pontos P_i, $i = 1, 2, \ldots, n$, cujas posições em relação a uma origem O são dadas pelos vetores $\mathbf{r}_i$. Dados n coeficientes c_i, seja G o ponto indicado pelo vetor $\mathbf{G}$ em relação à origem O definido pela expressão

$$\mathbf{G} \equiv \sum c_i \mathbf{r}_i.$$

O vetor assim definido depende *a priori* da origem O. Determinemos sob que condições o ponto dado pelo vetor $\mathbf{G}$ em relação a O não depende da escolha da origem, representando, assim, uma propriedade intrínseca do conjunto dos pontos P_i. Nessas condições, o ponto G é denominado *baricentro* do conjunto de pontos P_i. Consideremos uma segunda origem dada pelo ponto O$'$ e em relação à qual as posições dos pontos P_i são dadas pelos vetores $\mathbf{r}'_i$. Para o mesmo conjunto de coeficientes c_i, seja G$'$ o ponto dado pelo vetor $\mathbf{G}'$ definido em relação a O' pela expressão $\mathbf{G}' \equiv \sum c_i \mathbf{r}'_i$. O problema da determinação do baricentro de um conjunto de pontos P_i pode ser expressado da seguinte maneira: quais devem ser os coeficientes c_i para que os pontos G e G$'$ sejam o mesmo ponto? Se $\mathbf{R}$ é o vetor posição de O em relação a O$'$, é possível estabelecer a seguinte relação vetorial entre os vetores posição dos pontos P_i em relação a O e O$'$:

$$\mathbf{r}'_i = \mathbf{R} + \mathbf{r}_i.$$

Em termos matemáticos, o problema da determinação do baricentro pode ser formulado, então, como:

$$\mathbf{G}' = \mathbf{R} + \mathbf{G}.$$

Consideremos a expressão para $\mathbf{G}'$

$$\begin{aligned}
\mathbf{G}' &= \sum c_i \mathbf{r}'_i \\
&= \sum c_i (\mathbf{R} + \mathbf{r}_i) \\
&= \sum (c_i \mathbf{R} + c_i \mathbf{r}_i) \\
&= \mathbf{R} \sum c_i + \sum c_i \mathbf{r}_i \\
&= \mathbf{R} \sum c_i + \mathbf{G}.
\end{aligned}$$

Portanto, a condição para que o ponto G não dependa da origem é que $\sum c_i = 1$, ou seja, o conjunto dos coeficientes deve satisfazer uma condição de normalização. Se os pontos P_i são ocupados pelas massas pontuais m_i, podemos definir os c_i que satisfaçam a condição de normalização por

$$c_i \equiv \frac{m_i}{\sum m_i}. \tag{1.3}$$

O ponto G assim definido chama-se *centro de massa* do conjunto de massas.

1.7 Produto escalar

Produto escalar: Chama-se produto escalar ou produto interno de dois vetores **A** e **B** (o qual é denotado por $\mathbf{A} \cdot \mathbf{B}$) ao escalar obtido pelo produto dos módulos de **A** e **B** e do cosseno do ângulo θ formado por estes. Ou seja,

$$\mathbf{A} \cdot \mathbf{B} = \mathrm{AB} \cos \theta. \tag{1.4}$$

1.7.1 Propriedades do produto escalar

O produto escalar possui as seguintes propriedades:

1. Propriedade distributiva: $\mathbf{A} \cdot (\mathbf{B} + \mathbf{C}) = \mathbf{A} \cdot \mathbf{B} + \mathbf{A} \cdot \mathbf{C}$,

2. Propriedade comutativa: $\mathbf{A} \cdot \mathbf{B} = \mathbf{B} \cdot \mathbf{A}$,

3. $(k\,\mathbf{A}) \cdot \mathbf{B} = k\,(\mathbf{A} \cdot \mathbf{B}) = \mathbf{A} \cdot (k\,\mathbf{B})$.

Da definição de produto escalar, vemos imediatamente que a condição necessária e suficiente para que dois vetores não nulos sejam perpendiculares é que o produto escalar seja nulo, ou seja, se $\mathbf{A} \perp \mathbf{B}$, então $\mathbf{A} \cdot \mathbf{B} = 0$.

Da definição de produto escalar, deduz-se que $\mathbf{A} \cdot \mathbf{A} = \mathrm{A}^2$. Assim, o módulo de um vetor pode ser escrito como

$$\mathrm{A} = \sqrt{\mathbf{A} \cdot \mathbf{A}}. \tag{1.5}$$

Com a notação do produto escalar, o cosseno do ângulo formado por dois vetores não nulos é dado por

$$\cos\theta = \frac{\mathbf{A} \cdot \mathbf{B}}{\mathrm{AB}}. \tag{1.6}$$

1.7.2 Projeção de um vetor

Dado um vetor $\mathbf{A}$ e a reta r, indicada pelo versor û, a projeção de $\mathbf{A}$ sobre r é o segmento orientado $\overline{\mathrm{OA}'}$, cujo módulo é dado por (Figura 1.14)

$$\overline{\mathrm{OA}'} = \mathrm{A}\cos\theta = \mathbf{A} \cdot \hat{\mathrm{u}}. \tag{1.7}$$

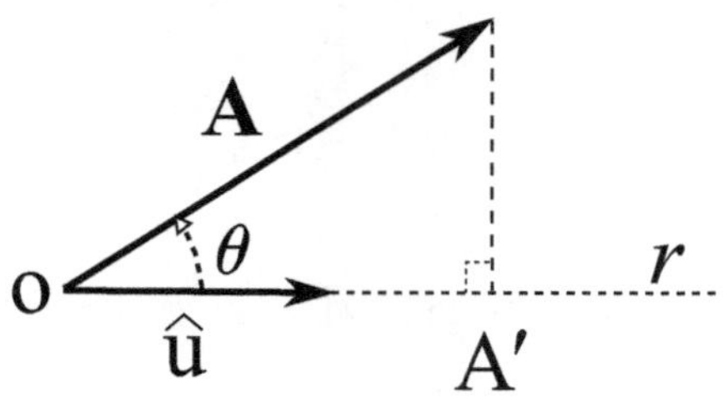

Figura 1.14 – Projeção do vetor $\mathbf{A}$ sobre a reta r definida pelo versor û.

Aplicações na física

i) A aplicação de uma força num objeto muda a condição de movimento deste. O tipo de mudança dependerá da direção e do sentido da força em relação à direção do movimento. Uma força perpendicular à direção da velocidade do objeto (força centrípeta) altera somente a sua direção, mas não o seu módulo.

ii) A agulha de uma bússola tende a se alinhar na direção do campo magnético da Terra sempre da mesma forma, paralela a este. A agulha é feita de um material que possui uma grandeza física vetorial denominada *momento magnético* $\mathbf{M}$, o qual é representado por um vetor. No caso da agulha da bússola, $\mathbf{M}$ está dirigido ao longo desta, e o seu sentido é indicado pelo extremo vermelho.

iii) Um momento magnético $\mathbf{M}$, na presença de um campo magnético $\mathbf{B}$ tende a se orientar ao longo deste. À interação entre ambos podemos atribuir uma energia potencial U, dada por $U = -\mathbf{M} \cdot \mathbf{B}$. Assim, $\mathbf{M}$ paralelo a $\mathbf{B}$ representa uma posição de mínima energia e, portanto, de equilíbrio estável. Se $\mathbf{M}$ é antiparalelo a $\mathbf{B}$, a posição é de máxima energia potencial, sendo, por consequência, uma posição de equilíbrio instável.

1.7.3 Componentes de um vetor em relação a uma direção dada

Dados os vetores $\mathbf{A}$ e $\mathbf{B}$, não paralelos, sempre é possível escrever o vetor $\mathbf{A}$ como soma de dois vetores, sendo um deles paralelo e o outro perpendicular ao vetor $\mathbf{B}$, ou seja, podemos escrever $\mathbf{A} = \mathbf{A}_{||} + \mathbf{A}_{\perp}$(Figura 1.15). As componentes $\mathbf{A}_{||}$ e $\mathbf{A}_{\perp}$ de um vetor $\mathbf{A}$ em relação a um vetor $\mathbf{B}$ são dadas por:

$$\mathbf{A}_{||} = \left(\mathbf{A} \cdot \hat{\mathrm{B}}\right) \hat{\mathrm{B}}, \qquad \mathbf{A}_{\perp} = \mathbf{A} - \mathbf{A}_{||}. \tag{1.8}$$

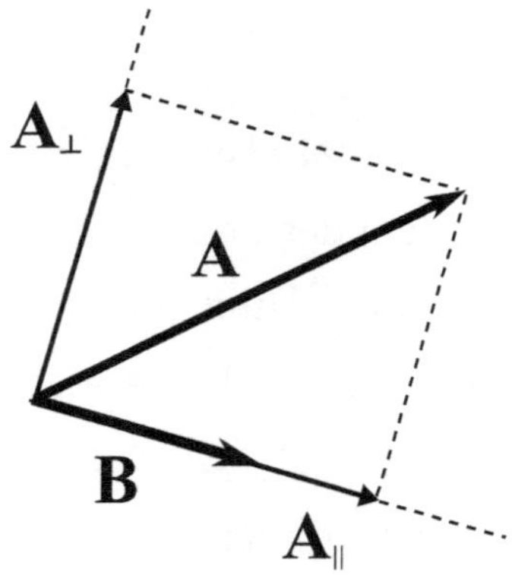

Figura 1.15 – Composição de um vetor **A** como soma de dois outros vetores definidos a partir de um vetor **B**.

Quando aplicamos uma força **F** a um corpo que pode girar livremente em torno de um eixo fixo (z), a efetividade da força em produzir um giro do corpo em torno do eixo dependerá do ponto de aplicação da força, da sua direção e do seu sentido (Figura 1.16). Quando aplicada num determinado ponto, a componente de **F** perpendicular ao eixo será a única componente a exercer um torque em relação ao eixo, sendo, portanto, efetiva na rotação do corpo.

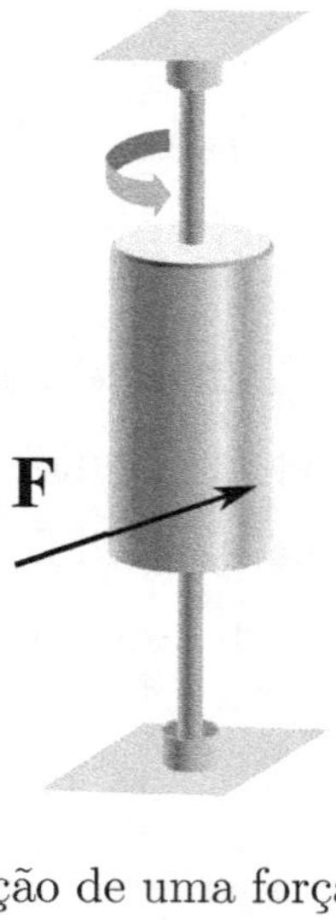

Figura 1.16 – Efeito da aplicação de uma força **F** a um objeto com um eixo de rotação.

1.8 Produto vetorial

Um espaço tridimensional é dito orientado quando nele é definida uma orientação relativa do conjunto dos três eixos cartesianos x, y e z, representado pelo triedro ortogonal formado pelos semieixos positivos. A figura 1.17 mostra os triedros representando as duas orientações possíveis do espaço. Pode-se ver facilmente que não é possível levar um deles, por meio de uma rotação, a coincidir com o outro. Ou seja, ao fazer coincidir as origens de ambos os triedros não será possível levar a coincidir os três eixos correspondentes. No máximo, somente dois eixos serão coincidentes. Dissemos que os triedros das figuras 1.17-a e b têm orientações diferentes. Um triedro como o 1.17-a é dito *positivo* ou *direito*: se colocamos um parafuso normal ao plano x-y e o fazemos girar no sentido de x para y, o parafuso avança no sentido positivo do eixo z. Caso contrário, o triedro é dito *negativo* ou *inverso* (Figura 1.17-b). Existem outros critérios para definir o sentido positivo de um triedro: se posicionarmos os dedos indicador, médio e polegar formando um triedro, tomados nessa ordem e associando-os respectivamente aos eixos x, y e z, eles determinam um triedro direto. Um outro critério para determinar se um triedro é direto é o seguinte: um observador parado sobre o plano x-y com a cabeça no sentido positivo do eixo z atribuiria ao giro do eixo x para o y um sentido anti-horário.

Num espaço orientado, é possível definir um tipo particular de operação entre vetores, o denominado *produto vetorial.*

Seja um espaço orientado, ou seja, um espaço no qual foi definido um triedro fundamental formado pelos eixos coordenados x, y, e z. Nesse espaço, podemos dar a seguinte definição de produto vetorial:

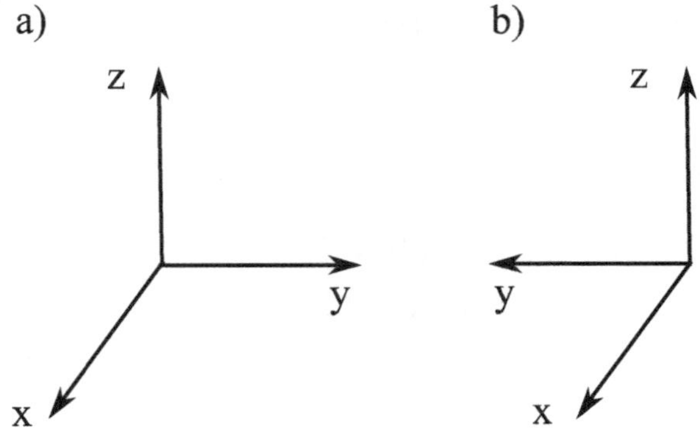

Figura 1.17 – Triedros representando as duas possíveis orientações do espaço: a) triedro positivo; b) triedro negativo. Cada triedro é a imagem especular do outro.

Produto vetorial: O produto vetorial de dois vetores **A** e **B** não paralelos, dados nessa ordem, é o vetor **C**, representado pela expressão $\mathbf{C} = \mathbf{A} \times \mathbf{B}$, que tem as seguintes características:
i) O módulo de **C** é igual ao produto dos módulos dos vetores **A** e **B** pelo seno do ângulo θ que eles formam, ou seja,

$$\mathrm{C} = \mathrm{A}\,\mathrm{B}\,\mathrm{sen}\,\theta. \tag{1.9}$$

ii) A direção do vetor **C** é perpendicular ao plano determinado pelos vetores **A** e **B**.
iii) O sentido é tal que o triedro formado pelos vetores **A** e **B** e **C**, nessa ordem, têm a mesma orientação do espaço (Figura 1.18).

A partir da definição de produto vetorial, é evidente que a condição necessária e suficiente para que dois vetores não nulos sejam paralelos é que seu produto vetorial seja nulo.

1.8.1 Propriedades do produto vetorial

O produto vetorial de dois vetores possui as seguintes propriedades:

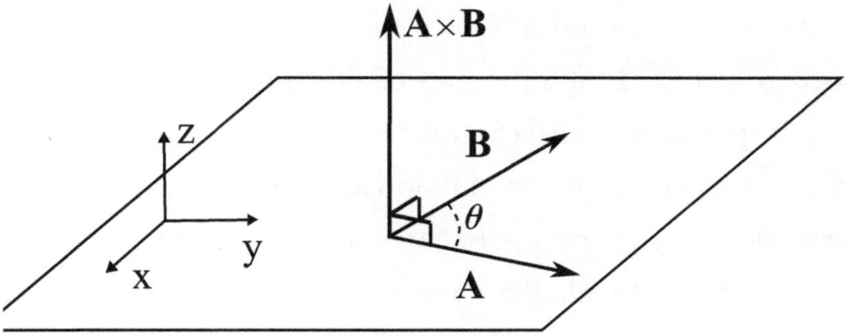

Figura 1.18 – Produto vetorial dos vetores **A** e **B**.

i. Propriedade anticomutativa:

$$\mathbf{A} \times \mathrm{B} = -\mathrm{B} \times \mathbf{A}.$$

ii. Propriedade distributiva:

$$\mathbf{A} \times (\mathbf{B} + \mathbf{C}) = \mathbf{A} \times \mathbf{B} + \mathbf{A} \times \mathbf{C}.$$

iii. Sendo k um escalar, verifica-se que

$$k\,(\mathbf{A} \times \mathbf{B}) = k\,\mathbf{A} \times \mathbf{B} = \mathbf{A} \times k\,\vec{B}.$$

Sejam os vetores **A** e **B**, os quais formam um ângulo θ. O módulo do produto vetorial $\mathbf{A} \times \mathbf{B}$, $\mathrm{AB}\operatorname{sen}\theta$, representa a área do paralelogramo determinado pelos vetores **A** e **B** (Figura 1.19).

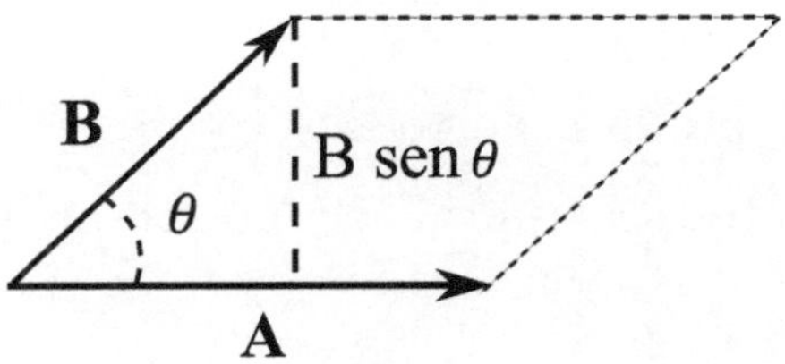

Figura 1.19 – Significado geométrico do módulo do produto vetorial.

Exemplos

1. Um exemplo de grandeza física obtida pelo produto vetorial de outras duas é o torque de uma força definida por $\Gamma \equiv \mathbf{r} \times \mathbf{F}$, onde $\mathbf{r}$ é o vetor do ponto de aplicação da força em relação a um determinado ponto. Assim, o torque de uma força depende da escolha do ponto de referência. O torque está para as rotações assim como a força está para as translações. O trabalho mecânico realizado pelo torque durante a rotação de um corpo é responsável pela mudança da energia cinética rotacional E_c.

$$\Gamma d\theta = dE_c.$$

2. Uma partícula de carga q se movimentando numa região onde existe um campo magnético $\mathbf{B}$ experimentará uma força $\mathbf{F}$ dependente da sua velocidade $\mathbf{v}$, dada por:

$$\mathbf{F} = q\mathbf{v} \times \mathbf{B}.$$

Como a taxa com que uma força realiza trabalho é $\mathbf{F} \cdot \mathbf{v}$, a força sobre uma partícula carregada devido à interação com um campo magnético não tem a capacidade de mudar a energia cinética da partícula, mas a sua direção.

1.9 Produto misto

Produto misto: o produto misto dos vetores $\mathbf{A}$, $\mathbf{B}$ e $\mathbf{C}$ é o escalar obtido pelo produto escalar de $\mathbf{C}$ com o produto vetorial de $\mathbf{A}$ e $\mathbf{B}$:

$$(\mathbf{A} \times \mathbf{B}) \cdot \mathbf{C}. \tag{1.10}$$

De um ponto de vista geométrico, o produto misto de três vetores não coplanares **A**, **B** e **C** representa o volume do paralelepípedo determinado pelos três vetores (Figura 1.20). Com efeito, o módulo do $\mathbf{A} \times \mathbf{B}$ representa a área do paralelogramo determinado por **A** e **B**, e $C \cos\alpha$, onde α é o ângulo formado pelo vetor **C** com a direção de $\mathbf{A} \times \mathbf{B}$, representa a altura do paralelepípedo. Do anterior se depreende que o produto misto de três vetores no qual dois deles são paralelos é nulo e que a condição necessária e suficiente para que três vetores se encontrem no mesmo plano (vetores coplanares) é que o seu produto misto seja nulo.

O produto misto dos versores fundamentais é igual a 1 para um triedro positivo e é igual a (-1) para um triedro negativo.

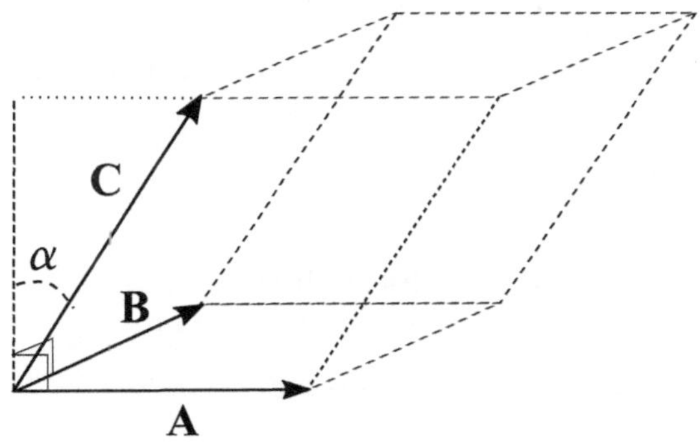

Figura 1.20 – Significado geométrico do produto misto dos vetores não coplanares **A**, **B** e **C**.

1.10 Pseudovetores e pseudoescalares

Como visto na definição do produto vetorial, a direção e o sentido do produto vetorial de dois vetores **A** e **B**, dados nessa ordem, são determinados de forma que o triedro formado pelos vetores **A**, **B** e $\mathbf{A} \times \mathbf{B}$ tenham a mesma orientação que o triedro que define a orientação do espaço. Por esse motivo, a mudança da orientação do espaço de positivo para negativo, por exemplo, terá como consequência a mudança no sentido do vetor produto vetorial, ou seja, a definição de um vetor como sendo o produto vetorial de outros dois vetores não é independente da escolha da orientação do espaço. Um vetor cuja definição está vinculada à orientação do espaço é denominado *vetor axial* ou *pseudovetor*. Uma vez determinada a orientação do espaço, os pseudovetores são completamente determinados e podem ser aplicadas a eles as regras da álgebra vetorial e do cálculo vetorial. O produto escalar de dois vetores é um número que não depende da escolha do sistema de coordenadas, ou seja, é um invariante ante rotações ou translações do sistema de coordenadas. Porém, o produto escalar de um vetor por um pseudovetor não tem essa propriedade: por uma mudança da orientação do espaço, o pseudovetor efetuará uma rotação de 180° e o produto escalar terá o valor oposto. Por tal motivo, o produto escalar de um vetor por um pseudovetor é um exemplo de um *pseudoescalar*. É fácil comprovar as seguintes regras:

1. vetor · vetor $\Rightarrow$ escalar;
2. vetor · pseudovetor $\Rightarrow$ pseudoescalar;
3. pseudovetor · pseudovetor $\Rightarrow$ escalar;
4. vetor $\times$ vetor $\Rightarrow$ pseudovetor;
5. vetor $\times$ pseudovetor $\Rightarrow$ vetor;
6. pseudovetor $\times$ pseudovetor $\Rightarrow$ pseudovetor.

Como exemplo, demonstremos o caso 2: a mudança da orientação do espaço leva a uma inversão na orientação do pseudovetor. Portanto, o ângulo entre o vetor e o pseudovetor muda de α para $180° - \alpha$, o qual, por sua vez, muda o sinal do produto escalar. ♦

1.11 Problemas

1. Prove que o ângulo inscrito numa semicircunferência é um ângulo reto.

2. Dados os vetores $\mathbf{A}$ e $\mathbf{B}$, escreva $\mathbf{B}$ como soma de um vetor paralelo e um vetor perpendicular ao vetor $\mathbf{A}$.

3. Se $\mathbf{A}+\mathbf{B}+\mathbf{C}=\mathbf{0}$, prove que $\mathbf{A}\times\mathbf{B}+\mathbf{B}\times\mathbf{C}+\mathbf{C}\times\mathbf{A}=3\,\mathbf{A}\times\mathbf{B}$.

4. Prove que a condição necessária e suficiente para que $\mathbf{A}+\mathbf{B}$ e $\mathbf{A}-\mathbf{B}$ sejam perpendiculares entre si é que $\mathrm{A}=\mathrm{B}$.

5. Sejam $\mathbf{A}$, $\mathbf{B}$ e $\mathbf{C}$ três vetores não paralelos a um mesmo plano. Prove que um vetor $\mathbf{D}$ qualquer pode ser escrito na forma $\mathbf{D}=l\,\mathbf{A}+m\,\mathbf{B}+n\,\mathbf{C}$ onde l, m e n são escalares dados respectivamente por:

$$l=\frac{(\mathbf{D}\times\mathbf{B})\cdot\mathbf{C}}{(\mathbf{A}\times\mathbf{B})\cdot\mathbf{C}}\,,\qquad m=\frac{(\mathbf{D}\times\mathbf{C})\cdot\mathbf{A}}{(\mathbf{A}\times\mathbf{B})\cdot\mathbf{C}}\,,\qquad n=\frac{(\mathbf{D}\times\mathbf{A})\cdot\mathbf{B}}{(\mathbf{A}\times\mathbf{B})\cdot\mathbf{C}}\,.$$

6. Considere o triângulo formado pelos vetores $\mathbf{A}$, $\mathbf{B}$ e $\mathbf{C}$ da figura 1.21.

   i. Demonstre o *teorema do cosseno*:

$$\mathrm{C}^2=\mathrm{A}^2+\mathrm{B}^2-2\mathrm{A}\,\mathrm{B}\cos\gamma. \tag{1.11}$$

   ii. Demonstre o *teorema do seno*:

$$\frac{\mathrm{A}}{\operatorname{sen}\alpha}=\frac{\mathrm{B}}{\operatorname{sen}\beta}=\frac{\mathrm{C}}{\operatorname{sen}\gamma} \tag{1.12}$$

   (Dica: observe, por exemplo, que $\mathbf{A}\times\mathbf{C}=\mathbf{A}\times(\mathbf{A}-\mathbf{B})=-\mathbf{A}\times\mathbf{B}$ e considere o módulo das expressões nos extremos das igualdades).

7. A equação vetorial da reta que passa pelo ponto $\mathbf{r}_\mathrm{o}$ e tem a direção do vetor $\mathbf{A}$ é dada por

$$\mathbf{r}=\mathbf{r}_\mathrm{o}+k\,\mathbf{A}, \tag{1.13}$$

onde k é um número real que toma valores no intervalo $(-\infty,\infty)$ quando o ponto $\mathbf{r}$ se desloca ao longo da reta.

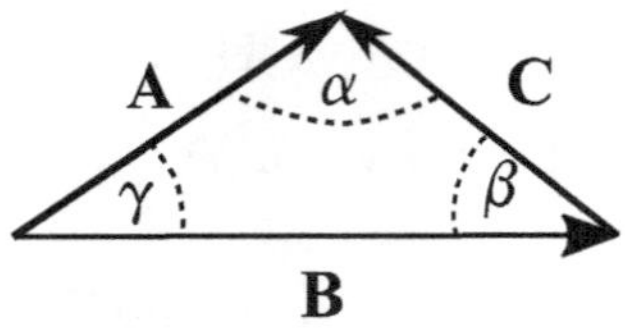

Figura 1.21 – Construção geométrica para demonstração dos teoremas do cosseno e do seno.

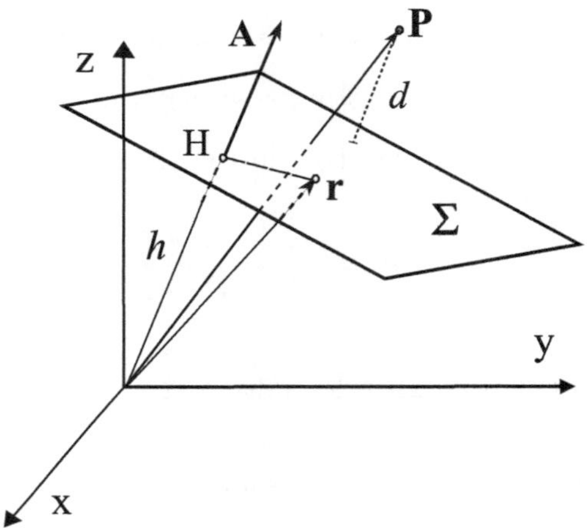

Figura 1.22 – Gráfico do plano Σ determinado pelo vetor **a** e a distância h à origem.

i. Mostre que a distância d de um ponto **p** à reta é dada por:

$$d = \frac{|(\mathbf{p} - \mathbf{r}_o) \times \mathbf{A}|}{\mathrm{A}}. \tag{1.14}$$

ii. Dadas as retas $\mathbf{r} = \mathbf{r}_o + k_1\,\mathbf{A}$ e $\mathbf{r} = \mathbf{r}_1 + k_1\,\mathbf{B}$, mostre que a menor distância entre elas, d, é dada por:

$$d = \frac{|(\mathbf{r}_1 - \mathbf{r}_o) \cdot (\mathbf{A} \times \mathbf{B})|}{|\mathbf{A} \times \mathbf{B}|}. \tag{1.15}$$

8. O conjunto de pontos **r** que pertencem a um plano Σ satisfazem a seguinte equação vetorial:

$$\mathbf{r} \cdot \mathbf{A} = \mathrm{A}h, \tag{1.16}$$

onde $\mathbf{A}$ é um vetor perpendicular ao plano e h é a distância do plano à origem do sistema de coordenadas (Figura 1.22).

i. Mostre que a distância d de um ponto $\mathbf{P}$ ao plano é dado por

$$d = \frac{\mathbf{A} \cdot \mathbf{P} - c}{\mathrm{A}}. \tag{1.17}$$

ii. Mostre que a equação do plano normal ao vetor $\mathbf{A}$ que passa pelo ponto $\mathbf{r}_{\mathrm{o}}$ é dada por

$$\mathbf{A} \cdot (\mathbf{r} - \mathbf{r}_{\mathrm{o}}) = 0. \tag{1.18}$$

9. Mostre que dados os pontos $\mathbf{r}_1, \mathbf{r}_2$ e $\mathbf{r}_3$, a equação do plano que contém os três pontos é

$$[(\mathbf{r} - \mathbf{r}_1) \times (\mathbf{r}_2 - \mathbf{r}_1)] \cdot (\mathbf{r}_3 - \mathbf{r}_1) = 0. \tag{1.19}$$

Capítulo 2

Componentes de vetores

A localização de um determinado ponto sobre a superfície da Terra pode ser feita atribuindo a esse ponto dois números: a latitude e a longitude, sendo a primeira o ângulo que o raio que passa pelo ponto faz com o plano do equador terrestre, enquanto o segundo é o arco do equador terrestre compreendido entre o meridiano que passa pelo observatório astronômico de Greenwich e o meridiano que passa pelo ponto. Similarmente, mapas de ruas das grandes cidades utilizam um sistema de linhas e colunas numeradas por letras e números para determinar a localização de uma determinada rua. Também nesse caso são usados dois números para esse fim. Dizemos que nesses casos são usadas *coordenadas* para indicar a localização de um ponto sobre a superfície da Terra ou num mapa. Em geral, um sistema de coordenadas estabelece uma relação unívoca entre pontos num determinado espaço e conjuntos ordenados de números, as coordenadas do ponto nesse sistema de coordenadas. Para isso, o sistema de coordenadas é associado a um referencial em relação ao qual são definidas as coordenadas. Um sistema usualmente utilizado é o denominado Sistema Cartesiano de Coordenadas. Nesse sistema, o referencial é composto por retas reais numeradas mutuamente perpendiculares, ou *eixos de coordenadas*, cujas origens coincidem e definem a origem O do sistema de coordenadas. A cada ponto de um espaço

n-dimensional é associada uma n-upla ordenada de números $(c_1, c_2, \ldots, c_n)$ denominadas *coordenadas cartesianas*. No caso de uma superfície, um espaço bidimensional, são necessários somente dois números. No caso de um espaço tridimensional, são necessários três números. A construção de um sistema cartesiano de coordenadas começa pela escolha da orientação do espaço, que, como dito na Seção 1.8, pode ser positiva ou negativa.

2.1 Coordenadas cartesianas

Uma vez escolhida a orientação do espaço, para a implementação do sistema de coordenadas cartesianas é necessário escolher uma origem O, a partir da qual serão contabilizadas as distâncias, e um conjunto de três eixos mutuamente perpendiculares, denominados eixos x, y e z, respectivamente (Figura 2.1). Definido um sistema de coordenadas cartesianas, as coordenadas de um ponto P são obtidas como as projeções aos eixos de coordenadas baixadas a partir do ponto P.

Outra forma de atribuir as coordenadas cartesianas a um ponto é a seguinte: considerando que, por exemplo, o plano $X = X_o$ representa um plano paralelo ao plano y-z e corta o eixo x em $x = x_o$, as coordenadas (x,y,z) de um ponto P representam as interseções com os eixos cartesianos de três planos paralelos, respectivamente, aos planos y-z, x-z e x-y, e que contêm o ponto P.

Por cada ponto podemos traçar três curvas mutuamente perpendiculares chamadas *curvas coordenadas*, cada uma sendo obtida ao manter duas das coordenadas constantes e variar a terceira. Entende-se por curva coordenada em geral a curva ao longo da qual varia uma única coordenada (ver Sessão 1.3 sobre coordenadas curvilíneas). No sistema de coordenadas cartesianas, as curvas coordenadas para qualquer ponto são retas paralelas aos eixos de coordenadas. Ou seja, no sistema de coordenadas cartesianas, a cada ponto do espaço podemos associar o mesmo triedro fundamental.

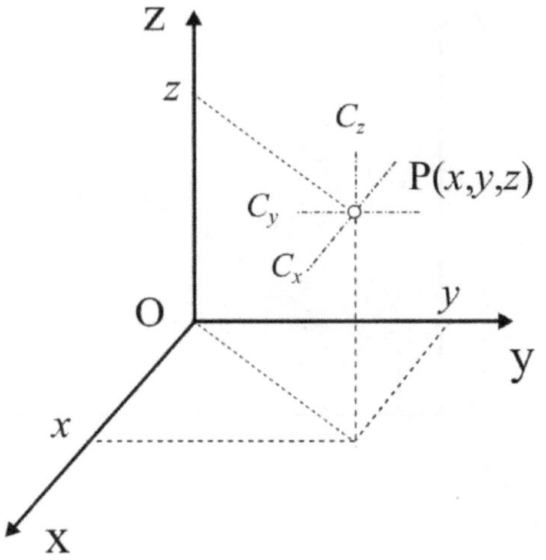

Figura 2.1 – Coordenadas cartesianas do ponto P no espaço tridimensional, sendo C_x, C_y e C_z curvas coordenadas do sistema cartesiano que passam pelo ponto P.

2.2 Componentes cartesianas de um vetor

Seja um sistema de coordenadas cartesianas ortogonais de origem O e eixos x, y e z e um vetor **V**. Definem-se as componentes V_x, V_y e V_z do vetor **V** nesse sistema de coordenadas as projeções V_x, V_y e V_z do vetor ao longo das direções dos eixos cartesianos (Figura 2.2).

A componente é positiva quando a projeção tem o mesmo sentido que o sentido positivo do eixo correspondente e é negativa caso contrário.

Se a origem e o extremo de um vetor **V** se encontram, respectivamente, nos pontos P_1 e P_2, cujas componentes correspondentes são (x_1, y_1, z_1) e (x_2, y_2, z_2), as componentes de **V** podem ser escritas como $V_x = x_2 - x_1, V_y = y_2 - y_1$ e $V_z = z_2 - z_1$.

Pela definição de igualdade de vetores, podemos equivalentemente determinar as coordenadas do vetor transladando-o de forma a fazer coincidir a origem do vetor com a origem do sistema de coordenadas. Nesse caso, as componentes de **V** serão as coordenadas cartesianas do ponto P, que coincide com o extremo do vetor (Figura 2.3).

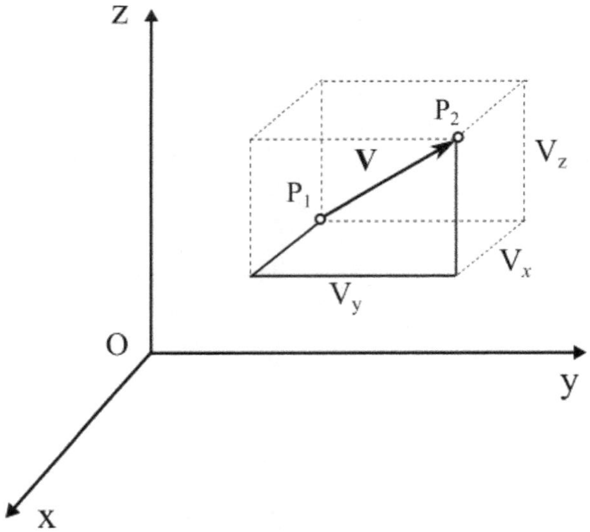

Figura 2.2 – Componentes cartesianas do vetor **V**.

Como consequência da definição, as componentes de um vetor serão as mesmas em todos os sistemas de coordenadas que se obtenham um do outro por uma translação qualquer.

A direção e o sentido positivo dos eixos de coordenadas cartesianas x, y e z podem ser indicados por meio de vetores unitários denominados *versores fundamentais* **i**, **j** e **k**, respectivamente. As componentes cartesianas dos versores fundamentais são dadas pelas ternas $\mathbf{i} = (1,0,0)$, $\mathbf{j} = (0,1,0)$ e

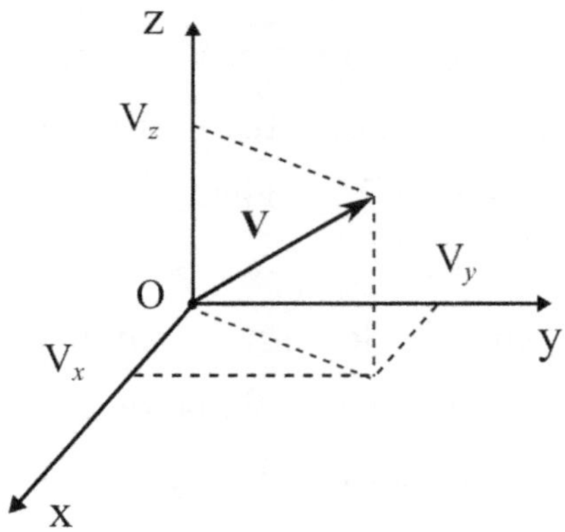

Figura 2.3 – Componentes cartesianas de um vetor.

$\mathbf{k} = (0, 0, 1)$.

A partir das definições de produto escalar e produto vetorial, é simples verificar as seguintes propriedades dos versores fundamentais:

$$\mathbf{i} \times \mathbf{j} = \mathbf{k},\ \mathbf{j} \times \mathbf{k} = \mathbf{i},\ \mathbf{k} \times \mathbf{i} = \mathbf{j}, \tag{2.1}$$

$$\mathbf{i} \cdot \mathbf{j} = \mathbf{j} \cdot \mathbf{k} = \mathbf{i} \cdot \mathbf{k} = 0, \tag{2.2}$$

$$\mathbf{i} \cdot \mathbf{i} = \mathbf{j} \cdot \mathbf{j} = \mathbf{k} \cdot \mathbf{k} = 1. \tag{2.3}$$

Todo vetor $\mathbf{V}$ de componentes $(\mathrm{V}_x, \mathrm{V}_y, \mathrm{V}_z)$ num sistema cartesiano dado pode ser escrito em termos das componentes e dos versores fundamentais como mostrado a seguir (ver também a Figura 2.4).

$$\mathbf{V} = \mathrm{V}_x\,\mathbf{i} + \mathrm{V}_y\,\mathbf{j} + \mathrm{V}_z\,\mathbf{k}. \tag{2.4}$$

Da definição de produto escalar e das expressões 2.2 a 2.3, podemos ver que as componentes de um vetor $\mathbf{V}$, num dado sistema de coordenadas cartesianas, podem ser escritas como

$$\mathrm{V}_x = \mathbf{V} \cdot \mathbf{i}, \qquad \mathrm{V}_y = \mathbf{V} \cdot \mathbf{j}, \qquad \mathrm{V}_z = \mathbf{V} \cdot \mathbf{k}. \tag{2.5}$$

2.3 Operações com vetores

Definido um sistema de coordenadas, as operações algébricas com vetores vistas no Capítulo 1 podem ser resolvidas com muita facilidade se associarmos ao vetor uma terna de componentes. Sejam os vetores $\mathbf{A}$ e $\mathbf{B}$ dados em componentes por $\mathbf{A} = \mathrm{A}_x\mathbf{i} + \mathrm{A}_y\mathbf{j} + \mathrm{A}_z\mathbf{k}$ e $\mathbf{B} = \mathrm{B}_x\mathbf{i} + \mathrm{B}_y\mathbf{j} + \mathrm{B}_z\mathbf{k}$, respectivamente, e o escalar k. A soma de vetores, o produto de um vetor por um escalar e o módulo de um vetor e versor correspondente de um vetor, em termos das componentes do vetor, podem ser escritos como:

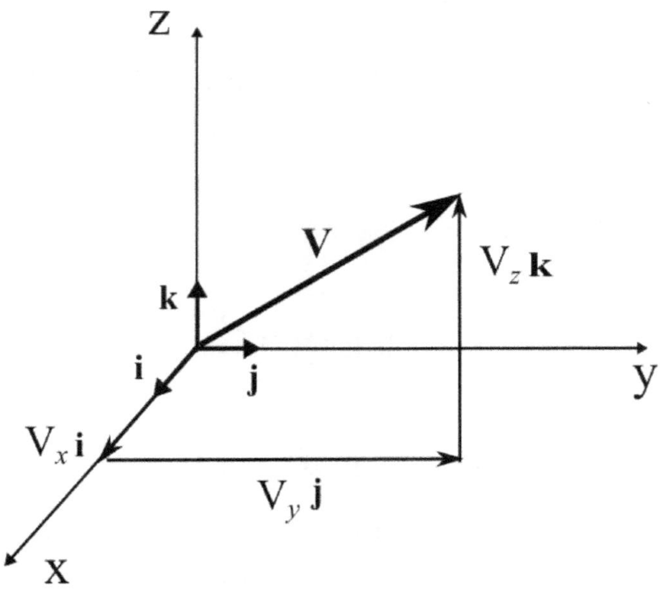

Figura 2.4 – Vetor **V** como soma vetorial em termos dos versores fundamentais.

1. $k\,\mathbf{A} = (k\,\mathrm{A}_x, k\,\mathrm{A}_y, k\,\mathrm{A}_z)$,
2. $-\mathbf{A} = (-\mathrm{A}_x, -\mathrm{A}_y, -\mathrm{A}_z)$,
3. $|\mathbf{A}| = \sqrt{\mathrm{A}_x^2 + \mathrm{A}_y^2 + \mathrm{A}_z^2}$,
4. $\hat{\mathrm{A}} = \frac{\mathrm{A_X}}{\mathrm{A}}\mathbf{i} + \frac{\mathrm{A}_y}{\mathrm{A}}\mathbf{j} + \frac{\mathrm{A}_z}{\mathrm{A}}\mathbf{k}$,
5. $\mathbf{A} + \mathbf{B} = (\mathrm{A}_x + \mathrm{B}_x, \mathrm{A}_y + \mathrm{B}_y, \mathrm{A}_z + \mathrm{B}_z)$,
6. $\mathbf{A} - \mathbf{B} = \mathbf{A} + (-\mathbf{B}) = (\mathrm{A}_x - \mathrm{B}_x, \mathrm{A}_y - \mathrm{B}_y, \mathrm{A}_z - \mathrm{B}_z)$.

2.3.1 Produto escalar

Das propriedades 1 e 2 do produto escalar (Seção 1.7.1) e das equações 2.2 e 2.3, o produto escalar de **A** e **B** pode ser escrito como

$$\mathbf{A} \cdot \mathbf{B} = \mathrm{A}_x\mathrm{B}_x + \mathrm{A}_y\mathrm{B}_y + \mathrm{A}_z\mathrm{B}_z. \tag{2.6}$$

2.3.2 Produto vetorial

Levando em conta as propriedades do produto vetorial (Seção 1.8.1) e as relações entre os versores fundamentais, o produto vetorial dos vetores **A** e **B** é dado em termos de suas componentes por

$$\mathbf{A} \times \mathbf{B} = (\mathrm{A}_y \mathrm{B}_z - \mathrm{A}_z \mathrm{B}_y)\,\mathbf{i} + (\mathrm{A}_z \mathrm{B}_x - \mathrm{A}_x \mathrm{B}_z)\,\mathbf{j} + (\mathrm{A}_x \mathrm{B}_y - \mathrm{A}_y \mathrm{B}_x)\,\mathbf{k}. \tag{2.7}$$

É simples mostrar que a expressão 2.7 pode ser escrita como

$$\mathbf{A} \times \mathbf{B} = \begin{vmatrix} \mathbf{i} & \mathbf{j} & \mathbf{k} \\ \mathrm{A}_x & \mathrm{A}_y & \mathrm{A}_z \\ \mathrm{B}_x & \mathrm{B}_y & \mathrm{B}_z \end{vmatrix}. \tag{2.8}$$

Essa expressão indica que o produto vetorial pode ser obtido operando sobre os versores fundamentais e as componentes dos vetores de maneira similar ao cálculo do determinante de uma matriz 3×3. Essa "matriz" pode ser escrita da seguinte forma: a primeira linha é a dos versores fundamentais, e as linhas dois e três são as componentes do primeiro e do segundo vetor, respectivamente. A propriedade anticomutativa do produto vetorial pode ser demonstrada a partir da representação do produto vetorial como determinante de uma matriz e da propriedade dos determinantes de inverter o seu sinal por um intercâmbio de duas linhas da matriz, no caso as linhas das componentes dos vetores.

Uma forma alternativa de representação das componentes do produto vetorial de dois vetores, **A** e **B**, que pode ser comprovada facilmente é dada por

$$(\mathbf{A} \times \mathbf{B})_i = \sum_{j,k} \varepsilon_{ijk} \mathrm{A}_j \mathrm{B}_k, \tag{2.9}$$

onde os símbolos i, j e k assumem as identidades das componentes x, y e z, e o símbolo ε_{ijk} representa o tensor de Levi-Civita, o qual toma os seguintes valores:

$$\varepsilon_{ijk} = \begin{cases} 1 & \text{se } i, j, k \text{ é uma permutação par de 1,2,3} \\ -1 & \text{se } i, j, k \text{ é uma permutação impar de 1,2,3} \\ 0 & \text{em qualquer outro caso,} \end{cases}$$

onde, por exemplo, a terna 1,2,3 corresponde à terna x,y,z e a 1,3,2 à x,z,y.

Combinando produtos escalares e vetoriais de vetores, podem ser obtidos vários outros produtos notáveis, como mostrado a seguir.

2.3.3 Produto misto

A partir das relações 2.6 e 2.7, define-se o produto misto dos vetores **A**, **B** e **C**, dados em componentes por $(\mathrm{A}_x, \mathrm{A}_y, \mathrm{A}_z)$, $(\mathrm{B}_x, \mathrm{B}_y, \mathrm{B}_z)$ e $(\mathrm{C}_x, \mathrm{C}_y, \mathrm{C}_z)$, respectivamente, o escalar dado por

$$(\mathbf{A} \times \mathbf{B}) \cdot \mathbf{C} = (\mathrm{A}_y\mathrm{B}_z - \mathrm{A}_z\mathrm{B}_y)\,\mathrm{C}_x + (\mathrm{A}_z\mathrm{B}_x - \mathrm{A}_x\mathrm{B}_z)\,\mathrm{C}_y + (\mathrm{A}_x\mathrm{B}_y - \mathrm{A}_y\mathrm{B}_x)\,\mathrm{C}_z. \tag{2.10}$$

Pode-se mostrar que essa expressão é obtida operando de forma similar a obter o determinante de uma matriz 3×3 dada por

$$\begin{vmatrix} \mathrm{A}_x & \mathrm{A}_y & \mathrm{A}_z \\ \mathrm{B}_x & \mathrm{B}_y & \mathrm{B}_z \\ \mathrm{C}_x & \mathrm{C}_y & \mathrm{C}_z \end{vmatrix}. \tag{2.11}$$

Da propriedade do determinante de mudar o seu sinal por uma troca entre duas linhas da matriz pode-se provar que:

1. A permutação cíclica dos vetores na expressão do produto vetorial não modifica o resultado, ou seja,

$$(\mathbf{A} \times \mathbf{B}) \cdot \mathbf{C} = (\mathbf{B} \times \mathbf{C}) \cdot \mathbf{A} = (\mathbf{C} \times \mathbf{A}) \cdot \mathbf{B}. \tag{2.12}$$

2. Uma troca entre dois elementos do produto altera o sinal. Assim,

$$(\mathbf{A} \times \mathbf{B}) \cdot \mathbf{C} = -(\mathbf{B} \times \mathbf{A}) \cdot \mathbf{C}. \tag{2.13}$$

2.3.4 Cossenos diretores

Dados um vetor não nulo **V** e um sistema de coordenadas cartesianas, em geral o vetor **V** determinará os ângulos α, β, e γ com os eixos x, y e z, respectivamente. Denominam-se *cossenos diretores* de **V** os números $\cos\alpha$, $\cos\beta$ e $\cos\gamma$ dados pelas expressões (Figura 2.5):

$$\cos\alpha = \hat{\mathrm{V}} \cdot \mathbf{i}, \qquad \cos\beta = \hat{\mathrm{V}} \cdot \mathbf{j}, \qquad \cos\gamma = \hat{\mathrm{V}} \cdot \mathbf{k}, \tag{2.14}$$

ou seja, os cossenos diretores são as componentes do versor associado a **V** em relação ao sistema de coordenadas.

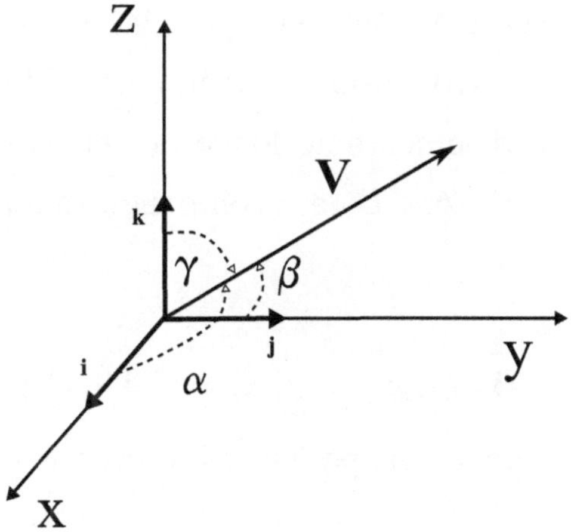

Figura 2.5 – Ângulos formados por um vetor **V** com os eixos cartesianos.

2.4 Outras relações envolvendo produtos vetoriais

2.4.1 Dupla multiplicação vetorial

Definição: Dados os vetores **A**, **B** e **C**, denomina-se duplo produto vetorial o vetor denotado por $(\mathbf{A} \times \mathbf{B}) \times \mathbf{C}$.

Um segundo duplo produto vetorial é $\mathbf{A} \times (\mathbf{B} \times \mathbf{C})$, mas em geral ele é diferente de $(\mathbf{A} \times \mathbf{B}) \times \mathbf{C}$, como será demonstrado a seguir.

Proposição. *O resultado do duplo produto vetorial* $(\mathbf{A} \times \mathbf{B}) \times \mathbf{C}$ *é um vetor pertencente ao plano definido por* **A** *e* **B**, *sendo dado por*

$$(\mathbf{A} \times \mathbf{B}) \times \mathbf{C} = (\mathbf{A} \cdot \mathbf{C})\,\mathbf{B} - (\mathbf{B} \cdot \mathbf{C})\,\mathbf{A}. \tag{2.15}$$

Demonstração

Sem perda de generalidade, consideremos o plano definido pelos vetores **A** e **B** como sendo o plano x-y. Sempre é possível escolher o eixo x com a direção e o sentido do vetor **A**. Em consequência, o vetor **A** terá componente somente ao longo do eixo x. Considerando um vetor **B** não paralelo ao vetor **A**, ele terá componentes somente ao longo dos eixos x e y. Finalmente, o vetor **C** não coplanar com **A** e **B** terá componentes ao longo dos três eixos (Figura 2.6), ou seja:

$$\mathbf{A} = \mathrm{A}\,\mathbf{i},\ \mathbf{B} = \mathrm{B}_x\mathbf{i} + \mathrm{B}_y\mathbf{j},\ \mathbf{C} = \mathrm{C}_x\mathbf{i} + \mathrm{C}_y\mathbf{j} + \mathrm{C}_z\mathbf{k}. \tag{2.16}$$

Em termos das componentes, podemos escrever as seguintes identidades:

$$\mathbf{A} \times \mathbf{B} = \mathrm{A}\,\mathrm{B}_y\,\mathbf{k},$$
$$(\mathbf{A} \times \mathbf{B}) \times \mathbf{C} = -\mathrm{A}\,\mathrm{B}_y\,C_y\mathbf{i} + \mathrm{A}\,\mathrm{B}_y\,\mathrm{C}_x\,\mathbf{j}.$$

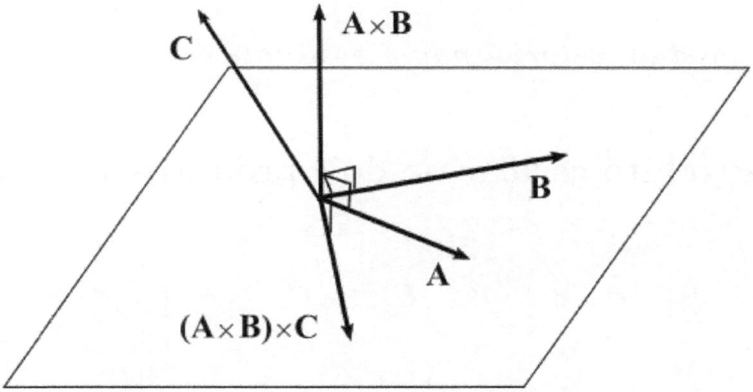

Figura 2.6 – Esquema do vetor resultante de um duplo produto vetorial.

A partir das expressões anteriores e usando as equações 2.16, podemos escrever os versores $\mathbf{i}$, $\mathbf{j}$, $\mathbf{k}$ em função dos vetores $\mathbf{A}$, $\mathbf{B}$ e $\mathbf{C}$ e suas componentes:

$$\mathbf{i} = \frac{\mathbf{A}}{\mathrm{A}},\ \mathbf{j} = -\frac{\mathrm{B}_x}{\mathrm{AB}_y}\mathbf{A} + \frac{\mathbf{B}}{\mathrm{B}_y},\ \mathbf{k} = \left(\frac{\mathrm{C}_y\mathrm{B}_x}{\mathrm{AB}_y\mathrm{C}_z} - \frac{\mathrm{C}_x}{\mathrm{AC}_z}\right)\mathbf{A} - \frac{\mathrm{C}_y}{\mathrm{C}_z\mathrm{B}_y}\mathbf{B} + \frac{\mathbf{C}}{\mathrm{C}_z}.$$

Portanto,

$$\begin{aligned}(\mathbf{A}\times\mathbf{B})\times\mathbf{C} &= -\left(\mathrm{B}_x\mathrm{C}_x + \mathrm{B}_y\mathrm{C}_y\right)\mathbf{A} + \mathrm{AC}_x\mathbf{B}\\ &= -\left(\mathbf{B}\cdot\mathbf{C}\right)\mathbf{A} + \left(\mathbf{A}\cdot\mathbf{C}\right)\mathbf{B}\\ &= \left(\mathbf{A}\cdot\mathbf{C}\right)\mathbf{B} - \left(\mathbf{B}\cdot\mathbf{C}\right)\mathbf{A}. \qquad \blacklozenge\end{aligned}$$

Por outro lado, a partir da propriedade do produto vetorial, a expressão $\mathbf{A}\times(\mathbf{B}\times\mathbf{C})$ pode ser escrita como

$$\begin{aligned}\mathbf{A}\times(\mathbf{B}\times\mathbf{C}) &= -\left(\mathbf{B}\times\mathbf{C}\right)\times\mathbf{A}\\ &= -\left[\left(\mathbf{B}\cdot\mathbf{A}\right)\mathbf{C} - \left(\mathbf{C}\cdot\mathbf{A}\right)\mathbf{B}\right]\\ &= \left(\mathbf{A}\cdot\mathbf{C}\right)\mathbf{B} - \left(\mathbf{A}\cdot\mathbf{B}\right)\mathbf{C},\end{aligned} \tag{2.17}$$

a qual é diferente de $(\mathbf{A} \times \mathbf{B}) \times \mathbf{C}$. Assim, chegamos ao seguinte lema:

Lema. ***O produto vetorial não é associativo.***

2.4.2 Produto escalar de dois produtos vetoriais

$$(\mathbf{A} \times \mathbf{B}) \cdot (\mathbf{C} \times \mathbf{D}) = (\mathbf{A} \cdot \mathbf{C})(\mathbf{B} \cdot \mathbf{D}) - (\mathbf{A} \cdot \mathbf{D})(\mathbf{B} \cdot \mathbf{C}) \qquad (2.18)$$

Demonstração

Façamos a substituição $(\mathbf{C} \times \mathbf{D}) \equiv \mathbf{V}$. Podemos escrever, então

$$\begin{aligned}
(\mathbf{A} \times \mathbf{B}) \cdot (\mathbf{C} \times \mathbf{D}) &= (\mathbf{A} \times \mathbf{B}) \cdot \mathbf{V} \\
&= (\mathbf{V} \times \mathbf{A}) \cdot \mathbf{B} \\
&= [(\mathbf{C} \times \mathbf{D}) \times \mathbf{A}] \cdot \mathbf{B} \\
&= [(\mathbf{A} \cdot \mathbf{C})\,\mathbf{D} - (\mathbf{A} \cdot \mathbf{D})\,\mathbf{C}] \cdot \mathbf{B} \\
&= (\mathbf{A} \cdot \mathbf{C})(\mathbf{B} \cdot \mathbf{D}) - (\mathbf{A} \cdot \mathbf{D})(\mathbf{B} \cdot \mathbf{C}). \qquad \blacklozenge
\end{aligned}$$

2.4.3 Produto vetorial de dois produtos vetoriais

$$\begin{aligned}
(\mathbf{A} \times \mathbf{B}) \times (\mathbf{C} \times \mathbf{D}) &= [(\mathbf{A} \times \mathbf{B}) \cdot \mathbf{D}]\,\mathbf{C} - [(\mathbf{A} \times \mathbf{B}) \cdot \mathbf{C}]\,\mathbf{D} \\
&= -[\mathbf{B} \cdot (\mathbf{C} \times \mathbf{D})]\,\mathbf{A} + [\mathbf{A} \cdot (\mathbf{C} \times \mathbf{D})]\,\mathbf{B}.
\end{aligned}$$

Demonstração

Fazendo a substituição $\mathbf{C} \times \mathbf{D} \equiv \mathbf{V}$ e aplicando a relação 2.15, obtemos

$$\begin{aligned}(\mathbf{A}\times\mathbf{B})\times(\mathbf{C}\times\mathbf{D}) &= (\mathbf{A}\times\mathbf{B})\times\mathbf{V}\\ &= -(\mathbf{B}\cdot\mathbf{V})\,\mathbf{A}+(\mathbf{A}\cdot\mathbf{V})\,\mathbf{B}\\ &= -(\mathbf{B}\cdot(\mathbf{C}\times\mathbf{D}))\,\mathbf{A}+(\mathbf{A}\cdot(\mathbf{C}\times\mathbf{D}))\,\mathbf{B}.\end{aligned}$$

Por outro lado, fazendo $\mathbf{A}\times\mathbf{B}\equiv\mathbf{V}$, obtemos

$$\begin{aligned}(\mathbf{A}\times\mathbf{B})\times(\mathbf{C}\times\mathbf{D}) &= \mathbf{V}\times(\mathbf{C}\times\mathbf{D})\\ &= -(\mathbf{C}\times\mathbf{D}\times)\times\mathbf{V}\\ &= (\mathbf{D}\cdot\mathbf{V})\,\mathbf{C}-(\mathbf{C}\cdot\mathbf{V})\,\mathbf{D}\\ &= (\mathbf{D}\cdot(\mathbf{A}\times\mathbf{B}))\,\mathbf{C}-(\mathbf{C}\cdot(\mathbf{A}\times\mathbf{B}))\,\mathbf{D}. \qquad\blacklozenge\end{aligned}$$

Esse resultado mostra que o vetor $(\mathbf{A}\times\mathbf{B})\times(\mathbf{C}\times\mathbf{D})$ encontra-se ao longo da interseção dos planos definidos pelos respectivos pares de vetores **A**, **B** e **C**, **D** (Figura 2.7).

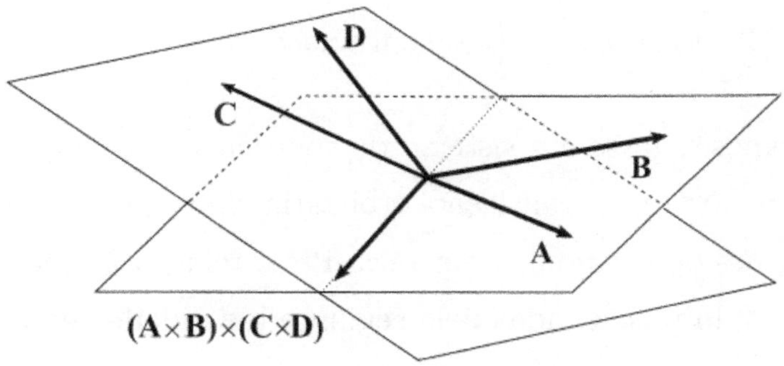

Figura 2.7 – Produto vetorial de outros dois produtos vetoriais.

2.5 Mudança de coordenadas

2.5.1 Translação

Vimos anteriormente que, dado um sistema de referência constituído por um conjunto de eixos coordenados, existe uma relação unívoca entre cada ponto P do espaço e uma n-upla de números, as suas coordenadas no sistema de referência dado. Se o sistema de coordenadas é alterado, sendo, por exemplo, transladado e/ou rotacionado, em geral a n-upla associada a cada ponto será diferente. O tipo mais simples de mudança de coordenadas de um ponto P é o devido a uma translação do sistema de coordenadas. Por translação T entende-se uma operação pela qual todo ponto de um sistema de coordenadas é deslocado por um mesmo vetor **T**.

Consideremos um ponto P sobre o eixo coordenado x e suponhamos inicialmente uma translação T ao longo do eixo x (Figura 2.8). A translação T leva o ponto O para o ponto O′. As coordenadas x e x' do ponto P em relação às origens O e O′ se encontram relacionadas por $x = x' + \mathrm{T}$.

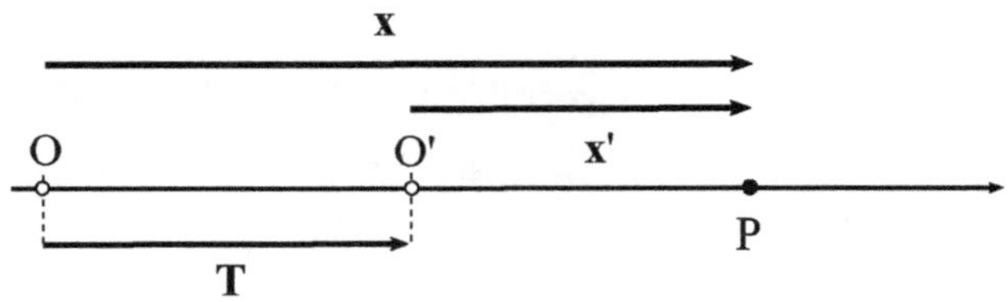

Figura 2.8 – Translação ao longo de um eixo x.

Consideremos, agora, um sistema de coordenadas S′ obtido a partir de um sistema S por uma translação arbitrária dada pelo vetor **T** (Figura 2.9). As posições de um ponto arbitrário P em relação aos dois sistemas de coordenadas estão relacionadas pela seguinte identidade vetorial:

$$\mathbf{r} = \mathbf{r}' + \mathbf{T}. \tag{2.19}$$

Em termos das componentes, a identidade anterior pode ser escrita como

$$x = x' + \mathrm{T}_x,\ y = y' + \mathrm{T}_y,\ z = z' + \mathrm{T}_z. \tag{2.20}$$

Transformações de Galileu

Na mecânica, existe o conceito de *referencial*, o qual é diferente do conceito de sistema de coordenadas. Um sistema de coordenadas é dado por um ponto, o qual é considerado o ponto de referência do espaço ou origem, e por um conjunto de

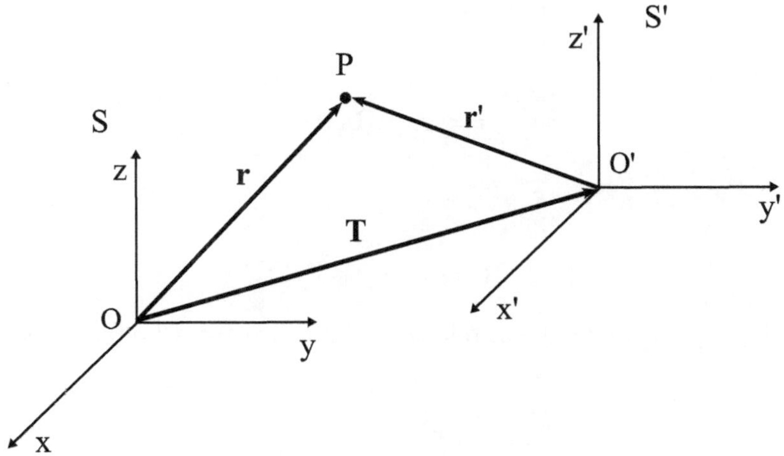

Figura 2.9 – Translação arbitrária de um sistema de coordenadas por um vetor **T**.

eixos, os quais nos permitem associar univocamente a cada ponto do espaço uma terna de valores ou coordenadas. Por outro lado, um referencial permite localizar um evento tanto no espaço quanto no tempo, sendo constituído por um sistema de coordenadas mais um conjunto de relógios, um em cada ponto do espaço e todos sincronizados entre si. De todos os possíveis referenciais, os mais importantes são os denominados *referenciais inerciais*. Um referencial é dito inercial quando nele é válida a primeira lei de Newton: se sobre um corpo não age nenhuma força, ele permanecerá em repouso ou em movimento uniforme.

Dentro dos limites da mecânica clássica, a experiência mostra que dados dois referenciais S e S′, se um dos relógios de S′ concordar na leitura com um dos relógios de S, então concordará com todos os demais. Nesse sentido, o tempo na mecânica clássica é absoluto. Indicando-se o tempo medido nos referenciais S e S′ por t e t', respectivamente, o caráter absoluto do tempo pode ser indicado escrevendo-se $t = t'$.

Sejam dois referenciais inerciais S e S′ com seus eixos respectivamente paralelos, sendo que S′ se desloca em relação a S com velocidade **V** constante (Figura 2.10). Um ponto P no espaço terá suas posições nos referenciais S e S′ dadas pelos vetores **r** e **r**′, respectivamente. Para os vetores posição nos dois referenciais, vale a identidade

$$\mathbf{r} = \mathbf{r}' + \mathbf{R}(t), \tag{2.21}$$

onde

$$\mathbf{R}(t) = \mathbf{R}_o + \mathbf{V}t, \tag{2.22}$$

sendo $\mathbf{R}$ e $\mathbf{R}_o$ a posição de O′ em relação a S nos instantes t e 0, respectivamente.

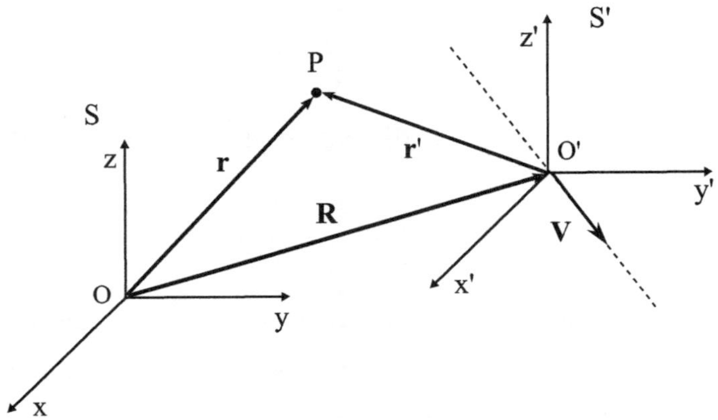

Figura 2.10 – Posição de um ponto P em relação a dois sistemas de referência: o sistema S está em repouso e o sistema de referência S′ está se deslocando com velocidade constante **V** em relação a S.

A expressão que vincula os vetores posição de um ponto P segundo dois referenciais inerciais S e S′, sendo que S′ se movimenta em relação a S com velocidade **V**, é dada pela expressão

$$\mathbf{r} = \mathbf{r}' + \mathbf{R}_o + \mathbf{V}t, \tag{2.23}$$

a qual é a chamada de *transformação de Galileu.*

Se o ponto P representa a posição de um corpo em movimento, a partir das transformações de Galileu obtemos a relação entre as velocidades atribuídas à partícula P nos dois referenciais. Derivando em relação ao tempo a Equação 2.23, obtemos

$$\mathbf{v} = \mathbf{v}' + \mathbf{V} \tag{2.24}$$

que é a *lei de composição de velocidades*.

Derivando mais uma vez em relação ao tempo a Equação 2.24, obtemos a *lei de composição de acelerações*:

$$\mathbf{a} = \mathbf{a}',$$

ou seja, as acelerações são iguais em ambos os referenciais inerciais.

Como consequência das transformações de Galileu, a distância entre dois pontos dados é a mesma nos dois referenciais. Portanto, forças como a gravitacional e a eletrostática são as mesmas, em módulo, direção e sentido, em todos os referenciais inerciais.

2.5.2 Rotações de sistemas de coordenadas

A mudança mais geral de um sistema de coordenadas cartesianas é dada por uma translação da origem do sistema de coordenadas seguida de uma rotação dos eixos em torno da origem. Como vimos pela definição de vetores, uma simples translação da origem do sistema de eixos cartesianos não altera as componentes de um vetor pelo fato de que todos os vetores com mesmo módulo, direção e sentido, independentemente da localização da origem do vetor, representam o mesmo vetor e, portanto, possuem as mesmas componentes cartesianas. Por tal motivo, consideraremos aqui somente as mudanças de coordenadas que deixam inalterada a origem, mas que mudam a orientação dos eixos cartesianos.

Rotações infinitesimais

Um deslocamento arbitrário no espaço é representado por um vetor cujo módulo é igual à distância transladada e cuja direção e sentido são os mesmos do deslocamento. Que essa representação de um deslocamento por um vetor é correta é algo que pode ser provado pelo fato de que o deslocamento satisfaz a comutatividade inerente aos vetores, ou seja, o resultado final de dois deslocamentos sucessivos independe da ordem em que sejam efetuados. Considerando a rotação de um objeto, em geral existe a ideia de que também seria possível representar uma rotação por meio de um vetor, em que seu módulo seria proporcional ao ângulo girado, a direção seria a do eixo de rotação e o sentido positivo poderia ser atribuído, por exemplo, pela seguinte regra: um observador com os pés na origem e a cabeça no extremo do vetor veria o objeto girar no sentido anti-horário. Que uma definição como essa de um vetor representativo de uma rotação finita é errada é algo que pode ser facilmente demonstrado. Consideremos, por exemplo, um objeto sobre o qual efetuamos duas rotações sucessivas de 90° em torno de dois eixos mutuamente perpendiculares, em diferente ordem, como mostrado na Figura 2.11. Vemos que o resultado final da aplicação sucessiva das duas rotações de 90° ao longo de eixos perpendiculares entre eles levou a resultados diferentes em cada caso. Podemos afirmar, então, que a comutatividade que caracteriza uma grandeza vetorial não é observada no caso das rotações finitas. É possível, porém, mostrar que uma rotação infinitesimal tem caráter vetorial.

Demonstração

Consideremos uma rotação infinitesimal de um ângulo $d\phi$ em torno da direção definida pelo versor $\hat{n}$ e que leva o vetor $\mathbf{r}$ para o $\mathbf{r}'$ (Figura 2.12). Pela rotação, o extremo do vetor $\mathbf{r}$ descreve um arco infinitesimal de comprimento ds dado por:

$$ds = r \operatorname{sen} \theta \, d\phi.$$

Suponhamos que a rotação infinitesimal possa ser representada por um vetor $d\phi \, \hat{n}$, cujo sentido seja como o proposto para as rotações finitas. O deslocamento infinitesimal do vetor $\mathbf{r}$, $d\mathbf{r}$, tem módulo ds e direção perpendicular ao plano definido por $\mathbf{r}$ e $\hat{n}$. Da definição do produto vetorial de dois vetores,

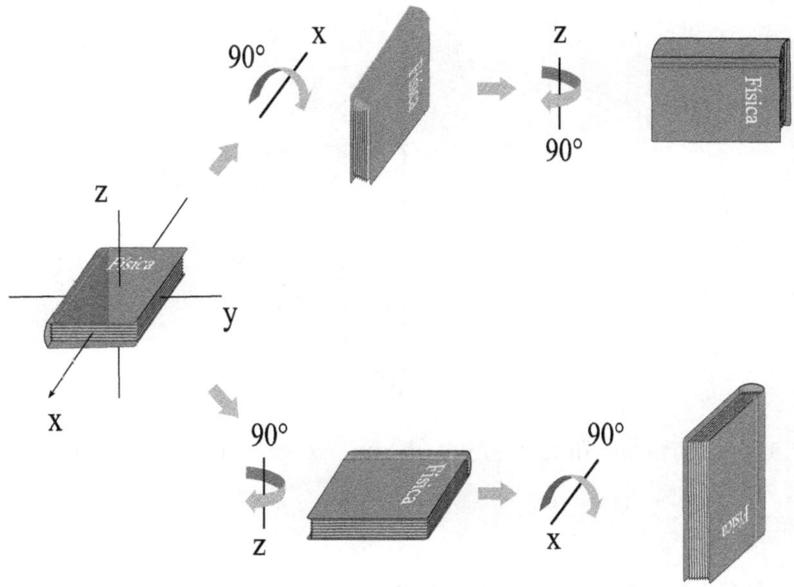

Figura 2.11 – Resultados de sucessivas rotações finitas de um objeto 3D ao longo de dois eixos mutuamente perpendiculares quando efetuadas em diferente ordem.

podemos escrever o deslocamento como

$$d\mathbf{r} = d\phi\,\hat{\mathrm{n}} \times \mathbf{r}. \tag{2.25}$$

Assim, a expressão $\mathbf{r}' = \mathbf{r} + d\mathbf{r} = \mathbf{r} + d\phi\,\hat{\mathrm{n}} \times \mathbf{r}$, como função vetorial do ângulo ϕ, é válida somente para valores infinitesimais de ϕ, pois a representação em série de Taylor até a primeira ordem no argumento somente é válida para valores infinitesimais deste. Consideremos agora duas rotações infinitesimais. A primeira rotação de valor $d\phi_1$, em torno do eixo $\hat{\mathrm{n}}_1$, leva o vetor $\mathbf{r}$ para $\mathbf{r}'$, e a segunda, de valor $d\phi_2$ e realizada em torno do eixo $\hat{\mathrm{n}}_2$, leva o vetor $\mathbf{r}'$ para $\mathbf{r}''$. O deslocamento total $d\mathbf{r}$ será dado por

$$d\mathbf{r} = d\mathbf{r}_1 + d\mathbf{r}_2 = d\phi_1\,\hat{\mathrm{n}}_1 \times \mathbf{r} + d\phi_2\,\hat{\mathrm{n}}_2 \times \mathbf{r} = [d\phi_1\,\hat{\mathrm{n}}_1 + d\phi_2\,\hat{\mathrm{n}}_2] \times \mathbf{r}.$$

Como os deslocamentos infinitesimais $d\mathbf{r}_i$ são grandezas vetoriais, o des-

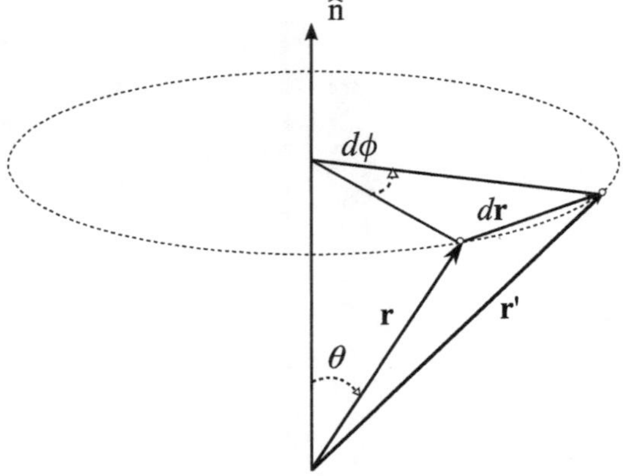

Figura 2.12 – Rotação infinitesimal de um vetor **r** em torno do eixo definido pelo versor n̂.

locamento total também pode ser escrito como

$$d\mathbf{r} = d\mathbf{r}_2 + d\mathbf{r}_1 = d\phi_2\,\hat{\mathrm{n}}_2 \times \mathbf{r} + d\phi_1\,\hat{\mathrm{n}}_1 \times \mathbf{r} = [d\phi_2\,\hat{\mathrm{n}}_2 + d\phi_1\,\hat{\mathrm{n}}_1] \times \mathbf{r},$$

e, portanto, mostramos que

$$d\phi_2\,\hat{\mathrm{n}}_2 + d\phi_1\,\hat{\mathrm{n}}_1 = d\phi_1\,\hat{\mathrm{n}}_1 + d\phi_2\,\hat{\mathrm{n}}_2.$$

Ou seja, as rotações infinitesimais satisfazem a comutatividade e, portanto, têm caráter vetorial. ♦

Assim, por uma rotação infinitesimal $d\phi\,\hat{\mathrm{n}}$ num sistema de coordenadas fixo, um vetor **A** mudará na quantidade expressada por

$$d\mathbf{A} = d\phi\,\hat{\mathrm{n}} \times \mathbf{A}. \tag{2.26}$$

Por outro lado, se o vetor é fixo e o sistema de coordenadas realiza um giro infinitesimal $d\phi\,\hat{\mathrm{n}}$, a mudança aparente do vetor **A** em relação ao sistema de coordenada girante será dada por

$$d\mathbf{A} = \mathbf{A} \times d\phi\,\hat{\mathrm{n}}. \tag{2.27}$$

O resultado de um giro infinitesimal $d\phi\,\hat{\mathrm{n}}$ do sistema de coordenadas equivale a um giro $-d\phi\,\hat{\mathrm{n}}$ do vetor num sistema de coordenadas fixo. Em ambas as situações, existe uma mudança na direção do vetor, mas o seu módulo permanece inalterado.

Rotações finitas

Vimos, na seção anterior, que uma rotação pode ser representada por um vetor somente no caso das rotações infinitesimais. É somente nessas condições que é possível fazer um tratamento puramente vetorial. Uma abordagem das rotações finitas, porém, será mais adequada mediante o uso de matrizes. Consideremos dois sistemas de coordenadas cartesianas S e S$'$ com as origens coincidentes e cujos versores fundamentais sejam $\mathbf{i}, \mathbf{j}, \mathbf{k}$ e $\mathbf{i}', \mathbf{j}', \mathbf{k}'$, respectivamente. Os versores fundamentais no sistema S$'$ podem ser escritos em termos dos versores no sistema S por

$$\begin{aligned} \mathbf{i}' &= \alpha_x\,\mathbf{i} + \alpha_y\,\mathbf{j} + \alpha_z\,\mathbf{k}, \\ \mathbf{j}' &= \beta_x\,\mathbf{i} + \beta_y\,\mathbf{j} + \beta_z\,\mathbf{k}, \\ \mathbf{k}' &= \gamma_x\,\mathbf{i} + \gamma_y\,\mathbf{j} + \gamma_z\,\mathbf{k}, \end{aligned} \tag{2.28}$$

onde as componentes são dadas por

$$\begin{array}{lll} \alpha_x = \mathbf{i}\cdot\mathbf{i}', & \alpha_y = \mathbf{j}\cdot\mathbf{i}', & \alpha_z = \mathbf{k}\cdot\mathbf{i}', \\ \beta_x = \mathbf{i}\cdot\mathbf{j}', & \beta_y = \mathbf{j}\cdot\mathbf{j}', & \beta_z = \mathbf{k}\cdot\mathbf{j}', \\ \gamma_x = \mathbf{i}\cdot\mathbf{k}', & \gamma_y = \mathbf{j}\cdot\mathbf{k}', & \gamma_z = \mathbf{k}\cdot\mathbf{k}', \end{array}$$

ou seja, as componentes são os cossenos diretores dos ângulos formados entre os respectivos pares de eixos de S com S$'$. Por outro lado, os versores do sistema S em termos dos versores do sistema S′ são dados por

$$\begin{aligned} \mathbf{i} &= \alpha_x\, \mathbf{i}' + \beta_x\, \mathbf{j}' + \gamma_x\, \mathbf{k}', \\ \mathbf{j} &= \alpha_y\, \mathbf{i}' + \beta_y\, \mathbf{j}' + \gamma_y\, \mathbf{k}', \\ \mathbf{k} &= \alpha_z\, \mathbf{i}' + \beta_z\, \mathbf{j}' + \gamma_z\, \mathbf{k}'. \end{aligned} \tag{2.29}$$

Por inspeção dos dois conjuntos anteriores de equações podemos observar que os sistemas de equações podem se escritos de forma concisa mediante notação matricial como

$$\mathrm{J}' = \mathrm{R}\ \mathrm{J} \tag{2.30}$$

e

$$\mathrm{J} = \mathrm{R}^t \mathrm{J}', \tag{2.31}$$

onde J e J′ são as matrizes coluna 3 × 1 definidas por

$$\mathrm{J} = \begin{bmatrix} \mathbf{i} \\ \mathbf{j} \\ \mathbf{k} \end{bmatrix}, \ \mathrm{J}' = \begin{bmatrix} \mathbf{i}' \\ \mathbf{j}' \\ \mathbf{k}' \end{bmatrix} \tag{2.32}$$

e R e R^t são as matrizes 3 × 3 definidas por

$$\mathrm{R} = \begin{bmatrix} \alpha_x & \alpha_y & \alpha_z \\ \beta_x & \beta_y & \beta_z \\ \gamma_x & \gamma_y & \gamma_z \end{bmatrix}, \ \mathrm{R}^t = \begin{bmatrix} \alpha_x & \beta_x & \gamma_x \\ \alpha_y & \beta_y & \gamma_y \\ \alpha_z & \beta_z & \gamma_z \end{bmatrix}. \tag{2.33}$$

Como pode ser observado, a matriz R^t é a matriz transposta de R.

Propriedades da matriz de rotação

Os versores fundamentais compõem um triedro ortogonal. Por isso, podemos estabelecer as seguintes grupos de relações entre as componentes dos versores para ambos os sistemas, ou seja, os elementos da matriz de transformação:

$$\begin{aligned}\mathbf{i}'^2 &= \alpha_x^2 + \alpha_y^2 + \alpha_z^2 = 1\\ \mathbf{j}'^2 &= \beta_x^2 + \beta_y^2 + \beta_z^2 = 1\\ \mathbf{k}'^2 &= \gamma_x^2 + \gamma_y^2 + \gamma_z^2 = 1\end{aligned} \tag{2.34}$$

$$\begin{aligned}\mathbf{i}' \cdot \mathbf{j}' &= \alpha_x\beta_x + \alpha_y\beta_y + \alpha_z\beta_z = 0\\ \mathbf{i}' \cdot \mathbf{k}' &= \alpha_x\gamma_x + \alpha_y\gamma_y + \alpha_z\gamma_z = 0\\ \mathbf{j}' \cdot \mathbf{k}' &= \beta_x\gamma_x + \beta_y\gamma_y + \beta_z\gamma_z = 0\end{aligned} \tag{2.35}$$

$$\begin{aligned}\mathbf{i}^2 &= \alpha_x^2 + \beta_x^2 + \gamma_x^2 = 1\\ \mathbf{j}^2 &= \alpha_y^2 + \beta_y^2 + \gamma_y^2 = 1\\ \mathbf{k}^2 &= \alpha_z^2 + \beta_z^2 + \gamma_z^2 = 1\end{aligned} \tag{2.36}$$

$$\begin{aligned}\mathbf{i} \cdot \mathbf{j} &= \alpha_x\alpha_y + \beta_x\beta_y + \gamma_x\gamma_y = 0\\ \mathbf{i} \cdot \mathbf{k} &= \alpha_x\alpha_z + \beta_x\beta_z + \gamma_x\gamma_z = 0\\ \mathbf{j} \cdot \mathbf{k} &= \alpha_y\alpha_z + \beta_y\beta_z + \gamma_y\gamma_z = 0.\end{aligned} \tag{2.37}$$

Ou seja, a soma dos quadrados dos elementos de uma linha ou coluna vale 1 e a soma dos produtos dos elementos de duas colunas ou linhas diferentes vale 0.

As relações 2.34 a 2.37 podem ser expressadas de forma compacta com o uso das matrizes R e R^t, definidas em 2.33 como

$$\mathrm{RR}^t = \mathrm{R}^t\mathrm{R} = \mathrm{I}, \tag{2.38}$$

onde I é a matriz identidade 3×3. A expressão anterior mostra que $\mathrm{R}^t = \mathrm{R}^{-1}$. Uma matriz R com a propriedade anterior é dita *ortogonal.*

Supondo que os triedros fundamentais $\mathbf{i}, \mathbf{j}, \mathbf{k}$ e $\mathbf{i}', \mathbf{j}', \mathbf{k}'$ são ortogonais e positivos, a partir do que foi visto na Seção 2.1, podemos estabelecer as seguintes relações:

$$\mathbf{i} \times \mathbf{j} = \mathbf{k}, \ \mathbf{j} \times \mathbf{k} = \mathbf{i}, \ \mathbf{k} \times \mathbf{i} = \mathbf{j},$$

$$\mathbf{i}' \times \mathbf{j}' = \mathbf{k}', \ \mathbf{j}' \times \mathbf{k}' = \mathbf{i}', \ \mathbf{k}' \times \mathbf{i}' = \mathbf{j}'.$$

Em termos das componentes, a relação $\mathbf{i}' \times \mathbf{j}' = \mathbf{k}'$, por exemplo, pode ser escrita como

$$(\alpha_y \beta_z - \alpha_z \beta_y)\,\mathbf{i} + (\alpha_z \beta_x - \alpha_x \beta_z)\,\mathbf{j} + (\alpha_x \beta_y - \alpha_y \beta_x)\,\mathbf{k} = \gamma_x \mathbf{i} + \gamma_y \mathbf{j} + \gamma_z \mathbf{k}.$$

Expressões análogas são obtidas para os demais produtos vetoriais. Chegamos, assim, ao seguinte resultado:

Cada elemento da matriz de rotação R e de sua transposta R^t é igual ao seu cofator.[1]

2.6 Definição alternativa de vetor

As relações vetoriais têm um caráter intrínseco, ou seja, independem do sistema de coordenadas particular que esteja sendo usado. Elas possuem um significado geométrico claro, como quando da definição do produto escalar e do produto vetorial de vetores. Esse caráter intrínseco deixa de ser evidente quando se utiliza notação em componentes num dado sistema de coordenadas. A todo vetor pode ser atribuída uma terna de valores, as suas componentes, num dado sistema de coordenadas; mas, em geral, uma terna de valores qualquer não é um vetor no sentido estrito. A definição de um

[1]Para uma definição de cofator, veja o Apêndice A.

vetor por meio de componentes tem que ser feita de forma a garantir que o vetor seja o mesmo em qualquer sistema de coordenadas. Consideremos, por exemplo, a seguinte situação: seja um vetor **V**, cujas componentes num determinado sistema de coordenadas sejam (V_x, V_y, V_z). O vetor definido por $k\mathbf{V} = (kV_x, kV_y, kV_z)$, sendo k um escalar, é paralelo ao vetor **V**. Num outro sistema de coordenadas, no qual o mesmo vetor **V** tenha componentes $(V_{x'}, V_{y'}, V_{z'})$, o vetor $(kV_{x'}, kV_{y'}, kV_{z'})$ também representa um vetor paralelo a **V**. Dizemos que para quaisquer escalar k e quaisquer vetor **V**, $k\mathbf{V}$ representa um vetor paralelo a **V**. Por outro lado, consideremos os vetores **A** e **B**, não paralelos e cujas componentes num determinado sistema de coordenadas S sejam (A_x, A_y, A_z) e (B_x, B_y, B_z), respectivamente. O suposto vetor **C** definido em componentes no sistema S como (A_xB_x, A_yB_y, A_zB_z) não é de fato um vetor. Para ver isso, consideremos um segundo sistema de coordenadas S′, rotacionado em relação a S e de forma que o mesmo vetor **A** seja dado por $\left(A_x^{'}, 0, 0\right)$. Nesse caso, **C** será $\left(A_x^{'}B_x^{'}, 0, 0\right)$, ou seja, **C** será um vetor paralelo ao vetor **A**. Todavia, num sistema de coordenadas S″, rotacionado em relação a S de forma que **B** tenha componentes $\left(0, 0, B_z^{''}\right)$, **C** terá componentes $\left(0, 0, A_z^{''}B_z^{''}\right)$, ou seja, será paralelo ao vetor **B**. Portanto, **C** não é um vetor. Então surge o problema de saber se uma terna de valores representa ou não um vetor. Na próxima seção, serão dadas as regras de mudança das componentes de um vetor por mudanças num sistema de coordenadas, e isso nos permitirá chegar a uma nova definição de vetor.

2.6.1 Mudança das componentes de um vetor

Um vetor tem uma existência que não depende de um sistema particular de coordenadas, mas a sua representação em termos das componentes num dado sistema dependerá da base utilizada para a representação. Se dois sistemas de coordenadas estão relacionados entre si por uma rotação, em geral a representação do vetor em componentes será diferente nos dois sistemas.

Para mostrar isso, consideremos dois sistemas de coordenadas cartesianas S e S′, cujas origens coincidem mas que estão relacionados entre si por uma rotação arbitrária. No sistema S, cujos versores fundamentais são $\mathbf{i}, \mathbf{j}, \mathbf{k}$, um vetor **V** pode ser escrito como

$$\mathbf{V} = \mathrm{V}_x\,\mathbf{i} + \mathrm{V}_y\mathbf{j} + \mathrm{V}_z\,\mathbf{k}. \tag{2.39}$$

No sistema S′, cujos versores fundamentais são $\mathbf{i}', \mathbf{j}', \mathbf{k}'$, o mesmo vetor **V** será dado pela expressão

$$\mathbf{V} = \mathrm{V}_{x'}\,\mathbf{i}' + \mathrm{V}_{y'}\mathbf{j}' + \mathrm{V}_{z'}\,\mathbf{k}'. \tag{2.40}$$

A partir das equações 2.29 podemos escrever a (2.39) como

$$\begin{aligned}\mathbf{V} = \mathrm{V}_x\ (\alpha_x\,\mathbf{i}' + \beta_x\,\mathbf{j}' + \gamma_x\,\mathbf{k}') + \mathrm{V}_y\ (\alpha_y\,\mathbf{i}' + \beta_y\,\mathbf{j}' + \gamma_y\,\mathbf{k}')\\ + \mathrm{V}_z\ (\alpha_z\,\mathbf{i}' + \beta_z\,\mathbf{j}' + \gamma_z\,\mathbf{k}')\end{aligned}$$

e, reordenando os termos, obtemos

$$\begin{aligned}\mathbf{V} = (\alpha_x\mathrm{V}_x + \alpha_y\mathrm{V}_y + \alpha_z\mathrm{V}_z)\ \mathbf{i}'\\ + (\beta_x\mathrm{V}_x + \beta_y\mathrm{V}_y + \beta_z\mathrm{V}_z)\ \mathbf{j}' + (\gamma_x\mathrm{V}_x + \gamma_y\mathrm{V}_y + \gamma_z\mathrm{V}_z)\ \mathbf{k}'.\end{aligned}$$

Dado um sistema de coordenadas cartesianas, as componentes de um vetor são univocamente definidas. Ou seja, definido um sistema de três eixos cartesianos, existe uma terna única de valores correspondentes às componentes do vetor nesse sistema de coordenadas cartesianas. Por tal motivo, da expressão anterior podemos concluir que as componentes do vetor no sistema de coordenadas S′ estão relacionadas com as componentes do vetor, segundo o sistema de coordenadas S pelas seguintes equações:

$$
\begin{aligned}
V_{x'} &= \alpha_x V_x + \alpha_y V_y + \alpha_z V_z \\
V_{y'} &= \beta_x V_x + \beta_y V_y + \beta_z V_z \\
V_{z'} &= \gamma_x V_x + \gamma_y V_y + \gamma_z V_z .
\end{aligned}
\tag{2.41}
$$

Inversamente, pode-se provar facilmente, e deixamos isso como um exercício para o leitor, que as componentes do vetor no sistema de coordenadas S estão relacionadas às componentes do sistema de coordenadas S′ pelas seguintes equações:

$$
\begin{aligned}
V_x &= \alpha_x V_{x'} + \beta_x V_{y'} + \gamma_x V_{z'} \\
V_y &= \alpha_y V_{x'} + \beta_y V_{y'} + \gamma_y V_{z'} \\
V_z &= \alpha_z V_{x'} + \beta_z V_{y'} + \gamma_z V_{z'},
\end{aligned}
\tag{2.42}
$$

ou seja, por uma rotação do sistema de coordenadas, as componentes de um vetor mudam como os versores fundamentais dos sistemas de coordenadas (equações 2.28 e 2.29, respectivamente). Chegamos, assim, à 3ª definição de vetor:

3ª definição de vetor: A condição necessária e suficiente para que 3 escalares, V_x, V_y e V_z, sejam as componentes de um vetor **V** é que, por uma rotação do sistema de coordenadas cartesianas, elas se transformem como os versores fundamentais do sistema de coordenadas (equações 2.41 e 2.42).

Em notação matricial, a relação entre as componentes do vetor **V** nos dois sistemas de coordenadas é dada por:

$$
\mathbb{V}' = \mathrm{R}\, \mathbb{V}, \tag{2.43}
$$

$$
\mathbb{V} = \mathrm{R}^t\, \mathbb{V}', \tag{2.44}
$$

onde as matrizes R e R^t têm o significado dado pelas matrizes 2.33 e $\mathbb{V}$ e $\mathbb{V}'$ são as matrizes 3×1 ou matrizes coluna correspondentes aos vetores **V** e **V**′, respectivamente, dadas por

$$\mathbb{V} = \begin{bmatrix} V_x \\ V_y \\ V_z \end{bmatrix}, \qquad \mathbb{V}' = \begin{bmatrix} V_{x'} \\ V_{y'} \\ V_{z'} \end{bmatrix}. \tag{2.45}$$

As equações 2.43 e 2.44 aplicam-se a todo vetor, como, por exemplo, ao vetor posição **r**. Assim, as coordenadas (x', y', z') de um ponto P num sistema S′ em relação às coordenadas (x, y, z) do mesmo ponto no sistema S é dada por

$$\begin{aligned} \mathrm{x}' &= \alpha_x \mathrm{x} + \alpha_y \mathrm{y} + \alpha_z \mathrm{z}, \\ \mathrm{y}' &= \beta_x \mathrm{x} + \beta_y \mathrm{y} + \beta_z \mathrm{z}, \\ \mathrm{z}' &= \gamma_x \mathrm{x} + \gamma_y \mathrm{y} + \gamma_z \mathrm{z}, \end{aligned} \tag{2.46}$$

e a transformação inversa é dada por

$$\begin{aligned} \mathrm{x} &= \alpha_x \mathrm{x}' + \beta_x \mathrm{y}' + \gamma_x \mathrm{z}' \\ \mathrm{y} &= \alpha_y \mathrm{x}' + \beta_y \mathrm{y}' + \gamma_y \mathrm{z}' \\ \mathrm{z} &= \alpha_z \mathrm{x}' + \beta_z \mathrm{y}' + \gamma_z \mathrm{z}'. \end{aligned} \tag{2.47}$$

A partir das equações 2.46, e lembrando que os coeficientes α_i, β_i e γ_i são constantes, é possível ver que as diferenciais dx, dy e dz comportam-se como as componentes de um vetor, o denominado vetor deslocamento infinitesimal $d\mathbf{r}$, dado por

$$d\mathbf{r} = dx\,\mathbf{i} + dy\,\mathbf{j} + dz\,\mathbf{k}. \tag{2.48}$$

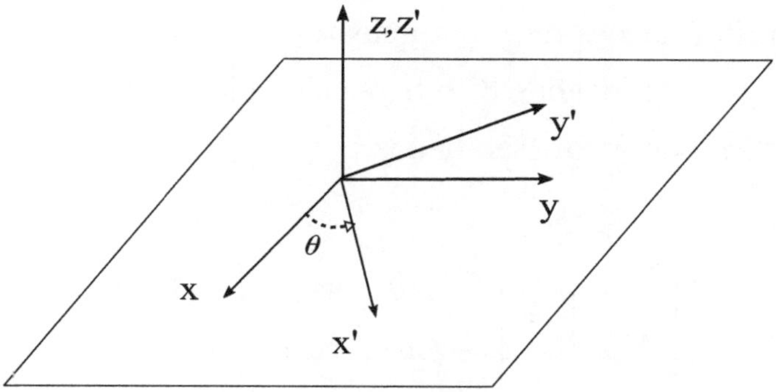

Figura 2.13 – Rotação de um sistema de coordenadas de um ângulo θ em torno do eixo z.

2.6.2 Transformação de coordenadas no plano

O formalismo das rotações, visto no caso geral, pode ser simplificado no caso particular, mas muito comum, de rotações em torno de um dos eixos cartesianos. Nesse caso, dizemos que foi feita uma *rotação no plano.* Consideremos um sistema de coordenadas S′ obtido a partir de um sistema de coordenadas S por uma rotação de um ângulo θ em torno do eixo z (Figura 2.13). Nessa rotação, o versor $\mathbf{k}'$ do novo sistema de coordenadas é o mesmo versor $\mathbf{k}$ do sistema sem rotar. Assim, as matrizes rotação se reduzem a

$$\mathrm{R}_z = \begin{bmatrix} \cos\theta & \operatorname{sen}\theta & 0 \\ -\operatorname{sen}\theta & \cos\theta & 0 \\ 0 & 0 & 1 \end{bmatrix}, \; \mathrm{R}_z^t = \begin{bmatrix} \cos\theta & -\operatorname{sen}\theta & 0 \\ \operatorname{sen}\theta & \cos\theta & 0 \\ 0 & 0 & 1 \end{bmatrix}. \tag{2.49}$$

Nesse caso, podemos simplificar o tratamento matemático substituindo as matrizes 3×3 por matrizes 2×2 obtidas ao se eliminar a terceira coluna e a terceira linha das matrizes rotação:

$$\mathfrak{R}_z = \begin{bmatrix} \cos\theta & \operatorname{sen}\theta \\ -\operatorname{sen}\theta & \cos\theta \end{bmatrix}, \; \mathfrak{R}_z^t = \begin{bmatrix} \cos\theta & -\operatorname{sen}\theta \\ \operatorname{sen}\theta & \cos\theta \end{bmatrix}. \tag{2.50}$$

Assim, as transformações das componentes x e y de um vetor **V** segundo dois sistemas de coordenadas S′ e S relacionados por uma rotação de um ângulo θ em torno do eixo z são dadas por

$$\begin{bmatrix} \mathrm{V}_{x'} \\ \mathrm{V}_{y'} \end{bmatrix} = \begin{bmatrix} \cos\theta & \operatorname{sen}\theta \\ -\operatorname{sen}\theta & \cos\theta \end{bmatrix} \begin{bmatrix} \mathrm{V}_x \\ \mathrm{V}_y \end{bmatrix}, \tag{2.51}$$

$$\begin{bmatrix} \mathrm{V}_x \\ \mathrm{V}_y \end{bmatrix} = \begin{bmatrix} \cos\theta & -\operatorname{sen}\theta \\ \operatorname{sen}\theta & \cos\theta \end{bmatrix} \begin{bmatrix} \mathrm{V}_{x'} \\ \mathrm{V}_{y'} \end{bmatrix}. \tag{2.52}$$

2.6.3 Rotação de um vetor no plano

Muitas vezes, é necessário obter um vetor $\mathbf{V}'$ a partir de um vetor **V** por uma rotação deste. As componentes do novo vetor $\mathbf{V}'$ podem ser determinadas facilmente se levarmos em conta que uma rotação de **V** por ângulo φ num sistema de coordenadas fixo é equivalente a uma rotação do sistema de coordenadas por um ângulo $-\varphi$ mantendo o vetor fixo. Assim, dado um vetor **V** cujas componentes num sistema de coordenadas são representadas pela matriz

$$\mathbb{V} = \begin{bmatrix} \mathrm{V}_x \\ \mathrm{V}_y \end{bmatrix},$$

as componentes do vetor $\mathbf{V}'$, obtido a partir de **V** pela rotação de um ângulo θ, serão dadas por:

$$\mathbb{V}' = \begin{bmatrix} \mathrm{V}'_x \\ \mathrm{V}'_y \end{bmatrix} = \begin{bmatrix} \cos\theta & -\operatorname{sen}\theta \\ \operatorname{sen}\theta & \cos\theta \end{bmatrix} \begin{bmatrix} \mathrm{V}_x \\ \mathrm{V}_y \end{bmatrix}. \tag{2.53}$$

2.7 Ângulos de Euler

Uma rotação do sistema de coordenadas que deixa a origem inalterada, ou seja, uma transformação ortogonal dos vetores,[2] também pode ser especificada por meio de três ângulos definidos convenientemente. Um dos conjuntos de ângulos mais utilizados para descrever a rotação do sistema de coordenadas é o dos *ângulos de Euler*. Esses ângulos correspondem a três rotações sucessivas que levam a coincidir dois sistemas de coordenadas com a mesma orientação do espaço e que compartilham a origem. Sejam um sistema de coordenadas cartesianas S definido pelos eixos (x,y,z) e um sistema cartesiano S$'$ definido pelos eixos (X,Y,Z), ambos com a mesma orientação e a mesma origem, como mostrado na Figura 2.14. A primeira rotação a ser considerada é a de um ângulo ϕ no sentido anti-horário em torno do eixo z, levando o sistema de eixos (x,y,z) para o sistema $(\mathrm{x}', \mathrm{y}', \mathrm{z})$ (Figura 2.14-a). Uma segunda rotação de um ângulo θ no sentido anti-horário é realizada em torno do eixo x$'$, levando o sistema de eixos $(\mathrm{x}', \mathrm{y}', \mathrm{z})$ para $(\mathrm{x}', \mathrm{y}'', \mathrm{Z})$ (Figura 2.14-b). Finalmente, uma terceira rotação, dessa vez de um ângulo ψ no sentido anti-horário em torno do eixo Z, leva os eixos $(\mathrm{x}', \mathrm{y}'', \mathrm{Z})$ para (X,Y,Z) (Figura 2.14-c). As matrizes rotação em cada passo do processo são dadas por

$$\mathrm{M}_z = \begin{bmatrix} \cos\phi & \operatorname{sen}\phi & 0 \\ -\operatorname{sen}\phi & \cos\phi & 0 \\ 0 & 0 & 1 \end{bmatrix},$$

$$\mathrm{M}_{x'} = \begin{bmatrix} 1 & 0 & 0 \\ 0 & \cos\theta & \operatorname{sen}\theta \\ 0 & -\operatorname{sen}\theta & \cos\theta \end{bmatrix},$$

[2] Uma transformação é dita ortogonal se preserva o módulo de um vetor e os ângulos entre os vetores.

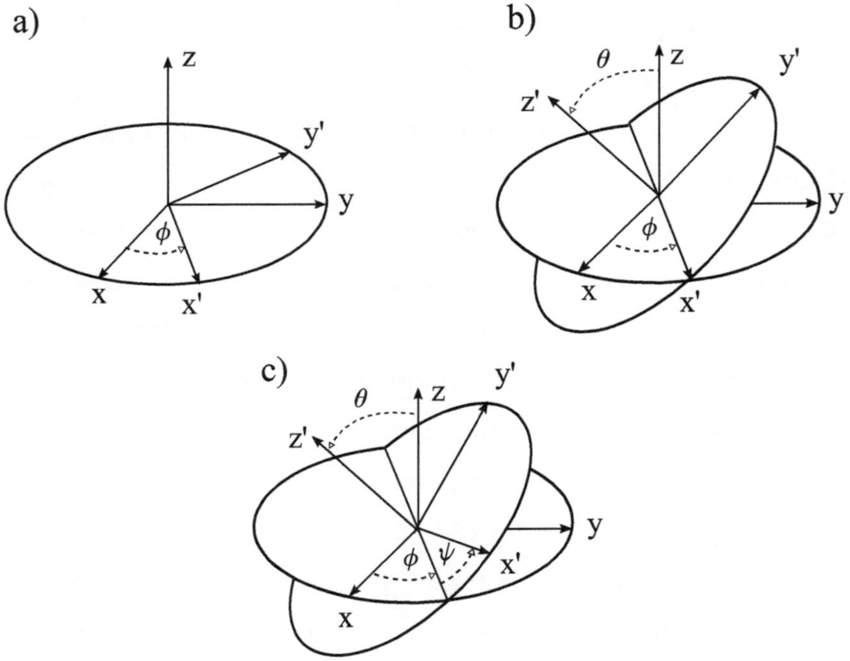

Figura 2.14 – Definição dos ângulos de Euler: a) Rotação em torno do eixo z; b) Rotação em torno do eixo x′; c) Rotação em torno do eixo z′.

$$\mathrm{M}_Z = \begin{bmatrix} \cos\psi & \operatorname{sen}\psi & 0 \\ -\operatorname{sen}\psi & \cos\psi & 0 \\ 0 & 0 & 1 \end{bmatrix},$$

para as rotações em torno dos eixos z, x' e Z, respectivamente. O resultado final da aplicação das três rotações em forma sucessiva é dado pelo produto das matrizes

$$\mathrm{M} = \mathrm{M}_z \mathrm{M}_{x'} \mathrm{M}_z. \tag{2.54}$$

É importante lembrar que as rotações finitas não são comutativas e, portanto, a ordem das matrizes em 2.54 não pode ser alterada.

Forças de inércia

A primeira lei de Newton da mecânica clássica, que estabelece que uma partícula sujeita a uma força resultante nula encontra-se em repouso ou em movimento com velocidade constante, permite a classificação dos sistemas de referência em inerciais e não inerciais. Um referencial é dito inercial se nele é válida a primeira lei de Newton. Pode-se mostrar, também, que qualquer sistema de referência em movimento relativo com velocidade constante em relação a um referencial inercial também será inercial. Por outro lado, um sistema de referência acelerado será *não inercial*. Para um observador, num referencial não inercial, uma partícula sobre a qual a força resultante seja nula terá um movimento acelerado, com aceleração não nula. A aparente força responsável pela aceleração da partícula é denominada *força de inércia*. Essa última não têm existência real, sendo simplesmente um artefato devido à aceleração do referencial.

Referencial acelerado em movimento translacional

Consideremos dois sistemas de referência, um referencial inercial S e um referencial S′ que se translada em relação a S com aceleração constante $\mathbf{A}$, os quais têm os seus eixos respectivamente paralelos (Figura 2.15). Consideremos, ainda, uma partícula P. Os vetores posição $\mathbf{r}$ e $\mathbf{r}'$ de P em relação aos referenciais S e S′, respectivamente, estão relacionados por

$$\mathbf{r} = \mathbf{r}' + \mathbf{R}_o + \mathbf{V}_o t + \frac{1}{2}\mathbf{A}t^2,$$

onde $\mathbf{R}_o$ e $\mathbf{V}_o$ são os vetores posição inicial e velocidade inicial do referencial S′ em relação a S, respectivamente. As acelerações $\mathbf{a}$ e $\mathbf{a}'$ da partícula nos referenciais S e S′, respectivamente, estão relacionadas por

$$\mathbf{a}' = \mathbf{a} - \mathbf{A}.$$

Assim, se a partícula possui massa inercial m, as forças $\mathbf{F}$ e $\mathbf{F}'$, que, segundo observadores em S e S′, respectivamente, atuam sobre a partícula, estão relacionadas por

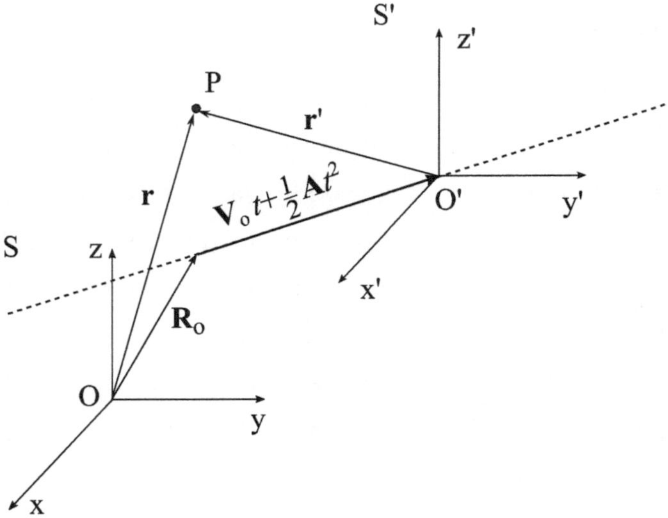

Figura 2.15 – Referencial não inercial S′ em movimento com aceleração constante **A** em relação ao referencial inercial S.

$$\mathbf{F}' = \mathbf{F} - m\,\mathbf{A}.$$

O termo $-m\,\mathbf{A}$ corresponde à força de inércia.

Sistema referencial em movimento rotacional

Consideremos um referencial inercial fixo S e um segundo referencial S′, cujas origens O e O′ e cujos eixos z e z' sejam coincidentes. Suponhamos, ainda, que o sistema S′ gira em torno do eixo z com velocidade angular constante $\boldsymbol{\omega}$. Os vetores posição $\mathbf{r}$ e $\mathbf{r}'$ de uma partícula P em relação a S e S′, respectivamente, são os mesmos ($\mathbf{r} = \mathbf{r}'$). Supondo a partícula em repouso em S′, a velocidade da partícula P, segundo um observador em S e a partir da expressão 2.26, é

$$\mathbf{v} = \boldsymbol{\omega} \times \mathbf{r}'.$$

Se, por outro lado, a partícula estiver em movimento em relação ao sistema S′, as velocidades da partícula em ambos os referenciais estarão relacionadas por

$$\frac{d\mathbf{r}}{dt} = \left.\frac{d\mathbf{r}'}{dt}\right|_{fixo} = \left.\frac{d\mathbf{r}'}{dt}\right|_{rot} + \boldsymbol{\omega} \times \mathbf{r}'$$

$$\mathbf{v} = \mathbf{v}' + \boldsymbol{\omega} \times \mathbf{r}'. \tag{2.55}$$

Derivando a expressão 2.55 em relação ao tempo e levando em conta a Equação 2.26, obtemos

$$\left.\frac{d\mathbf{v}}{dt}\right|_{fixo} = \left.\frac{d\mathbf{v}'}{dt}\right|_{fixo} + \boldsymbol{\omega} \times \left.\frac{d\mathbf{r}'}{dt}\right|_{fixo},$$

$$\left.\frac{d\mathbf{v}}{dt}\right|_{fixo} = \left.\frac{d\mathbf{v}'}{dt}\right|_{rot} + \boldsymbol{\omega} \times \mathbf{v}' + \boldsymbol{\omega} \times \left(\left.\frac{d\mathbf{r}'}{dt}\right|_{rot} + \boldsymbol{\omega} \times \mathbf{r}'\right),$$

$$\mathbf{a} = \mathbf{a}' + 2\,\boldsymbol{\omega} \times \mathbf{v}' + \boldsymbol{\omega} \times \left(\boldsymbol{\omega} \times \mathbf{r}'\right).$$

Multiplicando a expressão anterior pela massa m, obtemos

$$m\,\mathbf{a} = m\,\mathbf{a}' + 2m\,\boldsymbol{\omega} \times \mathbf{v}' + m\,\boldsymbol{\omega} \times \left(\boldsymbol{\omega} \times \mathbf{r}'\right),$$

$$\mathbf{F} = \mathbf{F}' + 2m\,\boldsymbol{\omega} \times \mathbf{v}' + m\,\boldsymbol{\omega} \times \left(\boldsymbol{\omega} \times \mathbf{r}'\right),$$

$$\mathbf{F}' = \mathbf{F} - 2m\,\boldsymbol{\omega} \times \mathbf{v}' - m\,\boldsymbol{\omega} \times \left(\boldsymbol{\omega} \times \mathbf{r}'\right).$$

Assim, a força agindo sobre uma partícula, segundo um observador em S$'$, será a superposição da força real $\mathbf{F}$ e de mais duas forças de inércia. O termo $-2m\,\boldsymbol{\omega}\times\mathbf{v}'$ é denominado *força de Coriolis*. Esta age, segundo o observador no referencial não inercial, sempre que a partícula estiver em movimento nesse referencial com uma velocidade $\mathbf{v}'$ não paralela a $\boldsymbol{\omega}$. O segundo termo, $-m\,\boldsymbol{\omega}\times(\boldsymbol{\omega} \times \mathbf{r}')$, é denominado *força centrífuga* e está sempre presente. Como o nome o indica, a força centrífuga está sempre dirigida para fora do eixo de rotação.

Transformações de Lorentz

O postulado fundamental na Teoria da Relatividade Especial, formulada por Albert Einstein, é o de que a velocidade da luz é a mesma em todos os referenciais inerciais, ou seja, a velocidade da luz é independente do estado de movimento da fonte de luz. Como consequência desse postulado, o tempo associado a um evento não é independente das coordenadas espaciais dele e do movimento relativo, sendo que diversos observadores atribuirão coordenadas espaço-temporais diferentes a um determinado evento. Assim, por exemplo, eventos simultâneos para um observador podem não ser simultâneos para outro. Matematicamente, as coordenadas espaciais $(x,\ y,\ z)$ e o tempo t atribuídos a um evento se comportam como as coordenadas de um espaço quadridimensional.

Consideremos dois sistemas de referência, S e S$'$, cujos eixos respectivos x, y, z e x$'$, y$'$, z$'$ sejam mutuamente paralelos. Suponhamos, ainda, que S' move-se com velocidade $\mathbf{v}$ ao longo do eixo $+z$ e que no instante $t = t' = 0$ as origens de ambos os sistemas coincidem. Supondo uma fonte luminosa em repouso no sistema S que em $t = 0$ emite um pulso de luz, o postulado fundamental da teoria da relatividade indica que, em ambos os referenciais, a velocidade da luz é a mesma. Portanto, em ambos os referenciais o pulso propaga-se como uma onda esférica com velocidade c. No sistema S, no instante t a onda esférica associada à luz terá um raio $r = ct$, e no sistema S$'$ no instante t', o raio é $r' = ct'$. Assim, podemos afirmar que, para qualquer ponto sobre as frentes de onda, se satisfaz a seguinte relação:

$$x^2 + y^2 + z^2 - c^2t^2 = x'^2 + y'^2 + z'^2 - c^2t'^2. \tag{2.56}$$

Uma transformação entre as coordenadas dos dois sistemas, S e S$'$, que satisfaz a equação anterior é dada pelas denominadas *Transformações de Lorentz*, dadas por

$$\begin{aligned} x' &= x, \\ y' &= y, \\ z' &= \gamma\,(z - \beta ct)\,, \\ ct' &= \gamma\,(ct - \beta z)\,, \end{aligned} \tag{2.57}$$

onde $\beta = \frac{\mathrm{v}}{c}$ e $\gamma = 1/\sqrt{1-\beta^2}$.

A Equação 2.56 pode ser interpretada como a condição imposta sobre a transformação de coordenadas de deixar inalterada a distância entre dois pontos num espaço quadridimensional cujas coordenadas (x^0, x^1, x^2, x^3) são as componentes de um 4-vetor. As relações entre as coordenadas espaço-temporais $(t, x, y, z,)$ e as componentes do 4-vetor são:

$$\begin{aligned} x^0 &= ct, \\ x^1 &= x, \\ x^2 &= y, \\ x^3 &= z, \end{aligned} \tag{2.58}$$

e o "módulo" do 4-vetor $\vec{x} = (x^0, x^1, x^2, x^3)$ é definido por:

$$|\vec{x}^2| = \vec{x} \cdot \vec{x} = (x^0)^2 - (x^1)^2 - (x^2)^2 - (x^3)^2 .$$

Um exemplo de transformação que deixa inalterada a norma de um vetor é uma rotação num sistema de coordenadas. Assim, as Transformações de Lorentz podem ser consideradas uma rotação no espaço 4-dimensional. Do fato que $0 \leq \beta \leq 1$ e $1 \leq \gamma < \infty$, podemos expressar β e γ como

$$\begin{aligned} \beta &= \operatorname{tgh} \varphi, \\ \gamma &= \cosh \varphi, \end{aligned} \tag{2.59}$$

onde φ é um parâmetro. Assim, as Transformações de Lorentz podem ser escritas como

$$\begin{aligned} x' &= x, \\ y' &= y, \\ z' &= z \cosh \varphi - ct \operatorname{senh} \varphi, \\ ct' &= -z \operatorname{senh} \varphi + ct \cosh \varphi. \end{aligned} \tag{2.60}$$

As fórmulas de transformação contêm as funções hiperbólicas no lugar das funções trigonométricas por conta da definição da norma de um vetor no espaço quadridimensional. Em notação matricial, as Transformações de Lorentz são dadas por

$$\begin{bmatrix} x' \\ y' \\ z' \\ ct' \end{bmatrix} = \begin{bmatrix} 1 & 0 & 0 & 0 \\ 0 & 1 & 0 & 0 \\ 0 & 0 & \cosh\varphi & -\operatorname{senh}\varphi \\ 0 & 0 & -\operatorname{senh}\varphi & \cosh\varphi \end{bmatrix} \begin{bmatrix} x \\ y \\ z \\ ct \end{bmatrix}.$$

2.8 Vetores contravariantes e covariantes

Consideremos dois sistemas de coordenadas cartesianas, sendo o primeiro o sistema formado pelos eixos x,y,z e o segundo, composto pelos eixos x′, y′, z′, relacionado ao anterior por uma mudança de escala (Figura 2.16), como dada pelas expressões

$$\begin{aligned} x' &= kx, \\ y' &= ky, \\ z' &= kz. \end{aligned} \tag{2.61}$$

Uma transformação dessa natureza corresponde na física, por exemplo, a uma mudança no sistema de unidades. Suponhamos, ainda, um deslocamento $\triangle\mathbf{r}$ no sistema de coordenadas x, y, z dado por $\Delta\mathbf{r} = \Delta x\,\mathbf{i} + \Delta y\,\mathbf{j} + \Delta z\,\mathbf{k}$. O mesmo vetor deslocamento no sistema x′, y′, z′ é dado por

$$\Delta\mathbf{r} = \Delta x'\,\mathbf{i}' + \Delta y'\,\mathbf{j}' + \Delta z'\,\mathbf{k}',$$

onde

$$\begin{aligned} \Delta x' &= k\Delta x, & \Delta y' &= k\Delta y, & \Delta z' &= k\Delta z, \\ &= \frac{dx'}{dx}\Delta x. & &= \frac{dy'}{dy}\Delta y. & &= \frac{dz'}{dz}\Delta z. \end{aligned}$$

Ou seja, uma redução na unidade por um fator k implica um aumento correspondente na componente pelo mesmo fator. Dizemos que um vetor como o

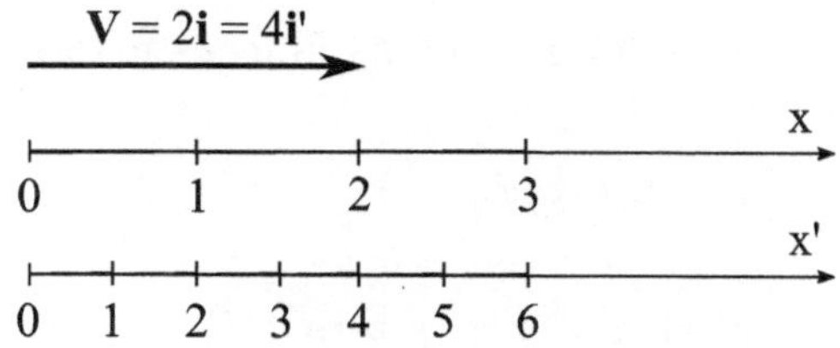

Figura 2.16 – Exemplo de transformação de escala $x' = 2x$. Um vetor **V** de componente igual a 2 no sistema de coordenadas unidimensional, representado pelo eixo x, terá componente 4 no sistema x' obtido a partir de x, reduzindo pela metade a unidade de medida.

deslocamento é um *vetor contravariante* com relação a uma mudança no sistema de coordenadas por um fator de escala, ou seja, as componentes do vetor mudam de maneira contrária ao que fazem as coordenadas.

Consideremos novamente a transformação de coordenadas dada pelas equações 2.61 e um vetor **W** dado pela expressão $\mathbf{W} = \frac{df}{dx}\mathbf{i} + \frac{df}{dy}\mathbf{j} + \frac{df}{dz}\mathbf{k}$, onde f é alguma função escalar da coordenada x. As componentes do vetor **W** no novo sistema de coordenadas serão

$$\begin{aligned} \frac{df}{dx'} &= \frac{dx}{dx'}\frac{df}{dx}, \\ &= \frac{1}{k}\frac{df}{dx}. \end{aligned} \qquad \begin{aligned} \frac{df}{dy'} &= \frac{dy}{dy'}\frac{df}{dy}, \\ &= \frac{1}{k}\frac{df}{dy}. \end{aligned} \qquad \begin{aligned} \frac{df}{dz'} &= \frac{dz}{dz'}\frac{df}{dz}, \\ &= \frac{1}{k}\frac{df}{dz}. \end{aligned}$$

Portanto, a redução da unidade de um sistema de coordenadas por um fator k implica na redução da componente do vetor pelo mesmo fator k. Dizemos que o vetor **W** é um *vetor covariante*, ou seja, as componentes do vetor mudam da mesma forma que as coordenadas.

Todos os vetores que representam grandezas físicas são classificados em contravariantes ou covariantes. Estabeleceremos agora o critério geral para classificar os vetores. Consideremos uma transformação geral de coordenadas em $\mathbb{R}^3$ dada pelas equações

$$x_i' = x_i'(x_1, x_2, x_3), \quad i = 1, 2, 3, \tag{2.62}$$

as quais admitem, num certo domínio D, as funções inversas

$$x_i = x_i\left(x'_1, x'_2, x'_3\right), \quad i = 1, 2, 3, \tag{2.63}$$

existindo uma relação biunívoca entre as ternas (x_1, x_2, x_3) e (x'_1, x'_2, x'_3). Dessa forma, qualquer ponto do domínio D pode ser representado indiferentemente por uma terna ou pela outra.

Vetor contravariante: vetor $\mathbf{V}$ cujas componentes (V_1, V_2, V_3) num sistema de coordenadas (x_1, x_2, x_3) mudam, por um câmbio de coordenadas definido pelas equações de 2.62, segundo a equação a seguir:

$$V'_i = \sum_j \frac{\partial x'_i}{\partial x_j} V_j. \tag{2.64}$$

Vetor covariante: vetor $\mathbf{V}$ cujas componentes (V_1, V_2, V_3) num sistema de coordenadas (x_1, x_2, x_3) mudam, por um câmbio de coordenadas definido pelas equações 2.62, segundo a equação a seguir:

$$V'_i = \sum_j \frac{\partial x_j}{\partial x'_i} V_j. \tag{2.65}$$

Em relação à rotação de um sistema de coordenadas cartesianas, definida pelas equações 2.46 e 2.47, as mudanças dos tipos contravariante e covariante de um vetor conduzem à mesma relação entre as componentes nos dois sistemas de coordenadas.

2.9 Coordenadas curvilíneas

O sistema de coordenadas cartesianas não é o único sistema de coordenadas para a localização de um ponto no espaço bi ou tridimensional. Existem outros sistemas de coordenadas possíveis, e a escolha adequada deverá ser avaliada caso a caso, sendo pautada pela conveniência e pela simetria da situação apresentada.

Uma regra prática para a escolha é que o sistema de coordenadas mais adequado é aquele que permite utilizar o menor número de coordenadas na descrição das grandezas físicas. Assim, se um objeto segue uma trajetória circular em torno de um ponto, um sistema de coordenadas adequado seria um que tivesse as trajetórias circulares como uma curva coordenada. No caso das coordenadas cartesianas, as curvas coordenadas são retas paralelas aos eixos cartesianos. O número de coordenadas necessário em cada sistema de coordenadas é determinado pela dimensão do espaço. No caso de um espaço bidimensional ($\mathbb{R}^2$), consideraremos o sistema de *coordenadas polares* e, no caso de um espaço tridimensional ($\mathbb{R}^3$), consideraremos as *coordenadas esféricas* e as *cilíndricas* (ver Seção 3.9.1 para uma abordagem geral).

2.9.1 Coordenadas polares

No plano, um sistema de coordenadas curvilíneas muito utilizado é o denominado sistema de*coordenadas polares*, constituído por um ponto fixo O, denominado origem, e uma semirreta com origem em O. Nesse sistema, podemos estabelecer uma correspondência biunívoca entre cada ponto P do plano x-y, exceto a origem, e um par ordenado (ρ, ϕ), cujos elementos são definidos da seguinte forma: 1) a coordenada $\rho > 0$ é a distância do ponto P ao ponto fixo O; 2) a coordenada ϕ é o ângulo que o vetor OP forma com a semirreta, medido no sentido contrário ao do avanço dos ponteiros do relógio, e toma valores no intervalo $[0, 2\pi)$ (Figura 2.17). Fazendo coincidir a origem de um sistema cartesiano com o ponto fixo O e a semirreta com o semi-eixo x positivo, podemos estabelecer uma correspondência entre as coordenadas polares e cartesianas dada pelas seguintes equações de transformação:

$$\rho = \sqrt{x^2 + y^2}, \quad \phi = \operatorname{arctg}\left(\frac{y}{x}\right), \tag{2.66}$$

e

$$x = \rho \cos\phi, \quad y = \rho \operatorname{sen}\phi. \tag{2.67}$$

No sistema de coordenadas polares do plano, as curvas coordenadas são as

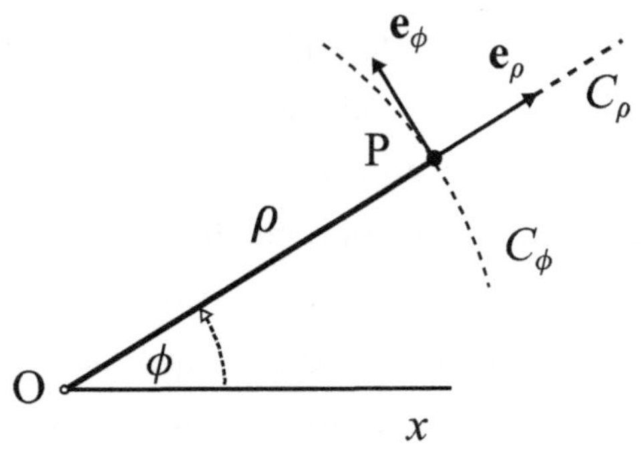

Figura 2.17 – Coordenadas polares de um ponto no plano.

semirretas C_ρ e as circunferências C_ϕ. Os versores tangentes às curvas coordenadas C_ρ e C_ϕ que indicam o sentido de crescimento das coordenadas são $\mathbf{e}_\rho$ e $\mathbf{e}_\phi$, respectivamente.

2.9.2 Coordenadas cilíndricas

Em situações em que a simetria do problema seja cilíndrica, ou seja, em que exista um eixo de simetria, um sistema de coordenados adequado para representar os pontos no espaço são as *coordenadas cilíndricas*. Fazendo coincidir o eixo de simetria com o eixo z de um sistema de referência cartesiano, podemos estabelecer uma correspondência biunívoca entre as coordenadas cartesianas de cada ponto do espaço, exceto o eixo de simetria (eixo z), e uma terna de valores (ρ, ϕ, z), onde ρ e ϕ são as coordenadas polares da projeção do ponto P sobre o plano x-y, o ponto P′ e a coordenada cilíndrica z é a mesma coordenada cartesiana z, a qual toma valores no intervalo $(-\infty, \infty)$ (Figura 2.18). As relações entre as coordenadas cilíndricas e as cartesianas de um ponto são dadas pelas equações a seguir:

$$\rho = \sqrt{x^2 + y^2}, \quad \phi = \text{arctg}\left(\frac{y}{x}\right), \quad z = z \tag{2.68}$$

e

$$x = \rho \cos\phi, \quad y = \rho \,\text{sen}\,\phi, \quad z = z. \tag{2.69}$$

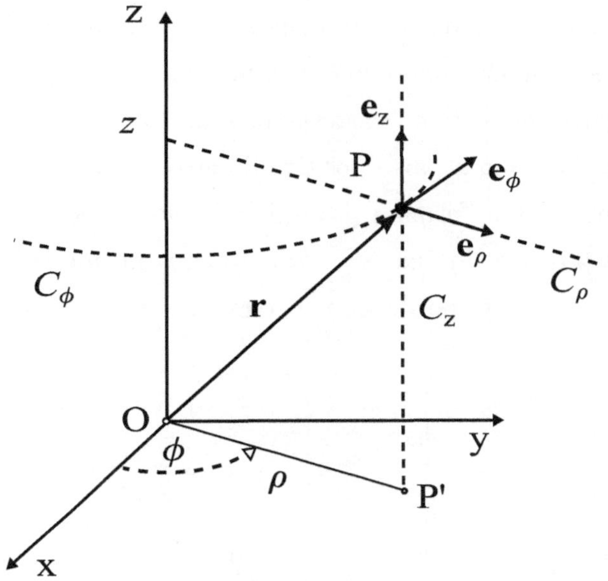

Figura 2.18 – Coordenadas cilíndricas de um ponto no espaço.

No sistema de coordenadas cilíndricas, as superfícies coordenadas são cilindros de revolução ao redor do eixo z ($\rho =$ cte), planos que contêm o eixo z ($\phi =$ cte) e planos normais ao eixo z ($z =$ cte). As curvas coordenadas são: a) a reta resultante da interseção dos planos $z =$ cte com o plano $\phi =$ cte, ao longo da qual somente muda ρ (C_ρ); b) a circunferência resultante da interseção dos planos $\rho =$ cte e $z =$ cte, ao longo da qual somente muda ϕ (C_ϕ); c) a reta ao longo da qual muda z (C_z), sendo a interseção das superfícies $\rho =$ cte e $\phi =$ cte. Como no caso do sistema de coordenadas polares, cada ponto do espaço tem associado a si um sistema de versores que indicam as direções das curvas coordenadas. No caso das coordenadas cilíndricas, podemos associar a cada ponto do espaço o triedro ortogonal positivo formado pelos versores $\mathbf{e}_\rho$, $\mathbf{e}_\phi$ e $\mathbf{e}_z$.

2.9.3 Coordenadas esféricas

No caso de situações que apresentem uma simetria esférica, um sistema de referência adequado é o sistema de coordenadas esféricas. Posicionando o centro de simetria circular na origem de um sistema cartesiano, para cada ponto P do espaço, exceto os pontos sobre o eixo z, podemos estabelecer uma correspondência biunívoca entre as coordenadas cartesianas de P e uma terna de valores (r, θ, ϕ), cujos elementos são determinados da seguinte maneira: 1) r é a distância do ponto P à origem O do sistema cartesiano, sendo $r > 0$; 2) θ é o ângulo que forma o segmento OP com a parte positiva do eixo z e toma valores no intervalo $(0, \pi)$; 3) ϕ é o ângulo que forma a projeção OP$'$ do segmento OP sobre o plano x-y com a parte positiva do eixo x e toma valores no intervalo $[0, 2\pi)$ (Figura 2.19). As relações entre as coordenadas cartesianas e as esféricas são dadas por

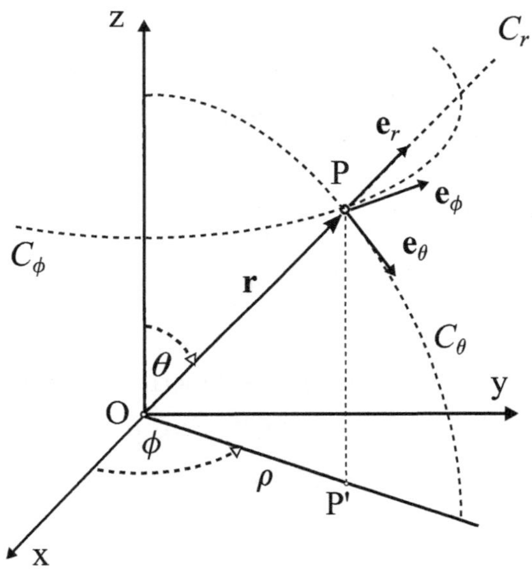

Figura 2.19 – Coordenadas esféricas de um ponto no espaço.

$$\rho = \sqrt{x^2 + y^2 + z^2}, \quad \theta = \operatorname{arctg}\left(\frac{\sqrt{x^2 + y^2}}{z}\right), \quad \phi = \operatorname{arctg}\left(\frac{y}{x}\right) \tag{2.70}$$

e

$$x = r \operatorname{sen}\theta \cos\phi, \quad y = r \operatorname{sen}\theta \operatorname{sen}\phi, \quad z = r\cos\theta. \tag{2.71}$$

No sistema de coordenadas esféricas, as superfícies coordenadas são esferas com centro na origem ($r =$ cte), cones de revolução de vértice O e eixo z ($\theta =$ cte) e planos que contêm o eixo z ($\phi =$ cte). As curvas coordenadas são: a) as circunferências C_ϕ na interseção das superfícies $r =$ cte e $\theta =$ cte, ao longo das quais somente muda ϕ; b) as retas C_r que passam pela origem na interseção das superfícies $\theta =$ cte e $\phi =$ cte, ao longo das quais muda somente r; c) circunferências com centro em O contidas em planos que contêm o eixo z na interseção das superfícies $r =$ cte e $\phi =$ cte, ao longo das quais somente muda a coordenada θ. A cada ponto do espaço está associado o triedro ortogonal fundamental positivo, formado pelos versores $\mathbf{e}_\theta$, $\mathbf{e}_\phi$, $\mathbf{e}_r$.

2.10 Problemas

1. Dados os versores $\mathbf{i}' = \frac{1}{\sqrt{9}}\left(2\vec{i} + \mathbf{j} - 2\mathbf{k}\right)$ e $\mathbf{j}' = \frac{1}{\sqrt{2}}(\mathbf{i} + \mathbf{k})$, achar o versor $\mathbf{k}'$ para que o conjunto $\mathbf{i}'$, $\mathbf{j}'$ e $\mathbf{k}'$ seja um triedro ortogonal positivo.

2. Dado um vetor $\mathbf{A} = (\mathrm{A}_1, \mathrm{A}_2, \mathrm{A}_3)$, mostrar que a expressão $\mathrm{A}_1^2 + \mathrm{A}_2^2 + \mathrm{A}_3^2$ é invariante ante rotações, ou seja, toma o mesmo valor para qualquer rotação.

3. Obtenha as equações de transformação de coordenadas dadas pelas expressões 2.42.

4. Mostrar que os sistemas de coordenadas cilíndricas e esféricas são ortogonais.

5. Provar que quaisquer que sejam os vetores **A**, **B** e **C**,

$$\mathbf{A} \times (\mathbf{B} \times \mathbf{C}) + \mathbf{B} \times (\mathbf{C} \times \mathbf{A}) + \mathbf{C} \times (\mathbf{A} \times \mathbf{B}) = 0.$$

6. Dados os vetores $\mathbf{A} = (5, 0, 1)$, $\mathbf{B} = (3, -2, 0)$ e $\mathbf{C} = (-4, 1, x)$, determinar x para que os três vetores sejam coplanares.

7. Dados os vetores **A**, **B** e **C** não paralelos nem simultaneamente coplanares, os vetores $\mathbf{A}^\star$, $\mathbf{B}^\star$ e $\mathbf{C}^\star$ definidos por

$$\mathbf{A}^\star = \frac{\mathbf{B} \times \mathbf{C}}{(\mathbf{A} \times \mathbf{B}) \cdot \mathbf{C}}, \quad \mathbf{B}^\star = \frac{\mathbf{C} \times \mathbf{A}}{(\mathbf{A} \times \mathbf{B}) \cdot \mathbf{C}}, \quad \mathbf{C}^\star = \frac{\mathbf{A} \times \mathbf{B}}{(\mathbf{A} \times \mathbf{B}) \cdot \mathbf{C}}$$

são chamados *vetores recíprocos* de **A**, **B** e **C**, respectivamente.

   i. Mostrar que $(\mathbf{A}^\star \times \mathbf{B}^\star) \cdot \mathbf{C}^\star = (\mathbf{A} \times \mathbf{B}) \cdot \mathbf{C}$.

ii. Mostrar que os recíprocos dos recíprocos são os vetores de partida.

8. Mostrar que se A é uma matriz ortogonal, então det A $= 1$ ou det A $= -1$.

9. A expressão geral de uma elipse é dada por $\mathrm{A}x^2 + \mathrm{B}y^2 + \mathrm{C}xy + \mathrm{D}x + \mathrm{E}y + \mathrm{F} = 0$. No caso de a elipse ter o centro na origem do sistema de coordenadas $\mathrm{D} = \mathrm{E} = 0$, e se os eixos forem paralelos aos eixos coordenados, $\mathrm{C} = 0$. Mostrar que o ângulo de rotação α da elipse dada pela expressão $\mathrm{A}x^2 + \mathrm{B}y^2 + \mathrm{C}xy + \mathrm{F} = 0$ é dado por

$$\mathrm{tg}\,(2\alpha) = \frac{\mathrm{C}}{\mathrm{A} - \mathrm{B}}.$$

Capítulo 3

Operadores vetoriais

Neste capítulo, serão abordadas as importantes noções de campos escalares e vetoriais, com tópicos de cálculo vetorial em relação às funções vetoriais de $\mathbb{R}$ em $\mathbb{R}^3$. Em particular, veremos que, associados tanto a um campo escalar quanto a um campo vetorial, podem ser definidos novos campos escalares e vetoriais *via* noção de derivada. Também serão apresentados alguns teoremas importantes do cálculo vetorial por meio da integração dos campos vetoriais. Uma generalização para funções vetoriais em espaços de dimensão maior que 3 será tratada na terceira parte deste livro.

3.1 Noção de campo

A noção de campo é um dos conceitos centrais na física. Historicamente, a ideia da existência de um campo, no sentido clássico, como intermediador das interações entre corpos, remonta de 1600, com o trabalho *De Magnete*, de William Gilbert.[1] Dois exemplos típicos de aplicação da noção de campo são o campo eletromagnético e o campo gravitacional, associados às interações eletromagnética

[1] *De magnete, magneticisque corporibus, et de magno magnete tellure* (Sobre os ímãs, os corpos magnéticos e o grande ímã terrestre, em tradução livre), publicado inicialmente em 1600, em latim, e traduzido para o inglês por P. Fleury Mottelay (John Wiley & Sons, 1893).

e gravitacional, por exemplo. Num sentido mais geral, associamos a noção de campo a toda grandeza física que tem um valor atribuído em cada ponto do espaço. Um exemplo simples é o da densidade do ar na atmosfera terrestre num determinado instante. Em geral, a densidade será uma função da altitude z, podendo ser escrita como $\delta = \delta(z)$. Outro exemplo é o campo elétrico $\mathbf{E}$ criado por uma distribuição espacial de cargas. Um campo como o da densidade do ar é dito um campo *escalar*, ou seja, a função de ponto entrega um escalar. Um campo escalar é representado por uma função $f : \mathbb{R}^n \to \mathbb{R}$. A seguir, representaremos um campo escalar $f : \mathbb{R}^3 \to \mathbb{R}$ indistintamente como $f(x, y, z)$ ou $f(\mathbf{r})$. Exemplos na física de campos escalares são o potencial elétrico de uma distribuição dada de cargas e a energia potencial gravitacional de uma distribuição dada de massas. Um campo que associa um vetor a cada ponto do espaço, como o campo elétrico, é denominado *campo vetorial*. Matematicamente, um campo vetorial é representado por uma função $f : \mathbb{R}^n \to \mathbb{R}^m$, denominada *função vetorial*. No texto, representaremos os campos vetoriais $f : \mathbb{R}^3 \to \mathbb{R}^m$ como $\mathbf{F}(x, y, z)$ ou $\mathbf{F}(\mathbf{r})$. Um campo vetorial $f : \mathbb{R}^3 \to \mathbb{R}^3$ pode ser representado em componentes cartesianas por

$$\mathbf{F}(\mathbf{r}) = \mathrm{F}_x(\mathbf{r})\,\mathbf{i} + \mathrm{F}_y(\mathbf{r})\,\mathbf{j} + \mathrm{F}_z(\mathbf{r})\,\mathbf{k},$$

onde as componentes $\mathrm{F}_i(\mathbf{r})$ são, por sua vez, campos escalares.

3.1.1 Exemplos de campos

A seguir, apresentaremos exemplos de campos escalares e vetoriais.

Temperatura ao longo de uma barra condutora

Consideremos uma barra feita de material que transmite calor, com condutividade térmica κ, seção reta A e comprimento L, cujas bases encontram-se em contato térmico com reservatórios de calor a temperaturas $\mathrm{T_Q}$ e $\mathrm{T_F}$ (Figura 3.1) e cuja superfície lateral está isolada termicamente. Em qualquer ponto sobre a barra, a transferência de calor ao longo da seção reta da barra satisfaz a equação da condução

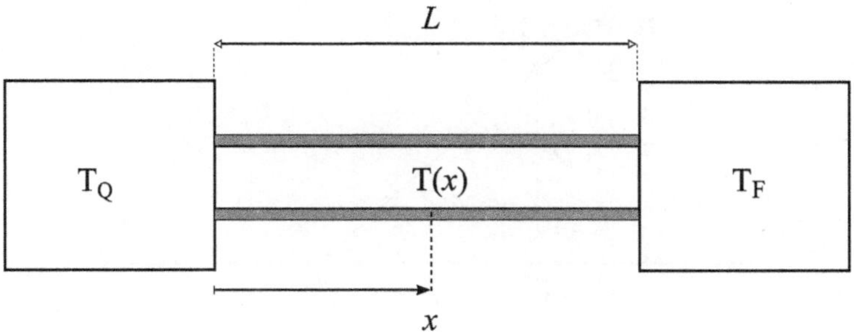

Figura 3.1 – Condução de calor através de uma barra de comprimento L, isolada termicamente sobre a sua lateral, cujas bases encontram-se às temperaturas T_Q e T_F.

$$\frac{dQ}{dt} = -\kappa A \frac{dT}{dx},$$

onde o primeiro membro é a taxa de transmissão de calor Q. No regime estacionário, $dQ/dt = \kappa A \frac{T_Q - T_F}{L}$ = cte, e a temperatura a uma distância x do extremo da barra em contato com o reservatório à temperatura T_Q é dada por

$$T(x) = T_Q - \frac{T_Q - T_F}{L} x.$$

O domínio da função $T(x)$ é $[0, L]$, e a imagem é $[T_F, T_Q]$.

Potencial elétrico

O potencial elétrico φ de uma distribuição de carga é uma grandeza escalar, e o seu valor é a solução da chamada equação de Poisson, dada por

$$\nabla^2 \varphi = -\frac{\rho}{\varepsilon_o},$$

onde ε_o é a permissividade elétrica do vácuo, o símbolo $\nabla^2 \varphi$ indica o laplaciano da função φ (ver Seção 3.6) e ρ é a densidade volumétrica da distribuição de carga. A solução geral da equação de Poisson é

$$\varphi(\mathbf{r}) = \frac{1}{4\pi\varepsilon_o} \int \frac{\rho(\mathbf{r}')}{|\mathbf{r} - \mathbf{r}'|} dx' dy' dz'.$$

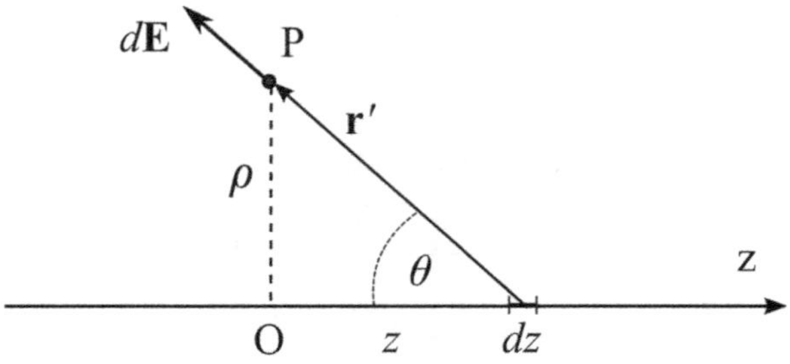

Figura 3.2 – Campo elétrico $d\mathbf{E}$ criado por um elemento de carga dq de uma densidade linear de carga λ.

Consideremos agora uma carga pontual q num determinado ponto do espaço vazio. Podemos considerar a posição da carga como a origem de um sistema de coordenadas esféricas. A densidade volumétrica de carga para uma partícula isolada na origem do sistema de coordenadas pode ser escrita em termos da funcional delta de Dirac (δ) (ver Anexo B) como $\rho(\mathbf{r}) = q\,\delta(x)\,\delta(y)\,\delta(z)$. Assim, o potencial elétrico da carga a uma distância r é dado por

$$\varphi(r) = \frac{1}{4\pi\varepsilon_0}\frac{q}{r}.$$

Campo elétrico de uma densidade linear de carga

Consideremos o problema da determinação do campo elétrico $\mathbf{E}$ criado por uma distribuição espacial linear contínua e infinita de carga (Figura 3.2). O campo elétrico num dado ponto pode ser calculado, pelo princípio de superposição, como a soma das contribuições dos infinitos elementos de carga em que pode ser dividida a distribuição linear de carga. Pela simetria cilíndrica do problema em torno da linha de carga, é adequado utilizarmos o sistema de coordenadas cilíndricas, considerando a linha de carga como sendo o eixo z. Seja λ a densidade linear de carga ao longo da direção z, a partir da qual um elemento de carga dq pode ser escrito como $dq = \lambda\,dz$. O campo elétrico total $\mathbf{E}$ num ponto P a uma distância ρ da linha de carga é dado por

$$\mathbf{E}(P) = \int d\mathbf{E},$$

onde $d\mathbf{E}$ é o campo criado pelo elemento de carga dq a uma distância r', sendo dado por

$$d\mathbf{E} = \frac{1}{4\pi\varepsilon_o}\frac{dq}{r'^2}\hat{r}'.$$

Sem perda de generalidade, podemos tomar como origem do eixo z a interseção deste com uma perpendicular baixada pelo ponto P. O campo elétrico $d\mathbf{E}$ em geral terá componentes paralela e perpendicular ao eixo z. Por simetria, o campo elétrico total no ponto P terá somente componente perpendicular ao eixo (as componentes paralelas ao eixo z dos campos de elementos de carga em posições simétricas em relação à origem cancelam-se mutuamente). Assim, o módulo do campo total $\mathbf{E}$ no ponto P é

$$E(r) = \frac{\lambda}{4\pi\varepsilon_o}\int_{-\infty}^{\infty}\frac{1}{r'^2}\operatorname{sen}\theta dz.$$

Expressando r' e sen θ em termos de z e ρ, obtemos para o módulo do campo elétrico no ponto P o valor

$$E(r) = \frac{\lambda\rho}{4\pi\varepsilon_o}\int_{-\infty}^{\infty}\frac{dz}{\left(z^2+\rho^2\right)^{3/2}}.$$

O valor da última integral é $2/\rho^2$, portanto, o campo elétrico a uma distância ρ da linha de carga em coordenadas cilíndricas é dado por

$$\mathbf{E}(\rho) = \frac{\lambda}{2\pi\varepsilon_o\rho}\mathbf{e}_\rho.$$

3.2 Derivada de funções vetoriais

Funções vetoriais que dependem de uma ou mais variáveis são chamadas *paramétricas*. Consideremos inicialmente uma função vetorial $\mathbf{F}$: $\mathbb{R} \to \mathbb{R}^3$, ou seja, uma função que depende de um único parâmetro, t. Define-se o limite da função vetorial $\mathbf{F}(t)$ como sendo o vetor cujas componentes são os limites das funções componentes de $\mathbf{F}$. Ou seja, se

$$\mathbf{F}(t)=\begin{bmatrix} F_1(t) \\ F_2(t) \\ F_3(t) \end{bmatrix},$$

então

$$\lim_{t\to t_o}\mathbf{F}(t)\equiv\begin{bmatrix} \lim\limits_{t\to t_o} F_1(t) \\ \lim\limits_{t\to t_o} F_2(t) \\ \lim\limits_{t\to t_o} F_3(t) \end{bmatrix}.$$

Um exemplo de função vetorial paramétrica é a do vetor posição de uma partícula em função do tempo, $\mathbf{r}(t)$, expressado em coordenadas cartesianas como

$$\mathbf{r}(t)=x(t)\,\mathbf{i}+y(t)\,\mathbf{j}+z(t)\,\mathbf{k}.$$

Uma função vetorial é chamada *contínua* se as suas funções componentes são funções contínuas no domínio de definição. A noção de continuidade é análoga à que se tem de uma função real: ela não pode mudar descontinuamente num ponto.

Seja $\mathbf{F}$: $\mathbb{R}\to\mathbb{R}^3$ uma função vetorial contínua que depende do parâmetro t. Quando o parâmetro da função $\mathbf{F}(t)$ toma os valores definidos no seu domínio, o extremo do vetor descreve a curva Γ em $\mathbb{R}^3$. A derivada da função $\mathbf{F}$ em relação ao seu argumento, no ponto $t\in(a,b)$, $\dot{\mathbf{F}}(t)$, é dada por

$$\dot{\mathbf{F}}(t)\equiv\lim_{\Delta t\to 0}\frac{\mathbf{F}(t+\Delta t)-\mathbf{F}(t)}{\Delta t}.$$

Outra notação usual para derivada é $\frac{d\mathbf{F}}{dt}$. Da definição, vemos que a derivada da função vetorial existe num ponto correspondente ao valor t do parâmetro se, e somente se, existe a derivada no ponto para cada uma das funções componentes. Assim, podemos escrever

$$\dot{\mathbf{F}}(t)=\begin{bmatrix} \dot{F}_1(t) \\ \dot{F}_2(t) \\ \dot{F}_3(t) \end{bmatrix}.$$

Se a derivada existe num ponto e ela é não nula, o vetor derivada é tangente à curva Γ (Figura 3.3).

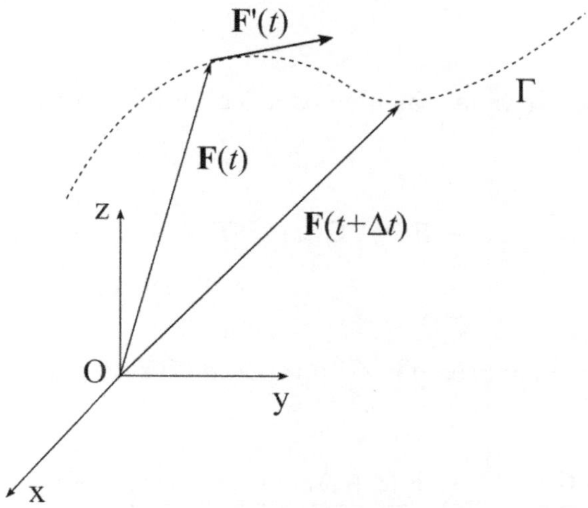

Figura 3.3 – Função vetorial $\mathbf{F}(t)$ ao longo da curva Γ e o vetor tangente $\mathbf{F}'(t)$.

3.2.1 Relações úteis

Dadas as funções vetoriais $\mathbf{F}(t)$, $\mathbf{G}(t)$ e $\mathbf{H}(t)$ e a função real $f(t)$, definidas num intervalo (a, b), pode-se mostrar que:

1. $\dfrac{d(\mathbf{F}+\mathbf{G})}{dt}=\dot{\mathbf{F}}+\dot{\mathbf{G}}$,

2. $\dfrac{d\left(f\vec{F}\right)}{dt}=\dot{f}\,\mathbf{F}+f\,\dot{\mathbf{F}}$,

3. $\dfrac{d(\mathbf{F}\cdot\mathbf{G})}{dt}=\dot{\mathbf{F}}\cdot\mathbf{G}+\mathbf{F}\cdot\dot{\mathbf{G}}$,

4. $\dfrac{d(\mathbf{F}\times\mathbf{G})}{dt}=\dot{\mathbf{F}}\times\mathbf{G}+\mathbf{F}\times\dot{\mathbf{G}}$,

5. $\dfrac{d\left(\mathbf{F}^2\right)}{dt}=2\mathbf{F}\cdot\dot{\mathbf{F}}$,

6. $\dfrac{d([\mathbf{F}\times\mathbf{G}]\cdot\mathbf{H})}{dt}=[\dot{\mathbf{F}}\times\mathbf{G}]\cdot\mathbf{H}+[\mathbf{F}\times\dot{\mathbf{G}}]\cdot\mathbf{H}+[\mathbf{F}\times\mathbf{G}]\cdot\dot{\mathbf{H}}$.

Como exemplo, demonstremos a relação 3.

Demonstração

Da definição de derivada, calculemos a seguinte expressão:

$$\mathbf{F}(t+\Delta t)\cdot\mathbf{G}(t+\Delta t)-\mathbf{F}(t)\cdot\mathbf{G}(t)=\left[\mathbf{F}(t+\Delta t)-\mathbf{F}(t)\right]\cdot\mathbf{G}(t+\Delta t)$$
$$+\mathbf{F}(t)\cdot\left[\mathbf{G}(t+\Delta t)-\mathbf{G}(t)\right].$$

Dividindo ambos os membros por Δt e tomando limite para $\Delta t\to 0$, obtemos

$$\begin{aligned}\frac{d(\mathbf{F}\cdot\mathbf{G})}{dt}&\equiv\lim_{\Delta t\to 0}\frac{\mathbf{F}(t+\Delta t)\cdot\mathbf{G}(t+\Delta t)-\mathbf{F}(t)\cdot\mathbf{G}(t)}{\Delta t}\\&=\lim_{\Delta t\to 0}\left(\frac{\mathbf{F}(t+\Delta t)-\mathbf{F}(t)}{\Delta t}\cdot\mathbf{G}(t+\Delta t)\right.\\&\qquad\left.+\mathbf{F}(t)\cdot\frac{\mathbf{G}(t+\Delta t)-\mathbf{G}(t)}{\Delta t}\right)\\&=\lim_{\Delta t\to 0}\left(\frac{\mathbf{F}(t+\Delta t)-\mathbf{F}(t)}{\Delta t}\cdot\mathbf{G}(t+\Delta t)\right)\\&\qquad+\lim_{\Delta t\to 0}\left(\mathbf{F}(t)\cdot\frac{\mathbf{G}(t+\Delta t)-\mathbf{G}(t)}{\Delta t}\right).\end{aligned}$$

Desenvolvendo o produto escalar como soma dos produtos das componentes correspondentes e aplicando as propriedades dos limites de somas e produtos de funções, obtemos:

$$\begin{aligned}\frac{d(\mathbf{F}\cdot\mathbf{G})}{dt}=\sum_{i=1}^{3}&\left[\lim_{\Delta t\to 0}\left(\frac{\mathrm{F}_i(t+\Delta t)-\mathrm{F}_i(t)}{\Delta t}\right)\cdot\lim_{\Delta t\to 0}\left(\mathrm{G}_i(t+\Delta t)\right)\right.\\&\left.+\lim_{\Delta t\to 0}\left(\mathrm{F}_i(t)\right)\cdot\lim_{\Delta t\to 0}\left(\frac{\mathrm{G}_i(t+\Delta t)-\mathrm{G}_i(t)}{\Delta t}\right)\right]\end{aligned}$$

$$\begin{aligned}&=\sum_{i=1}^{3}\left[\frac{d\mathrm{F}_i(t)}{dt}\mathrm{G}_i(t)\right]+\sum_{i=1}^{3}\left[\mathrm{F}_i(t)\frac{d\mathrm{G}_i(t)}{dt}\right]\\&=\frac{d\mathbf{F}}{dt}\cdot\mathbf{G}+\mathbf{F}\cdot\frac{d\mathbf{G}}{dt}.\qquad\blacklozenge\end{aligned}$$

Observando as relações 3 e 4, vemos que a derivação dos produtos escalar e vetorial de vetores satisfazem relações análogas à derivação do produto de funções reais.

Aplicações à cinemática e à dinâmica de uma partícula

Suponhamos uma partícula que se desloca no espaço seguindo uma trajetória dada por $\mathbf{r} = \mathbf{r}(t)$. Nesse caso, o tempo t é um parâmetro para a trajetória. Define-se a *velocidade instantânea* $\mathbf{v}$ da partícula como

$$\mathbf{v} = \frac{d\mathbf{r}}{dt},$$

e a *aceleração instantânea* como

$$\mathbf{a} = \frac{d\mathbf{v}}{dt} = \frac{d^2\mathbf{r}}{dt^2}.$$

Se a trajetória da partícula é expressa em coordenadas cartesianas, então

$$\mathbf{r}(t) = x(t)\,\mathbf{i} + y(t)\,\mathbf{j} + z(t)\,\mathbf{k},$$

e a velocidade e a aceleração da partícula serão dadas em componentes por

$$\mathbf{v} = \frac{dx}{dt}\mathbf{i} + \frac{dy}{dt}\mathbf{j} + \frac{dz}{dt}\mathbf{k}$$

e

$$\mathbf{a} = \frac{d^2x}{dt^2}\mathbf{i} + \frac{d^2y}{dt^2}\mathbf{j} + \frac{d^2z}{dt^2}\mathbf{k}.$$

Cinemática em coordenadas polares

Se a partícula tem um movimento confinado em um plano, por exemplo, no caso de ela estar submetida a uma força central, como a gravitacional, pode ser mais conveniente utilizar as coordenadas polares do plano. Diferentemente

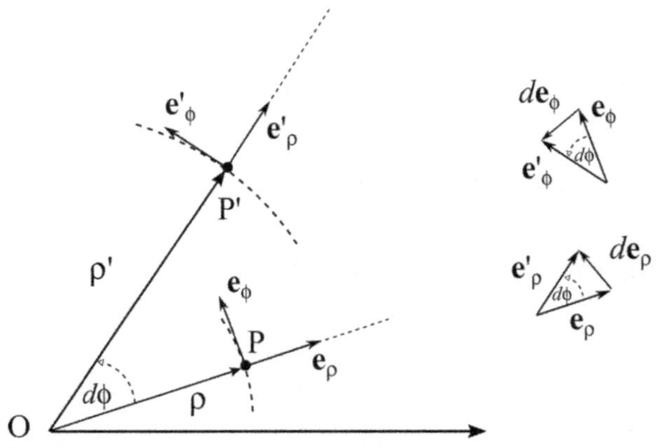

Figura 3.4 – Mudança dos versores fundamentais em coordenadas polares num deslocamento infinitesimal.

das coordenadas cartesianas, os versores do sistema de coordenadas polares não são constantes no tempo, mas dependem da posição ocupada pela partícula no instante considerado. Assim, o vetor posição num instante t é dado por $\mathbf{r}(t) = r(t)\,\mathbf{e}_\rho(t)$. Supondo que num intervalo de tempo dt o vetor posição varre um ângulo $d\phi$, os versores $\mathbf{e}_\rho$ e $\mathbf{e}_\phi$ são modificados em $d\mathbf{e}_\rho$ e $d\mathbf{e}_\phi$, respectivamente (Figura 3.4).

Para um deslocamento angular infinitesimal, o comprimento da corda é aproximadamente igual ao do arco correspondente e, portanto, podemos escrever

$$d\mathbf{e}_\rho = d\phi\,\mathbf{e}_\phi, \quad d\mathbf{e}_\phi = -d\phi\,\mathbf{e}_\rho.$$

As expressões correspondentes para as taxas temporais de variação dos versores são

$$\dot{\mathbf{e}}_\rho = \dot{\phi}\,\mathbf{e}_\phi, \quad \dot{\mathbf{e}}_\phi = -\dot{\phi}\,\mathbf{e}_\rho.$$

A partir das expressões anteriores, a velocidade e a aceleração de uma partícula em componentes polares planas são dadas por

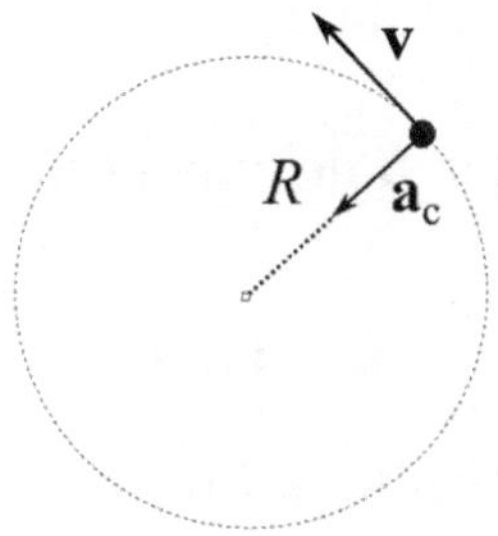

Figura 3.5 – Cinemática no movimento circular uniforme.

$$\begin{aligned}\mathbf{v} &= \frac{d\left(r\mathbf{e}_\rho\right)}{dt} = \dot{r}\,\mathbf{e}_\rho + r\,\dot{\mathbf{e}}_\rho \\ &= \dot{r}\,\mathbf{e}_\rho + r\dot{\phi}\,\mathbf{e}_\phi\end{aligned}$$

e

$$\begin{aligned}\mathbf{a} &= \frac{d\mathbf{v}}{dt} = \ddot{r}\,\mathbf{e}_\rho + \dot{r}\,\dot{\mathbf{e}}_\rho + \dot{r}\dot{\phi}\,\mathbf{e}_\phi + r\ddot{\phi}\,\mathbf{e}_\phi + r\dot{\phi}\,\dot{\mathbf{e}}_\phi \\ &= \left(\ddot{r} - r\dot{\phi}^2\right)\mathbf{e}_\rho + \left(2\dot{r}\dot{\phi} + r\ddot{\phi}\right)\mathbf{e}_\phi.\end{aligned}$$

Consideremos o caso de uma partícula em movimento circular uniforme (MCU). A sua trajetória é uma circunferência de raio $r = R = \text{cte}$ (Figura 3.5). Uma partícula em MCU varre os ângulos a uma taxa constante $\left(\dot{\phi} = \omega = cte\right)$, onde ω é a velocidade angular da partícula. Nesse caso, as expressões da velocidade e da aceleração para uma partícula em MCU, denominada aceleração centrípeta e representada por $\mathbf{a}_\text{c}$, são dadas por:

$$\begin{aligned}\mathbf{v} &= R\omega\,\mathbf{e}_\phi, \\ \mathbf{a}_\text{c} &= -R\omega^2\,\mathbf{e}_\rho.\end{aligned}$$

Momento angular

Define-se o momento angular $\mathbf{L}$ de uma partícula por

$$\mathbf{L} = \mathbf{r} \times \mathbf{p},$$

onde $\mathbf{r}$ é o vetor posição da partícula e $\mathbf{p}$ é o momento linear definido por $\mathbf{p} = m\mathbf{v}$. A taxa de variação temporal do momento angular é dada por

$$\frac{d\mathbf{L}}{dt} = \mathbf{r} \times \frac{d\mathbf{p}}{dt}.$$

Num sistema de referência inercial, vale a segunda lei de Newton e, portanto,

$$\frac{d\mathbf{L}}{dt} = \mathbf{r} \times \mathbf{F},$$

ou seja, a taxa de variação do momento angular de uma partícula é dada pelo torque da força que atua sobre ela.

3.2.2 Funções de mais de um parâmetro

Em analogia ao que foi definido na seção anterior, podemos introduzir o conceito de derivada parcial de uma função vetorial que dependa de mais de um parâmetro. Consideremos uma função vetorial $\mathbf{F}$ de $\mathbb{R}^n \to \mathbb{R}^3$ e designemos as variáveis por x_i, $i = 1, \ldots, n$. Define-se a derivada parcial de $\mathbf{F}$ em relação a x_i e denotamos $\frac{\partial \mathbf{F}}{\partial x_i}$ a seguinte expressão:

$$\begin{aligned}\frac{\partial \mathbf{F}}{\partial x_i} &\equiv \lim_{\Delta x_i \to 0} \frac{\mathbf{F}(x_1, \ldots, x_i + \Delta x_i, \ldots, x_n) - \mathbf{F}(x_1, \ldots, x_i, \ldots, x_n)}{\Delta x_i} \\ &= \begin{bmatrix} \frac{\partial \mathrm{F}_1}{\partial x_i} \\ \frac{\partial \mathrm{F}_2}{\partial x_i} \\ \frac{\partial \mathrm{F}_3}{\partial x_i} \end{bmatrix}.\end{aligned}$$

Ou seja, a derivada parcial de uma função vetorial é um vetor. Variando-se a variável x_i e mantendo constantes todas as demais variáveis, a função vetorial $\mathbf{F}$ descreverá a curva $\Gamma(x_i)$ em $\mathbb{R}^3$ e, pelo que vimos na seção anterior, o vetor $\frac{\partial \mathbf{F}}{\partial x_i}$ será tangente à curva Γ.

3.3 Gradiente

Seja um campo escalar $f(x, y, z)$ definido num certo domínio do espaço, e suponhamos que existam as derivadas parciais $\frac{\partial f}{\partial x}, \frac{\partial f}{\partial y}, \frac{\partial f}{\partial z}$ no mesmo domínio. É possível mostrar que essas derivadas parciais podem ser consideradas as componentes de um vetor.

Demonstração

Consideremos a mudança do sistema de coordenadas cartesianas de $(x, y, z) \to (x', y', z')$. Pela regra de derivação de função, podemos escrever

$$\begin{aligned} \frac{\partial f}{\partial x'} &= \frac{\partial f}{\partial x}\frac{\partial x}{\partial x'} + \frac{\partial f}{\partial y}\frac{\partial y}{\partial x'} + \frac{\partial f}{\partial z}\frac{\partial z}{\partial x'} \\ &= \frac{\partial f}{\partial x}\alpha_x + \frac{\partial f}{\partial y}\alpha_y + \frac{\partial f}{\partial z}\alpha_z, \end{aligned} \tag{3.1}$$

onde usamos as Equações 2.46. Analogamente, podemos escrever

$$\frac{\partial f}{\partial y'} = \frac{\partial f}{\partial x}\beta_x + \frac{\partial f}{\partial y}\beta_y + \frac{\partial f}{\partial z}\beta_z, \tag{3.2}$$

$$\frac{\partial f}{\partial z'} = \frac{\partial f}{\partial x}\gamma_x + \frac{\partial f}{\partial y}\gamma_y + \frac{\partial f}{\partial z}\gamma_z. \tag{3.3}$$

Ou seja, as derivadas parciais se transformam segundo as Equações 2.41 e, portanto, podem ser consideradas as componentes de um vetor. ♦

Assim, podemos estabelecer a seguinte definição:

Gradiente: Dado um campo escalar $f(x, y, z)$, denomina-se gradiente de f, que denotamos por grad f, o vetor que é dado em componentes cartesianas por

$$\text{grad}\, f = \frac{\partial f}{\partial x}\mathbf{i} + \frac{\partial f}{\partial y}\mathbf{j} + \frac{\partial f}{\partial z}\mathbf{k}. \tag{3.4}$$

Exemplo

Seja um campo escalar $f(\mathbf{r}) = f(r)$. O gradiente de $f(\mathbf{r})$ é dado por

$$\begin{aligned}\operatorname{grad} f &= \frac{df}{dr}\left(\frac{\partial r}{\partial x}\mathbf{i}+\frac{\partial r}{\partial y}\mathbf{j}+\frac{\partial r}{\partial z}\mathbf{k}\right)\\ &= \frac{df}{dr}\left(\frac{x}{r}\mathbf{i}+\frac{y}{r}\mathbf{j}+\frac{z}{r}\mathbf{k}\right).\end{aligned}$$

O vetor $\frac{x}{r}\mathbf{i}+\frac{y}{r}\mathbf{j}+\frac{z}{r}\mathbf{k}$ é o vetor unitário correspondente ao vetor $\mathbf{r}$, $\hat{\mathrm{r}}$. Assim, podemos escrever o $\operatorname{grad} f$ como

$$\operatorname{grad} f = \frac{df}{dr}\hat{\mathrm{r}},$$

ou seja, o gradiente de um campo escalar $f(\mathbf{r}) = f(r)$ é um vetor na direção do vetor $\mathbf{r}$, e seu sentido é de aumento do módulo da função *f*.

3.3.1 O operador ∇

Observando as equações 3.1 a 3.3 e desconsiderando a função escalar *f*, vemos que as expressões diferenciais $\partial/\partial x$, $\partial/\partial y$ e $\partial/\partial z$ transformam-se por uma mudança de coordenadas como as componentes de um vetor, definidas pelas equações 2.46. Define-se o vetor simbólico ∇, pronunciado "nabla", pela expressão

$$\nabla \equiv \mathbf{i}\frac{\partial}{\partial x}+\mathbf{j}\frac{\partial}{\partial y}+\mathbf{k}\frac{\partial}{\partial z}. \tag{3.5}$$

O vetor simbólico ∇ é um operador, o qual representa uma operação que deve se efetuar sobre uma função. Aplicar o operador ∇ a uma função escalar $f(\mathbf{r})$, o qual é representado por $\nabla f(\mathbf{r})$, equivale a multiplicar cada "componente" do operador pela função escalar. Assim, o operador ∇ aplicado a uma função escalar $f(\mathbf{r})$ dá como resultado o gradiente da função escalar:

$$\begin{aligned}\nabla f(\mathbf{r}) &= \left(\mathbf{i}\frac{\partial}{\partial x}+\mathbf{j}\frac{\partial}{\partial y}+\mathbf{k}\frac{\partial}{\partial z}\right) f(\mathbf{r})\\ &= \mathbf{i}\frac{\partial f(\mathbf{r})}{\partial x}+\mathbf{j}\frac{\partial f(\mathbf{r})}{\partial y}+\mathbf{k}\frac{\partial f(\mathbf{r})}{\partial z}\\ &= \operatorname{grad} f(\mathbf{r}).\end{aligned}$$

Pelo fato de ∇ ser um operador, a ordem dos fatores é importante. Ou seja, as expressões ∇f e $f\,\nabla$ têm significados diferentes: enquanto o primeiro é o gradiente do campo escalar *f*, ou seja, um vetor, o segundo continua sendo um operador.

3.3.2 Propriedades do gradiente

Dados os campos escalares f e g e a constante c, devido à linearidade da derivada, obtemos as seguintes relações:

$$\nabla(f \pm g) = \nabla f \pm \nabla g, \tag{3.6}$$

$$\nabla(cf) = c\,\nabla f, \tag{3.7}$$

$$\nabla(fg) = g\,\nabla f + f\,\nabla g. \tag{3.8}$$

3.3.3 Significado geométrico do gradiente

Consideremos dois pontos, o dado pelo vetor $\mathbf{P}$ e o dado pelo vetor $\mathbf{P} + d\mathbf{r}$, obtido a partir de $\mathbf{P}$ por um deslocamento infinitesimal. A mudança em primeira ordem de um campo escalar $f(\mathbf{r})$, ao passar do ponto $\mathbf{P}$ ao ponto $\mathbf{P} + d\mathbf{r}$, é dada pelo diferencial

$$df = \frac{\partial f}{\partial x}dx + \frac{\partial f}{\partial y}dy + \frac{\partial f}{\partial z}dz. \tag{3.9}$$

Da definição de vetor deslocamento infinitesimal (2.48), podemos escrever o diferencial da função escalar f como

$$df = \nabla f \cdot d\mathbf{r}. \tag{3.10}$$

Considerando todos os vetores $d\mathbf{r}$ de módulo constante a partir do ponto $\mathbf{P}$, é evidente que o produto escalar terá o maior valor possível quando o vetor deslocamento $d\mathbf{r}$ for paralelo ao vetor ∇f. Assim, obtemos o seguinte resultado:

A direção do vetor gradiente ∇f de uma função escalar f é aquela ao longo da qual a função escalar muda mais rapidamente, ou seja, a sua taxa de crescimento por unidade de comprimento é maior.

3.3.4 Superfícies e curvas de nível

Dado um campo escalar $f(\mathbf{r}) = f(x, y, z)$, denomina-se *superfície de nível* a superfície dada pela equação $f(x, y, z) = \text{cte}$. Exemplos de superfícies de nível são as equipotenciais na teoria eletrostática (ou superfícies de potencial elétrico constante) e as de energia potencial gravitacional constante. Se a função f for um campo escalar definido num plano $f(\mathbf{r}) = f(x, y)$, a equação $f(x, y) = \text{cte}$ define as denominadas *curvas de nível*.

Seja um deslocamento infinitesimal arbitrário $d\mathbf{r} = dx\,\mathbf{i} + dy\,\mathbf{j} + dz\,\mathbf{k}$ sobre a superfície de nível $f(x, y, z) = \text{cte}$. Como a função toma o mesmo valor em qualquer ponto da superfície de nível, o diferencial de f sobre a superfície de nível tem que ser nulo, ou seja,

$$df = \nabla f \cdot d\mathbf{r} = 0. \tag{3.11}$$

Sendo $d\mathbf{r}$ um deslocamento infinitesimal arbitrário sobre a superfície de nível, concluímos que o gradiente de um campo escalar é perpendicular em todo ponto à superfície de nível.

Exemplos

1. Seja um campo escalar $f(\mathbf{r})$ dado em coordenadas curvilíneas esféricas por $f(\mathbf{r}) = f(r)$. As superfícies de nível $f(r) = \text{cte}$ são esferas concêntricas com centro na origem do sistema de coordenadas. O gradiente do campo escalar será, em cada ponto, um vetor com a direção radial, $\nabla f = F(r)\,\mathbf{e}_r$.

2. Dada uma superfície de nível $f(\mathbf{r}) = \text{cte}$ que passa pelo ponto $\mathbf{r}_o$, a reta normal à superfície que passa pelo ponto $\mathbf{r}_o$ é dada por

$$\mathbf{r}_o + \lambda \nabla f_o,$$

onde λ é um escalar e ∇f_o indica o gradiente avaliado no ponto $\mathbf{r}_o$. Por outra parte, o plano tangente à superfície de nível no ponto $\mathbf{r}_o$ é dado por

$$(\mathbf{r} - \mathbf{r}_o) \cdot \nabla f_o = 0.$$

3.3.5 Derivadas direcionais

Dado um campo escalar $f(\mathbf{r})$, chama-se *derivada direcional de f na direção û num ponto* $\mathbf{r}$, denotada por $\frac{df(\mathbf{r})}{d\hat{u}}$, a expressão definida por

$$\frac{df(\mathbf{r})}{d\hat{u}} \equiv \lim_{\Delta s \to 0} \frac{f(\mathbf{r} + \Delta s\, \hat{u}) - f(\mathbf{r})}{\Delta s}. \tag{3.12}$$

Consideremos o câmbio infinitesimal df do campo escalar $f(\mathbf{r})$ entre os pontos $\mathbf{r}$ e $\mathbf{r} + d\mathbf{r} = \mathbf{r} + ds\, \hat{u}$, sendo $ds\, \hat{u} = dx\, \mathbf{i} + dy\, \mathbf{j} + dz\, \mathbf{k}$. A partir da Equação 3.9, temos:

$$\begin{aligned} df &= f(\mathbf{r} + ds\, \hat{u}) - f(\mathbf{r}) \\ &= \frac{\partial f}{\partial x}dx + \frac{\partial f}{\partial y}dy + \frac{\partial f}{\partial z}dz \\ &= \nabla f \cdot (ds\, \hat{u}). \end{aligned} \tag{3.13}$$

Portanto, a partir da Equação 3.13, vemos que a derivada direcional pode ser escrita em termos do gradiente do campo escalar como

$$\frac{df(\mathbf{r})}{d\hat{u}} = \nabla f(\mathbf{r}) \cdot \hat{u}. \tag{3.14}$$

O conceito de derivada direcional de uma função escalar pode ser estendido para o caso de uma função vetorial $\mathbf{F}(\mathbf{r})$. Sejam a função vetorial $\mathbf{F}(\mathbf{r}) = \mathrm{F}_x(x, y, z)\, \mathbf{i} + \mathrm{F}_y(x, y, z)\, \mathbf{j} + \mathrm{F}_z(x, y, z)\, \mathbf{k}$, onde as F_i são funções escalares, e o versor $\hat{u} = \mathrm{u}_x \mathbf{i} + \mathrm{u}_y \mathbf{j} + \mathrm{u}_z \mathbf{k}$. A diferencial da função $\mathbf{F}$ no ponto $\mathbf{r}$ em relação à direção dada por û é dada por $\Delta\mathbf{F} = \mathbf{F}(\mathbf{r} + \Delta\mathbf{r}) - \mathbf{F}(\mathbf{r})$, onde, como definido anteriormente, $\Delta\mathbf{r} = \Delta s\, \hat{u}$. Definimos a derivada direcional de $\mathbf{F}$ na direção û num ponto $\mathbf{r}$ e a denotamos $\frac{d\mathbf{F}}{d\hat{u}}$, como o vetor dado por

$$\frac{d\mathbf{F}(\mathbf{r})}{d\hat{u}} = \lim_{\Delta s \to 0} \frac{\mathbf{F}(\mathbf{r} + \Delta s\, \hat{u}) - \mathbf{F}(\mathbf{r})}{\Delta s}. \tag{3.15}$$

Reescrevendo o argumento do limite:

$$\frac{\mathbf{F}(\mathbf{r}+\Delta s\,\hat{\mathrm{u}})-\mathbf{F}(\mathbf{r})}{\Delta s}=\frac{[\mathrm{F}_x(\mathbf{r}+\Delta s\,\hat{\mathrm{u}})-\mathrm{F}_x(\mathbf{r})]}{\Delta s}\mathbf{i}+\frac{[\mathrm{F}_y(\mathbf{r}+\Delta s\,\hat{\mathrm{u}})-\mathrm{F}_y(\mathbf{r})]}{\Delta s}\mathbf{j}$$
$$+\frac{[\mathrm{F}_z(\mathbf{r}+\Delta s\,\hat{\mathrm{u}})-\mathrm{F}_z(\mathbf{r})]}{\Delta s}\mathbf{k}$$

e tomando limite para $\Delta s \to 0$ na expressão anterior, obtemos

$$\frac{d\mathbf{F}(\mathbf{r})}{d\hat{\mathrm{u}}}=\frac{d\mathrm{F}_x(\mathbf{r})}{d\hat{\mathrm{u}}}\mathbf{i}+\frac{d\mathrm{F}_y(\mathbf{r})}{d\hat{\mathrm{u}}}\mathbf{j}+\frac{d\mathrm{F}_z(\mathbf{r})}{d\hat{\mathrm{u}}}\mathbf{k}. \tag{3.16}$$

3.4 Divergência

Dado um vetor $\mathbf{V}$ cujas componentes cartesianas são $\mathrm{V}_i = \mathrm{V}_i(x, y, z)$, define-se a divergência de $\mathbf{V}$, representada por div $\mathbf{V}$, pelo escalar dado por

$$\operatorname{div}\mathbf{V}\equiv\frac{\partial \mathrm{V}_x}{\partial x}+\frac{\partial \mathrm{V}_y}{\partial y}+\frac{\partial \mathrm{V}_z}{\partial z}. \tag{3.17}$$

Considerando o operador ∇ definido na Seção 3.3.1 e levando em conta a Equação 2.6, a divergência de um campo vetorial pode ser escrita simbolicamente como "produto escalar" entre o operador ∇ e do vetor $\mathbf{V}$:

$$\operatorname{div}\mathbf{V}=\nabla\cdot\mathbf{V}. \tag{3.18}$$

É importante lembrar que, para um produto envolvendo o operador ∇, não é válida a propriedade comutativa. A seguir, serão usadas indistintamente ambas as representações da divergência de um campo vetorial.

Pelo fato de se tratar de um escalar, podemos estabelecer o seguinte lema:

Lema. *A divergência é invariante por uma mudança de coordenadas.*

Demonstração: Seja uma mudança de coordenadas dadas pelas Equações 2.46 correspondente a uma rotação do sistema de coordenadas com origem fixa. Escrevamos para o primeiro termo da divergência nas novas coordenadas, $\frac{\partial \mathrm{V}_{x'}}{\partial x'}$:

$$\frac{\partial \mathrm{V}_{x'}}{\partial x'}=\frac{\partial}{\partial x'}\left(\alpha_x \mathrm{V}_x+\alpha_y \mathrm{V}_y+\alpha_z \mathrm{V}_z\right). \tag{3.19}$$

Desenvolvendo a Equação 3.19 e aplicando as propriedades da matriz de transformação (Equações 2.34 a 2.37), pode-se mostrar, após um extenso cálculo, mas sem maiores dificuldades, que

$$\frac{\partial \mathrm{V}_{x'}}{\partial x'} = \alpha_x^2 \frac{\partial \mathrm{V}_x}{\partial x} + \alpha_y^2 \frac{\partial \mathrm{V}_y}{\partial y} + \alpha_z^2 \frac{\partial \mathrm{V}_z}{\partial z}.$$

Analogamente, obtemos para as outras componentes

$$\frac{\partial \mathrm{V}_{y'}}{\partial y'} = \beta_x^2 \frac{\partial \mathrm{V}_x}{\partial x} + \beta_y^2 \frac{\partial \mathrm{V}_y}{\partial y} + \beta_z^2 \frac{\partial \mathrm{V}_z}{\partial z},$$

$$\frac{\partial \mathrm{V}_{z'}}{\partial z'} = \gamma_x^2 \frac{\partial \mathrm{V}_x}{\partial x} + \gamma_y^2 \frac{\partial \mathrm{V}_y}{\partial y} + \gamma_z^2 \frac{\partial \mathrm{V}_z}{\partial z}.$$

Somando membro a membro as equações anteriores e levando em conta as Equações 2.36, obtemos

$$\frac{\partial \mathrm{V}_{x'}}{\partial x'} + \frac{\partial \mathrm{V}_{y'}}{\partial y'} + \frac{\partial \mathrm{V}_{z'}}{\partial z'} = \frac{\partial \mathrm{V}_x}{\partial x} + \frac{\partial \mathrm{V}_y}{\partial y} + \frac{\partial \mathrm{V}_z}{\partial z}$$

$$\nabla' \cdot \mathbf{V} = \nabla \cdot \mathbf{V}. \qquad \blacklozenge$$

3.4.1 Propriedades da divergência

Pela linearidade da derivada, a divergência tem as propriedades a seguir.

1. Dados dois campos vetoriais **A** e **B**,

$$\nabla \cdot (\mathbf{A} \pm \mathbf{B}) = \nabla \cdot \mathbf{A} \pm \nabla \cdot \mathbf{B}. \tag{3.20}$$

Demonstração

Sejam os vetores $\mathbf{A} = \mathrm{A}_x\mathbf{i} + \mathrm{A}_y\mathbf{j} + \mathrm{A}_z\mathbf{k}$ e $\mathbf{B} = \mathrm{B}_x\mathbf{i} + \mathrm{B}_y\mathbf{j} + \mathrm{B}_z\mathbf{k}$. Da definição de divergência, temos

$$
\begin{aligned}
\nabla \cdot (\mathbf{A} \pm \mathbf{B}) &= \nabla \cdot ((\mathrm{A}_x \pm \mathrm{B}_x)\,\mathbf{i} + (\mathrm{A}_y \pm \mathrm{B}_y)\,\mathbf{j} + (\mathrm{A}_z \pm \mathrm{B}_z)\,\mathbf{k}), \\
&= \frac{\partial (\mathrm{A}_x \pm \mathrm{B}_x)}{\partial x} + \frac{\partial (\mathrm{A}_y \pm \mathrm{B}_y)}{\partial y} + \frac{\partial (\mathrm{A}_z \pm \mathrm{B}_z)}{\partial z}, \\
&= \frac{\partial (\mathrm{A}_x)}{\partial x} \pm \frac{\partial (\mathrm{B}_x)}{\partial x} + \frac{\partial (\mathrm{A}_y)}{\partial y} \pm \frac{\partial (\mathrm{B}_y)}{\partial y} + \frac{\partial (\mathrm{A}_z)}{\partial z} \pm \frac{\partial (\mathrm{B}_z)}{\partial z},
\end{aligned}
$$

e, rearranjando os termos, obtemos:

$$
\nabla \cdot (\mathbf{A} \pm \mathbf{B}) = \nabla \cdot \mathbf{A} \pm \nabla \cdot \mathbf{B}. \quad \blacklozenge
$$

2. Dados um campo escalar f e um campo vetorial $\mathbf{A}$, temos

$$
\nabla \cdot (f\,\mathbf{A}) = \nabla f \cdot \mathbf{A} + f\,\nabla \cdot \mathbf{A}. \tag{3.21}
$$

Demonstração

$$
\begin{aligned}
\nabla \cdot (f\,\mathbf{A}) &= \frac{\partial (f\mathrm{A}_x)}{\partial x} + \frac{\partial (f\mathrm{A}_y)}{\partial y} + \frac{\partial (f\mathrm{A}_z)}{\partial z} \\
&= \frac{\partial f}{\partial x}\mathrm{A}_x + f\frac{\partial \mathrm{A}_x}{\partial x} + \frac{\partial f}{\partial y}\mathrm{A}_y + f\frac{\partial \mathrm{A}_y}{\partial y} + \frac{\partial f}{\partial z}\mathrm{A}_z + f\frac{\partial \mathrm{A}_z}{\partial z},
\end{aligned}
$$

e reagrupando os termos obtemos a expressão desejada. ♦

Observação

As propriedades da divergência, embora demonstradas considerando o sistema de coordenadas cartesianas e pelo fato de serem expressadas em termos de invariantes (ou seja, seu valor não muda por uma mudança de coordenadas), são válidas em qualquer sistema de coordenadas.

Definição 3.1. *Chama-se* ***solenoidal*** *um campo vetorial cuja divergência é nula em todo ponto.*

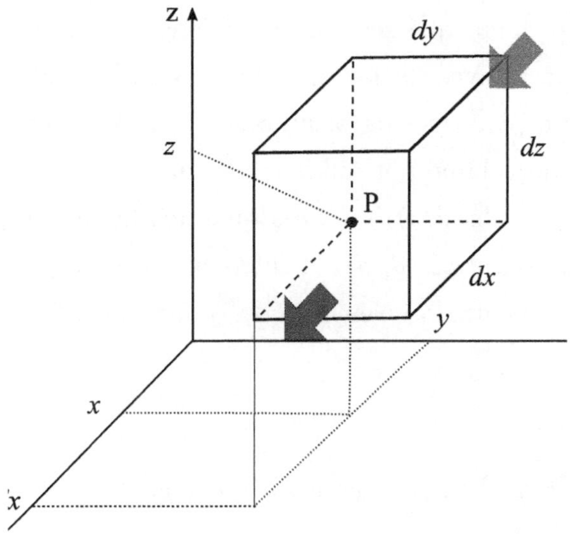

Figura 3.6 – Massa de um fluido que entra em um elemento de volume posicionado no ponto P, ao longo da direção x pela face x e que sai pela face em $x + dx$.

Exemplo: O campo $\mathbf{A} = x\,\mathbf{i} - y\,\mathbf{j}$ é um campo solenoidal. Com efeito,

$$\nabla \cdot \mathbf{A} = \frac{dx}{dx} + \frac{d\,(-y)}{dy} = 0.$$

3.4.2 A interpretação física da divergência

A seguir, apresentaremos alguns exemplos de sistemas nos quais o conceito de divergência tem um claro significado físico.

1. *Equação da continuidade de um fluido*

Consideremos um fluido de densidade ρ, a qual possivelmente é função das coordenadas e do tempo, em movimento com velocidade $\mathbf{v}\,(\mathbf{r})$. Portanto, ρ é um campo escalar função do tempo, e $\mathbf{v}$, um campo vetorial. Seja, também, um elemento de volume com um de seus vértices no ponto P de coordenadas (x, y, z) e com a forma de um paralelepípedo de arestas dx, dy e dz (Figura 3.6).

Consideremos o fluido que se desloca ao longo da direção x, que entra no elemento de volume através da face paralela ao plano y-z na posição x e que sai pela face sobre o plano y-z na posição $x + dx$. A quantidade de fluido que entra no elemento de volume por unidade de tempo pela face normal ao eixo x é dada por $\rho\,(x, y, z)\ \mathrm{v}_x\,(x, y, z)\, dy\, dz$, e a quantidade que sai pela face oposta é $\rho\,(x + dx, y, z)\ \mathrm{v}_x\,(x + dx, y, z)\, dy\, dz$. A diferença entre a quantidade (massa) de fluido que sai e a que entra no elemento de volume pela face normal ao eixo x, δm_x, é dada por

$$\delta m_x = [\rho\,(x + dx, y, z)\ \mathrm{v}_x\,(x + dx, y, z) - \rho\,(x, y, z)\ \mathrm{v}_x\,(x, y, z)]\, dy\, dz. \tag{3.22}$$

Como

$$\rho\,(x + dx, y, z)\ \mathrm{v}_x\,(x + dx, y, z) - \rho\,(x, y, z)\ \mathrm{v}_x\,(x, y, z) = \frac{\partial\,(\rho \mathrm{v}_x)}{\partial x} dx, \tag{3.23}$$

a expressão para δm_x pode ser escrita como

$$\delta m_x = \frac{\partial\,(\rho \mathrm{v}_x)}{\partial x} dx\, dy\, dz. \tag{3.24}$$

Assim, a diferença dm entre a massa de fluido que sai e a que entra no elemento de volume $dV = dx\, dy\, dz$, considerando todas as fases, é dada por

$$\begin{aligned} dm &= \left(\frac{\partial\,(\rho \mathrm{v}_x)}{\partial x} + \frac{\partial\,(\rho \mathrm{v}_y)}{\partial y} + \frac{\partial\,(\rho \mathrm{v}_z)}{\partial z} \right) d\mathrm{V} \\ &= \nabla \cdot (\rho\, \mathbf{v})\, d\mathrm{V}. \end{aligned} \tag{3.25}$$

Portanto, $\nabla \cdot (\rho\, \mathbf{v})$ é a quantidade de massa de fluido gerado ou eliminado por unidade de volume em um determinado ponto. Se $\nabla \cdot (\rho\, \mathbf{v}) > 0$, o elemento de volume atua como uma *fonte* de fluido, e se $\nabla \cdot (\rho\, \mathbf{v}) < 0$, ele é denominado *sumidouro*. Se a densidade do fluido for uma função do tempo, a quantidade de matéria gerada ou eliminada por unidade de tempo e de volume, ψ, será dada por

$$\psi = \nabla \cdot (\rho\, \mathbf{v}) + \frac{\partial \rho}{\partial t}. \tag{3.26}$$

Essa é a chamada *equação da continuidade* da hidrodinâmica. Se o fluido é incompressível, ou seja, se seu valor é o mesmo em todo ponto para todo tempo, obtemos

$$\psi = \rho \nabla \cdot \mathbf{v}.$$

Finalmente, se o ponto P não for fonte nem sumidouro para o fluido, temos

$$\nabla \cdot \mathbf{v} = 0.$$

2. *Energia do campo eletromagnético*

Podemos estabelecer uma analogia entre o fluido clássico e a energia do campo eletromagnético. A teoria do eletromagnetismo mostra que a energia por unidade de área transversal à direção de propagação e de tempo transportada por uma onda eletromagnética é dada pelo *vetor de Poynting* **S**, o qual é definido por

$$\mathbf{S} = c^2 \varepsilon_o \mathbf{E} \times \mathbf{B}.$$

Se considerarmos a densidade de energia eletromagnética $u = \varepsilon_o \mathbf{E}^2$ em um elemento de volume no ponto **P**, na ausência de cargas livres teremos a seguinte relação entre u e **S**:

$$-\frac{\partial u}{\partial t} = \nabla \cdot \mathbf{S}.$$

O significado desse resultado é o seguinte: a variação da densidade de energia eletromagnética u num determinado volume é igual ao fluxo de energia através da superfície que limita o volume. Esse é o denominado *teorema da conservação da energia* para os campos eletromagnéticos.

3. *Difusão do calor*

Seja **J** o vetor fluxo de calor através de uma superfície, cujo módulo é a quantidade de calor transferida por unidade de tempo e unidade de área, e cuja direção é perpendicular a essa superfície, a quantidade total de energia térmica Ψ que deixa a unidade de volume num ponto **P** é dada por

$$\Psi = \nabla \cdot \mathbf{J}.$$

Se o elemento de volume tem um calor específico c e uma densidade ρ, a energia térmica que abandona o volume unitário produz uma diminuição da temperatura T, dada por

$$-c\rho\frac{d\mathrm{T}}{dt} = \nabla \cdot \mathbf{J}.$$

3.5 Rotacional

Definição: Dado um campo vetorial $\mathbf{v}$, define-se o rotacional de $\mathbf{V}$, denominado rot $\mathbf{V}$, o vetor dado por

$$\mathrm{rot}\,\mathbf{V} = \left(\frac{\partial \mathrm{V}_z}{\partial y} - \frac{\partial \mathrm{V}_y}{\partial z}\right)\mathbf{i} + \left(\frac{\partial \mathrm{V}_x}{\partial z} - \frac{\partial \mathrm{V}_z}{\partial x}\right)\mathbf{j} + \left(\frac{\partial \mathrm{V}_y}{\partial x} - \frac{\partial \mathrm{V}_x}{\partial y}\right)\mathbf{k}. \quad (3.27)$$

Utilizando o operador ∇, as componentes do rot $\mathbf{V}$ podem ser obtidas, pelo menos de um ponto de vista formal, multiplicando vetorialmente o operador ∇ pelo vetor $\mathbf{V}$:

$$\mathrm{rot}\,\mathbf{V} = \nabla \times \mathbf{V} = \begin{vmatrix} \mathbf{i} & \mathbf{j} & \mathbf{k} \\ \dfrac{\partial}{\partial x} & \dfrac{\partial}{\partial y} & \dfrac{\partial}{\partial} \\ \mathrm{V}_x & \mathrm{V}_y & \mathrm{V}_z \end{vmatrix}. \quad (3.28)$$

Lema. *O rot* $\mathbf{V}$ *é um vetor.*

Para demonstrar que rot $\mathbf{V}$ é um vetor, é preciso mostrar que, por uma mudança de coordenadas dada pelas Equações 2.46, as componentes do rot $\mathbf{V}$ se transformam segundo as Equações 2.41.

Demonstração

Considerando uma mudança de coordenadas dada pelas Equações 2.46, calculemos a expressão $\frac{\partial \mathrm{V}_{z'}}{\partial y'} - \frac{\partial \mathrm{V}_{y'}}{\partial z'}$ em termos das componentes iniciais. Começamos calculando as seguintes expressões, derivando como função de função:

$$\frac{\partial \mathrm{V}_{z'}}{\partial y'} = \frac{\partial \sum(\gamma_i \mathrm{V}_i)}{\partial x}\frac{\partial x}{\partial y'} + \frac{\partial \sum(\gamma_i \mathrm{V}_i)}{\partial y}\frac{\partial y}{\partial y'} + \frac{\partial \sum(\gamma_i \mathrm{V}_i)}{\partial z}\frac{\partial z}{\partial y'}$$
$$= \beta_x \sum \gamma_i \frac{\partial \mathrm{V}_i}{\partial x} + \beta_y \sum \gamma_i \frac{\partial \mathrm{V}_i}{\partial y} + \beta_z \sum \gamma_i \frac{\partial \mathrm{V}_i}{\partial z},$$

$$\frac{\partial \mathrm{V}_{y'}}{\partial z'} = \frac{\partial \sum(\beta_i \mathrm{V}_i)}{\partial x}\frac{\partial x}{\partial z'} + \frac{\partial \sum(\beta_i \mathrm{V}_i)}{\partial y}\frac{\partial y}{\partial z'} + \frac{\partial \sum(\beta_i \mathrm{V}_i)}{\partial z}\frac{\partial z}{\partial z'}$$
$$= \gamma_x \sum \beta_i \frac{\partial \mathrm{V}_i}{\partial x} + \gamma_y \sum \beta_i \frac{\partial \mathrm{V}_i}{\partial y} + \gamma_z \sum \beta_i \frac{\partial \mathrm{V}_i}{\partial z},$$

onde, na somatória, o índice i toma os valores x, y e z. Tomando a diferença das expressões anteriores, e após aplicar um pouco de álgebra, chegamos à expressão

$$\frac{\partial \mathrm{V}_{z'}}{\partial y'} - \frac{\partial \mathrm{V}_{y'}}{\partial z'} = (\beta_y\gamma_z - \beta_z\gamma_y)\left(\frac{\partial \mathrm{V}_z}{\partial y} - \frac{\partial \mathrm{V}_y}{\partial z}\right) + (\beta_z\gamma_x - \beta_x\gamma_z)\left(\frac{\partial \mathrm{V}_x}{\partial z} - \frac{\partial \mathrm{V}_z}{\partial x}\right)$$
$$+ (\beta_x\gamma_y - \beta_y\gamma_x)\left(\frac{\partial \mathrm{V}_y}{\partial x} - \frac{\partial \mathrm{V}_x}{\partial y}\right).$$

Finalmente, usando a propriedade da matriz de rotação R de que cada elemento da matriz é igual a seu correspondente cofator, obtemos

$$\frac{\partial \mathrm{V}_{z'}}{\partial y'} - \frac{\partial \mathrm{V}_{y'}}{\partial z'} = \alpha_x\left(\frac{\partial \mathrm{V}_z}{\partial y} - \frac{\partial \mathrm{V}_y}{\partial z}\right) + \alpha_y\left(\frac{\partial \mathrm{V}_x}{\partial z} - \frac{\partial \mathrm{V}_z}{\partial x}\right) + \alpha_z\left(\frac{\partial \mathrm{V}_y}{\partial x} - \frac{\partial \mathrm{V}_x}{\partial y}\right).$$

Expressões equivalentes são obtidas para $\frac{\partial \mathrm{V}_{x'}}{\partial z'} - \frac{\partial \mathrm{V}_{z'}}{\partial x'}$ e $\frac{\partial \mathrm{V}_{y'}}{\partial x'} - \frac{\partial \mathrm{V}_{x'}}{\partial y'}$, substituindo α por β e γ, respectivamente. Ou seja, por uma mudança de coordenadas, as componentes do rot **V** se transformam segundo as Equações 2.28, o que implica que rot **V** é um vetor. ♦

Definição 3.2. *Todo campo vetorial cujo rotacional é nulo em cada ponto do seu domínio é dito **irrotacional**.*

3.5.1 Propriedades do rotacional

Devido à linearidade da derivada, o rotacional possui as seguintes propriedades:

1. Dados dois campos vetoriais **A** e **B**, temos

$$\nabla \times (\mathbf{A} \pm \mathbf{B}) = \nabla \times \mathbf{A} + \nabla \times \mathbf{B}. \tag{3.29}$$

2. Dados um campo vetorial **A** e um campo escalar *f*, temos

$$\nabla \times (f\,\mathbf{A}) = \nabla f \times \mathbf{A} + f\,\nabla \times \mathbf{A}. \tag{3.30}$$

Demonstração

Consideremos a componente x do rotacional de $f\,\mathbf{A}$:

$$\begin{aligned} (\nabla \times (f\,\mathbf{A}))_x &= \frac{\partial (f\mathrm{A}_z)}{\partial y} - \frac{\partial (f\mathrm{A}_y)}{\partial z} \\ &= \frac{\partial f}{\partial y}\mathrm{A}_z + f\frac{\partial \mathrm{A}_z}{\partial y} - \frac{\partial f}{\partial z}\mathrm{A}_y - f\frac{\partial \mathrm{A}_y}{\partial z}. \end{aligned}$$

Reagrupando termos e usando as definições de rotacional e gradiente, obtemos

$$\begin{aligned} &= \frac{\partial f}{\partial y}\mathrm{A}_z - \frac{\partial f}{\partial z}\mathrm{A}_y + f\left\{\frac{\partial \mathrm{A}_z}{\partial y} - \frac{\partial \mathrm{A}_y}{\partial z}\right\} \\ &= (\nabla f \times \mathbf{A})_x + f\,(\nabla \times \mathbf{A})_x\,, \end{aligned}$$

obtendo expressões análogas para as demais componentes. ♦

Lema. *Todo campo de gradientes é irrotacional*

$$\nabla \times \nabla f = 0. \tag{3.31}$$

Demonstração

Com efeito, aplicando a definição de rotacional ao vetor gradiente, obtemos

$$\begin{aligned} \nabla \times \nabla f &= \begin{bmatrix} \mathbf{i} & \mathbf{j} & \mathbf{k} \\ \frac{\partial}{\partial x} & \frac{\partial}{\partial y} & \frac{\partial}{\partial z} \\ \frac{\partial f}{\partial x} & \frac{\partial f}{\partial y} & \frac{\partial f}{\partial z} \end{bmatrix} \\ &= \left(\frac{\partial^2 f}{\partial z\partial y} - \frac{\partial^2 f}{\partial y\partial z}\right)\mathbf{i} + \left(\frac{\partial^2 f}{\partial x\partial z} - \frac{\partial^2 f}{\partial z\partial x}\right)\mathbf{j} + \left(\frac{\partial^2 f}{\partial x\partial y} - \frac{\partial^2 f}{\partial y\partial x}\right)\mathbf{k}. \end{aligned}$$

Supondo que as derivadas parciais primeira e segunda de f sejam funções contínuas, a ordem da derivação não é relevante, e cada termo na soma vetorial anterior é nulo. Portanto, para qualquer campo escalar f de derivadas parciais primeira e segunda contínuas,

$$\nabla \times \nabla f = 0. \quad \blacklozenge$$

Lema. *Todo campo de rotacionais é solenoidal.*

$$\nabla \cdot (\nabla \times \mathbf{V}) = 0. \tag{3.32}$$

Esse resultado mostra que um campo rotacional é simultaneamente solenoidal. Para provar esse resultado, podemos proceder de duas maneiras.

1ª Demonstração

Vimos, na Seção 3.3.1, que o operador ∇ pode ser considerado um vetor. Portanto, a expressão anterior pode ser considerada o produto misto de três vetores, sendo que dois deles são iguais. Pelo visto na Seção 1.9, o produto misto de vetores no qual dois dos vetores são paralelos é nulo e, nesse caso,

$$\nabla \cdot (\nabla \times \mathbf{A}) = 0. \quad \blacklozenge$$

2ª Demonstração

Usando as definições de divergência e rotacional, temos

$$\begin{aligned}\nabla \cdot (\nabla \times \mathbf{A}) &= \frac{\partial}{\partial x}\left(\frac{\partial \mathrm{A}_z}{\partial y} - \frac{\partial \mathrm{A}_y}{\partial z}\right) + \frac{\partial}{\partial y}\left(\frac{\partial \mathrm{A}_x}{\partial z} - \frac{\partial \mathrm{A}_z}{\partial x}\right) + \frac{\partial}{\partial z}\left(\frac{\partial \mathrm{A}_y}{\partial x} - \frac{\partial \mathrm{A}_x}{\partial y}\right) \\ &= \frac{\partial^2 \mathrm{A}_z}{\partial x \partial y} - \frac{\partial^2 \mathrm{A}_y}{\partial x \partial z} + \frac{\partial^2 \mathrm{A}_x}{\partial y \partial z} - \frac{\partial^2 \mathrm{A}_z}{\partial y \partial x} + \frac{\partial^2 \mathrm{A}_y}{\partial z \partial x} - \frac{\partial^2 \mathrm{A}_x}{\partial z \partial y}.\end{aligned}$$

Supondo a continuidade das derivadas parciais de primeira e segunda ordem das componentes do campo vetorial no seu domínio, a ordem de derivação nas derivadas segundas é indiferente (teorema de Schwarz). Assim, obtemos a verificação da hipótese. $\blacklozenge$

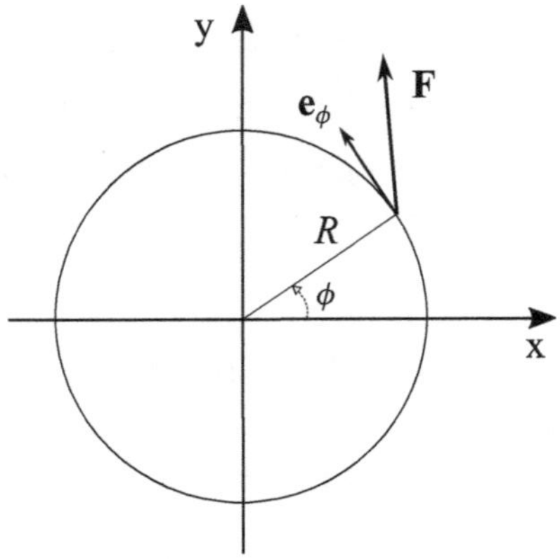

Figura 3.7 – Ação de uma força **F** sobre uma roda de raio R numa rotação infinitesimal de um ângulo $d\phi$.

3.5.2 Interpretação física do rotacional

Seja um campo vetorial $\mathbf{F}(\mathbf{r}) = \mathrm{F}_x(\mathbf{r})\,\mathbf{i} + \mathrm{F}_y(\mathbf{r})\,\mathbf{j} + \mathrm{F}_z(\mathbf{r})\,\mathbf{k}$, o qual pode ser considerado como um campo de forças, e seja uma roda de raio R, paralela ao plano x-y e centrada na origem do sistema de coordenadas (Figura 3.7). O trabalho $d\mathrm{W}$ feito pelo campo **F** numa rotação infinitesimal $d\phi$ da roda em torno de um eixo paralelo ao eixo z é dado por

$$\begin{aligned} d\mathrm{W} &= (\mathbf{r} \times \mathbf{F})_z\, d\phi \\ &= \Gamma_z\, d\phi, \end{aligned}$$

onde Γ_z é a componente z do torque da força em relação à origem de coordenadas, e identificamos o raio da roda com o valor da variável polar ρ sobre a circunferência da roda. O trabalho total feito pelo campo sobre a roda durante um giro completo desta no sentido anti-horário (sentido positivo) é dado por

$$\mathrm{W} = \int_0^{2\pi} \Gamma_z\, d\phi. \tag{3.33}$$

Desenvolvendo a expressão dentro do símbolo da integral, obtemos

$$\begin{aligned}\Gamma_z &= R\left(\mathbf{F}\cdot\mathbf{e}_\phi\right)\\ &= R\left(-\mathrm{F}_x \operatorname{sen}\phi + \mathrm{F}_y\cos\phi\right).\end{aligned}$$

Suponhamos, agora, que a roda tem um raio R infinitesimal. Nesse caso, podemos aproximar o valor do campo em um ponto sobre o perímetro dessa por meio de um desenvolvimento em série de Taylor em torno da origem do sistema de coordenadas:

$$\begin{aligned}\mathrm{F}_x\left(x,y,0\right) &= \mathrm{F}_x\left(0,0,0\right) + \left.\frac{\partial \mathrm{F}_x}{\partial x}\right|_O x + \left.\frac{\partial \mathrm{F}_x}{\partial y}\right|_O y + O\left(R^2\right)\\ &= \mathrm{F}_x\left(O\right) + \left.\frac{\partial \mathrm{F}_x}{\partial x}\right|_O R\cos\phi + \left.\frac{\partial \mathrm{F}_x}{\partial y}\right|_O R\operatorname{sen}\phi + O\left(R^2\right).\end{aligned}$$

$$\mathrm{F}_y\left(x,y,0\right) = \mathrm{F}_y\left(O\right) + \left.\frac{\partial \mathrm{F}_y}{\partial x}\right|_O R\cos\phi + \left.\frac{\partial \mathrm{F}_y}{\partial y}\right|_O R\operatorname{sen}\phi + O\left(R^2\right).$$

Substituindo essas equações em 3.33, obtemos

$$\mathrm{W} = \left(-\left.\frac{\partial \mathrm{F}_x}{\partial y}\right|_O + \left.\frac{\partial \mathrm{F}_y}{\partial x}\right|_O\right)\pi R^2 + O\left(R^2\right).$$

Portanto, podemos escrever

$$\left.\left(\frac{\partial \mathrm{F}_y}{\partial x} - \frac{\partial \mathrm{F}_x}{\partial y}\right)\right|_O = \lim_{R\to 0}\frac{\mathrm{W}}{\pi R^2}.$$

O lado esquerdo da igualdade anterior é a componente z do rotacional de $\mathbf{F}$. Ou seja, se colocarmos uma roda de raio R e centro no ponto O, a componente do rotacional no ponto O segundo a normal ao plano que contém a roda é igual ao limite para $R \to 0$, da razão do trabalho total feito pelo campo sobre a circunferência da roda à área do círculo subtendido pela roda. Da expressão anterior, vemos que, caso o limite seja nulo, ou seja, caso o trabalho do campo seja nulo, a componente z do rotacional do campo, no ponto, é nula. Se, por outro lado, o limite for não nulo e positivo, o campo originará uma rotação na roda no sentido anti-horário, e se for negativo, a rotação será no sentido horário.

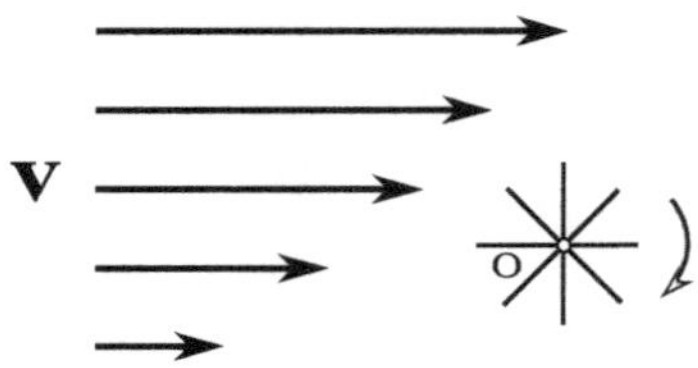

Figura 3.8 – Roda pequena imersa num fluido onde a velocidade **v** do fluido não é um campo vetorial uniforme.

Dessa forma, dado um campo vetorial qualquer e pensando o campo como um campo de forças, uma roda de prova de raio infinitesimal ficará em repouso nos pontos nos quais o rotacional do campo seja nulo e girará nos pontos nos quais o rotacional seja não nulo. O sentido do rotacional é dado pelo sentido de giro da roda infinitesimal.

Resultado similar ao anterior é obtido se considerarmos uma roda pequena com pés imersos num fluido. Suponhamos um fluido que se desloca no sentido da coordenada x (Figura 3.8). As velocidades do fluido nos diversos pontos constituem um campo vetorial. Uma velocidade maior está associada a uma força maior exercida pelo fluido sobre os pés da roda por meio das colisões de suas moléculas. Uma roda com pés colocada num ponto O girará impulsionada pelo fluido no sentido indicado na figura, pois o arraste dos pés superiores será maior que o dos pés inferiores. Nesse caso, o rotacional no ponto O é diferente de zero, sua direção é no sentido perpendicular ao plano do desenho e seu sentido é entrando no plano do desenho.

Consideremos um campo de velocidades de um fluido dado pela função $\mathbf{v} = f(x)\,\mathbf{j}$, ou seja, as velocidades do fluido estão dirigidas ao longo do eixo y e seu módulo depende somente da coordenada x. O rotacional associado ao campo de velocidades é dado por

$$\nabla \times \mathbf{v} = \frac{df}{dx}\,\mathbf{k}.$$

Assim, o campo será irrotacional nos pontos em que $df/dx = 0$. Considerando o efeito de um fluido numa roda com pés infinitesimal de prova, nesses pontos o fluido exercerá torques iguais e contrários sobre os pés de ambos os lados e, portanto, a roda não girará.

Difusão de matéria

Quando existe um gradiente na concentração de partículas, se estabelecerá um fluxo no sentido contrário ao gradiente, com o objetivo de homogeneizar a distribuição espacial. Esse processo de difusão é descrito fenomenologicamente pela *lei de Fick*:

$$\mathbf{J} = -D\,\nabla c,$$

onde $\mathbf{J}$ é a densidade de fluxo de partículas, D é uma constante positiva denominada *coeficiente de difusão* e $c\,(\mathbf{r}, t)$ é a concentração de partículas. A densidade de fluxo $\mathbf{J}$ é definida como a quantidade de matéria que atravessa a unidade de área perpendicular ao fluxo por unidade de tempo, ou seja,

$$\mathbf{J} = c\mathbf{v},$$

onde $\mathbf{v}$ é a velocidade do fluxo. Assim, se uma substância se difunde segundo o modelo de Fick, o fluxo é irrotacional, pois

$$\nabla \times \mathbf{J} = -D\,\nabla \times \nabla c = 0.$$

3.6 Laplaciano

Define-se o *laplaciano* de uma função escalar $f\,(x, y, z)$ como a divergência do seu gradiente.

O laplaciano de uma função escalar é um escalar. Para designar o laplaciano de uma função, utilizaremos o símbolo ∇^2. Assim, pode-se escrever:

$$\begin{aligned} \nabla^2 f &\equiv \nabla \cdot \nabla f \\ &= \frac{\partial^2 f}{\partial x^2} + \frac{\partial^2 f}{\partial y^2} + \frac{\partial^2 f}{\partial z^2}. \end{aligned} \tag{3.34}$$

3.6.1 Propriedades do laplaciano

Da definição de laplaciano e da linearidade da derivada deduzem-se as seguintes propriedades:

1. $\nabla^2 (f \pm g) = \nabla^2 f \pm \nabla^2 g$;

2. $\nabla^2 (f\,g) = g\nabla^2 f + f\,\nabla^2 g + 2\nabla f \cdot \nabla g$.

3.7 Laplaciano de um vetor

Define-se o laplaciano de um campo vetorial $\mathbf{V}$ o vetor dado pela relação

$$\nabla^2 \mathbf{V} = \nabla (\nabla \cdot \mathbf{V}) - \nabla \times (\nabla \times \mathbf{V}). \tag{3.35}$$

Pode-se mostrar que, em coordenadas cartesianas, o laplaciano do campo vetorial $\mathbf{V} = \mathrm{V}_x\,\mathbf{i} + \mathrm{V}_y\,\mathbf{j} + \mathrm{V}_z\,\mathbf{j}$ é dado por

$$\nabla^2 \mathbf{V} = \nabla^2 \mathrm{V}_x\,\mathbf{i} + \nabla^2 \mathrm{V}_y\,\mathbf{j} + \nabla^2 \mathrm{V}_z\,\mathbf{k}. \tag{3.36}$$

Demonstração

Seja um campo vetorial $\mathbf{V}$ definido por $\mathbf{V} = \mathrm{V}_x\,\mathbf{i} + \mathrm{V}_y\,\mathbf{j} + \mathrm{V}_z\,\mathbf{j}$. Nesse caso, o primeiro termo de 3.35 pode ser escrito como

$$\nabla (\nabla \cdot \mathbf{V}) = \nabla \left(\frac{\partial \mathrm{V}_x}{\partial x} + \frac{\partial \mathrm{V}_y}{\partial y} + \frac{\partial \mathrm{V}_z}{\partial z} \right)$$

e, aplicando a definição de gradiente, temos

$$\nabla (\nabla \cdot \mathbf{V}) = \left(\frac{\partial^2 \mathrm{V}_x}{\partial x^2} + \frac{\partial^2 \mathrm{V}_y}{\partial x \partial y} + \frac{\partial^2 \mathrm{V}_z}{\partial x \partial z} \right) \mathbf{i} + \left(\frac{\partial^2 \mathrm{V}_x}{\partial y \partial x} + \frac{\partial^2 \mathrm{V}_y}{\partial y^2} + \frac{\partial^2 \mathrm{V}_z}{\partial y \partial z} \right) \mathbf{j} + \left(\frac{\partial^2 \mathrm{V}_x}{\partial z \partial x} + \frac{\partial^2 \mathrm{V}_y}{\partial z \partial y} + \frac{\partial^2 \mathrm{V}_z}{\partial z^2} \right) \mathbf{k}.$$

Por outro lado, o segundo termo de 3.35 pode ser escrito como

$$\nabla \times (\nabla \times \mathbf{V}) = \begin{bmatrix} \mathbf{i} & \mathbf{j} & \mathbf{k} \\ \frac{\partial}{\partial x} & \frac{\partial}{\partial y} & \frac{\partial}{\partial z} \\ \frac{\partial \mathrm{V}_z}{\partial y} - \frac{\partial \mathrm{V}_y}{\partial z} & \frac{\partial \mathrm{V}_x}{\partial z} - \frac{\partial \mathrm{V}_z}{\partial x} & \frac{\partial \mathrm{V}_y}{\partial x} - \frac{\partial \mathrm{V}_x}{\partial y} \end{bmatrix}$$

$$= \left(\frac{\partial^2 \mathrm{V}_y}{\partial y \partial x} - \frac{\partial^2 \mathrm{V}_x}{\partial y^2} - \frac{\partial^2 \mathrm{V}_x}{\partial z^2} + \frac{\partial^2 \mathrm{V}_z}{\partial z \partial x}\right) \mathbf{i} +$$

$$\left(\frac{\partial^2 \mathrm{V}_z}{\partial z \partial y} - \frac{\partial^2 \mathrm{V}_y}{\partial z^2} - \frac{\partial^2 \mathrm{V}_y}{\partial x^2} + \frac{\partial^2 \mathrm{V}_x}{\partial x \partial y}\right) \mathbf{j} +$$

$$\left(\frac{\partial^2 \mathrm{V}_x}{\partial x \partial z} - \frac{\partial^2 \mathrm{V}_z}{\partial x^2} - \frac{\partial^2 \mathrm{V}_z}{\partial y^2} + \frac{\partial^2 \mathrm{V}_y}{\partial y \partial z}\right) \mathbf{k}.$$

Subtraindo as componentes correspondentes das duas expressões anteriores, obtemos

$$\nabla^2 \mathbf{V} = \nabla^2 \mathrm{V}_x \, \mathbf{i} + \nabla^2 \mathrm{V}_y \, \mathbf{j} + \nabla^2 \mathrm{V}_z \, \mathbf{k}. \quad \blacklozenge$$

Desse modo, o laplaciano de um campo vetorial $\mathbf{V}$ em coordenadas cartesianas é o vetor cujas componentes são os laplacianos das componentes do campo vetorial. Em coordenadas curvilíneas, em geral, esse resultado não é válido.

Equações de Maxwell e a equação de onda

Por volta de 1865, James Clerk Maxwell codificou num conjunto de equações diferenciais todo o conhecimento sobre os fenômenos eletromagnéticos da época. Esse conjunto de equações, denominadas Equações de Maxwell, constitui a base da eletrodinâmica clássica, relacionando os campos elétricos $\mathbf{E}$, a indução magnética $\mathbf{B}$, a intensidade magnética $\mathbf{H}$ e a indução elétrica $\mathbf{D}$ com as densidades de carga ρ e de corrente $\mathbf{J}$. No vácuo e na presença de cargas e correntes elétricas livres, as Equações de Maxwell são dadas por:

$$\nabla \cdot \mathbf{E} = \frac{\rho}{\varepsilon_o}, \tag{3.37}$$

$$\nabla \cdot \mathbf{B} = 0, \tag{3.38}$$

$$\nabla \times \mathbf{E} = -\frac{\partial \mathbf{B}}{\partial t}, \tag{3.39}$$

$$\nabla \times \mathbf{B} = \mu_o \mathbf{J} + \mu_o \varepsilon_o \frac{\partial \mathbf{E}}{\partial t}, \tag{3.40}$$

onde μ_o é a permeabilidade magnética do vácuo e ε_o a permissividade elétrica do vácuo. Esse grupo de equações é conhecido como *equações microscópicas de Maxwell*. Em um meio material, as denominadas *equações macroscópicas de Maxwell* são dadas por:

$$\nabla \cdot \mathbf{D} = \rho, \tag{3.41}$$

$$\nabla \cdot \mathbf{B} = 0, \tag{3.42}$$

$$\nabla \times \mathbf{E} = -\frac{\partial \mathbf{B}}{\partial t}, \tag{3.43}$$

$$\nabla \times \mathbf{H} = \mathbf{J} + \frac{\partial \mathbf{D}}{\partial t}. \tag{3.44}$$

As expressões relacionando os campos **E** com **D** e **B** com **H**, denominadas *relações constitutivas*, são

$$\mathbf{D} = \epsilon \mathbf{E}, \tag{3.45}$$

$$\mathbf{H} = \mu \mathbf{B}, \tag{3.46}$$

onde ϵ e μ são as permissividades elétrica e permeabilidade magnética do meio, respectivamente. Um dos grandes trunfos da teoria eletromagnética foi a previsão da existência das ondas eletromagnéticas. Consideremos o vácuo, sem cargas nem correntes livres. As equações de Maxwell válidas nesse caso são:

$$\nabla \cdot \mathbf{E} = 0, \qquad \nabla \cdot \mathbf{B} = 0,$$

$$\nabla \times \mathbf{E} = -\frac{\partial \mathbf{B}}{\partial t}, \qquad \nabla \times \mathbf{B} = \mu_o \varepsilon_o \frac{\partial \mathbf{E}}{\partial t}.$$

Consideremos agora $\nabla \times (\nabla \times \mathbf{E})$. Da definição de laplaciano de um vetor (Equação 3.35), essa expressão pode ser escrita como

$$\nabla (\times \nabla \times \mathbf{E}) = -\triangle \mathbf{E} + \nabla (\nabla \cdot \mathbf{E}).$$

Substituindo as expressões do rotacional e da divergência do campo **E** pelos seus valores segundo as equações de Maxwell no vácuo, obtemos

$$-\nabla \times \left(\frac{\partial \mathbf{B}}{\partial t}\right) = -\triangle \mathbf{E}.$$

Trocando a ordem das derivadas espaciais e temporais, obtemos

$$\frac{\partial}{\partial t}(\nabla \times \mathbf{B}) = \nabla^2 \mathbf{E}.$$

Finalmente, usando a equação de Maxwell para o rotacional do campo magnético, obtemos

$$\varepsilon_o \mu_o \frac{\partial^2 \mathbf{E}}{\partial t^2} = \nabla^2 \mathbf{E}.$$

A última equação vetorial corresponde a três equações escalares, uma para cada componente do campo **E**, dadas por

$$\varepsilon_o \mu_o \frac{\partial^2 \mathrm{E}_i}{\partial t^2} = \sum_j \frac{\partial^2 \mathrm{E}_i}{\partial j^2},$$

onde $i, j = x, y, z$. Essa é a equação de uma onda que se propaga com velocidade $\mathrm{v} = 1/\sqrt{\varepsilon_o \mu_o}$. Experimentalmente, foi observado que $\mathrm{v} = c$, onde c é a velocidade da luz. De forma similar, pode-se mostrar que o campo magnético também satisfaz uma equação de onda com a mesma velocidade de propagação. Embora as equações de onda para ambos os campos estejam desacopladas, os campos não são completamente independentes. A exigência de que os campos satisfaçam as equações de Maxwell impõe a condição de que os campos elétrico e magnético da onda sejam perpendiculares entre si e em relação à direção de propagação.

3.8 Relações vetoriais úteis

Sendo o operador ∇ um operador diferencial, podemos obter as seguintes relações úteis envolvendo diversos campos vetoriais:

1. Se **A** e **B** são dois campos vetoriais,

$$\nabla \cdot (\mathbf{A} \times \mathbf{B}) = \mathbf{B} \cdot \nabla \times \mathbf{A} - \mathbf{A} \cdot \nabla \times \mathbf{B}. \tag{3.47}$$

Demonstração

A partir da definição de divergência e após aplicar um pouco de álgebra, é possível mostrar que podemos escrever

$$\nabla \cdot (\mathbf{A} \times \mathbf{B}) = \nabla_{\mathbf{A}} \cdot (\mathbf{A} \times \mathbf{B}) + \nabla_{\mathbf{B}} \cdot (\mathbf{A} \times \mathbf{B}),$$

onde o operador $\nabla_{\mathbf{A}}$ indica que ele atua somente sobre as componentes do vetor $\mathbf{A}$, considerando o vetor $\mathbf{B}$ como constante, e analogamente em relação ao operador $\nabla_{\mathbf{B}}$. Consideremos agora o primeiro termo. Ele pode ser considerado um produto misto envolvendo o operador ∇. Aplicando a propriedade 2.13 deste no primeiro termo, obtemos

$$\begin{aligned}\nabla_{\mathbf{A}} \cdot (\mathbf{A} \times \mathbf{B}) &= (\nabla_{\mathbf{A}} \times \mathbf{A}) \cdot \mathbf{B} \\ &= (\nabla \times \mathbf{A}) \cdot \mathbf{B},\end{aligned}$$

onde, devido ao fato de o operador $\nabla_{\mathbf{A}}$ atuar somente sobre as componentes de $\mathbf{A}$, o subíndice fica subentendido. Similarmente, para o segundo termo, obtemos:

$$\begin{aligned}\nabla_{\mathbf{B}} \cdot (\mathbf{A} \times \mathbf{B}) &= -(\nabla_{\mathbf{B}} \times \mathbf{B}) \cdot \mathbf{A} \\ &= -(\nabla \times \mathbf{B}) \cdot \mathbf{A}.\end{aligned}$$

Assim, completamos a demonstração. ♦

2. Do item anterior e da propriedade 3.31 do rotacional, deduz-se que se $f(\mathbf{r})$ e $g(\mathbf{r})$ são dois campos escalares:

$$\nabla \cdot (\nabla f \times \nabla g) = 0. \tag{3.48}$$

3. Se $\mathbf{A}$ e $\mathbf{B}$ são dois campos vetoriais, então

$$\nabla \times (\mathbf{A} \times \mathbf{B}) = (\mathbf{B} \cdot \nabla)\,\mathbf{A} - \mathbf{B}\,(\nabla \cdot \mathbf{A}) + \mathbf{A}\,(\nabla \cdot \mathbf{B}) - (\mathbf{A} \cdot \nabla)\,\mathbf{B}. \tag{3.49}$$

Demonstração

Como no item anterior, pode-se mostrar após aplicar um pouco de álgebra que

$$\nabla \times (\mathbf{A} \times \mathbf{B}) = \nabla_{\mathbf{A}} \times (\mathbf{A} \times \mathbf{B}) + \nabla_{\mathbf{B}} \times (\mathbf{A} \times \mathbf{B}),$$

onde os operadores $\nabla_{\mathbf{A}}$ e $\nabla_{\mathbf{B}}$ têm o significado atribuído anteriormente. Aplicando a cada um dos termos anteriores a identidade 2.17, obtemos:

$$\nabla_{\mathbf{A}} \times (\mathbf{A} \times \mathbf{B}) = (\nabla_{\mathbf{A}} \cdot \mathbf{B})\, \mathbf{A} - \mathbf{B}\, (\nabla_{\mathbf{A}} \cdot \mathbf{A}),$$

$$\nabla_{\mathbf{B}} \times (\mathbf{A} \times \mathbf{B}) = (\nabla_{\mathbf{B}} \cdot \mathbf{B})\, \mathbf{A} - \mathbf{B}\, (\nabla_{\mathbf{B}} \cdot \mathbf{A}).$$

Aplicando a propriedade comutativa do produto escalar nos produtos que envolvem o operador nabla e um vetor diferente daquele sobre o qual ele atua, as expressões anteriores podem ser reescritas como

$$\nabla_{\mathbf{A}} \times (\mathbf{A} \times \mathbf{B}) = (\mathbf{B} \cdot \nabla)\, \mathbf{A} - \mathbf{B}\, (\nabla \cdot \mathbf{A}),$$

$$\nabla_{\mathbf{B}} \times (\mathbf{A} \times \mathbf{B}) = (\nabla \cdot \mathbf{B})\, \mathbf{A} - (\mathbf{A} \cdot \nabla)\, \mathbf{B},$$

onde o subíndice do operador ∇ foi retirado por ser evidente sobre qual vetor ele atua, e uma expressão como $(\mathbf{B} \cdot \nabla)\, \mathbf{A}$ indica a seguinte operação:

$$(\mathbf{B} \cdot \nabla)\, \mathbf{A} = \left(\mathrm{B}_x \frac{\partial}{\partial x} + \mathrm{B}_y \frac{\partial}{\partial x} + \mathrm{B}_z \frac{\partial}{\partial z} \right) \mathbf{A}.$$

Ou seja, a expressão $(\mathbf{B} \cdot \nabla)$ é um operador que atua sobre cada uma das componentes de $\mathbf{A}$, tendo como resultado um vetor. ♦

4. Se f é um campo escalar,

$$\nabla^2 (\nabla f) = \nabla \left(\nabla^2 f \right). \tag{3.50}$$

5. Se $\mathbf{A}$ é um campo vetorial,

$$\nabla \cdot \left(\nabla^2 \mathbf{A}\right) = \nabla^2 \left(\nabla \cdot \mathbf{A}\right), \tag{3.51}$$

$$\nabla \times \left(\nabla^2 \mathbf{A}\right) = \nabla^2 \left(\nabla \times \mathbf{A}\right). \tag{3.52}$$

3.9 Operadores vetoriais em coordenadas curvilíneas

Como passo prévio à determinação das componentes curvilíneas dos operadores vetoriais, precisaremos generalizar os conceitos sobre coordenadas curvilíneas e em particular as coordenadas curvilíneas ortogonais, já tratadas na Seção 2.9. Isso será o objetivo das seguintes subseções.

3.9.1 Coordenadas curvilíneas: tratamento geral

Seja P um ponto do espaço dado por suas coordenadas cartesianas ortogonais (x, y, z), e suponhamos que existam três funções nas variáveis u_1, u_2, u_3 dadas por

$$x = x\left(u_1, u_2, u_3\right), \quad y = y\left(u_1, u_2, u_3\right), \quad z = z\left(u_1, u_2, u_3\right), \tag{3.53}$$

que, num certo domínio D do espaço, admitam as funções inversas

$$u_1 = u_1(x, y, z), \; u_2 = u_2(x, y, z), \; u_3 = u_3(x, y, z). \tag{3.54}$$

Sempre que a correspondência entre as ternas (x, y, z) e (u_1, u_2, u_3) seja biunívoca, qualquer ponto do espaço poderá ser representado tanto pela terna (x, y, z) quanto por (u_1, u_2, u_3). Nesse sentido, a terna (u_1, u_2, u_3) constitui um outro conjunto de coordenadas do ponto P.

Por cada ponto do domínio D passam três superfícies $u_i(x, y, z) = \text{cte}$ $(i = 1, 2, 3)$, denominadas *superfícies coordenadas*, e a interseção de duas das superfícies coordenadas é uma curva denominada *curva coordenada*, ao longo da qual somente muda uma das coordenadas. Caso as superfícies coordenadas não sejam todas planas, as curvas coordenadas não serão todas retas, e as coordenadas serão denominadas *coordenadas curvilíneas.*

De todos os sistemas de coordenadas curvilíneas que podem ser estabelecidos, os mais importantes são aqueles nos quais as curvas coordenadas são ortogonais entre si em cada ponto do espaço, assim como as superfícies coordenadas. Um sistema com essas características é denominado sistema de *coordenadas curvilíneas ortogonais.* Exemplos desses sistemas são as coordenadas esféricas, cilíndricas e polares.

Coordenadas curvilíneas ortogonais

Consideremos a superfície coordenada $u_1(x, y, z) =$ cte. Pelo visto na Seção 3.3.4, um deslocamento infinitesimal arbitrário $d\mathbf{r} = dx\,\mathbf{i} + dy\,\mathbf{j} + dz\,\mathbf{k}$ sobre essa superfície coordenada leva a uma mudança nula no valor da função, ou seja, $du_1 = 0$. Podemos expressar o diferencial du_1 em termos de diferenciais em relação às coordenadas x, y e z como

$$du_1 = \frac{\partial u_1}{\partial x}dx + \frac{\partial u_1}{\partial y}dy + \frac{\partial u_1}{\partial z}dz = 0.$$

Comparando a expressão anterior com a Equação 3.11, podemos expressar o vetor gradiente ∇u_1 associado à função escalar $u_1(x, y, z)$ e perpendicular à superfície coordenada $u_1(x, y, z) =$ cte pela expressão

$$\nabla u_1 = \frac{\partial u_1}{\partial x}\,\mathbf{i} + \frac{\partial u_1}{\partial y}\,\mathbf{j} + \frac{\partial u_1}{\partial z}\,\mathbf{k}.$$

Definindo o fator h_1, chamado *fator de escala,* correspondente à coordenada u_1 por

$$\begin{aligned} \frac{1}{h_1} &\equiv |\nabla u_1| \\ &= \left[\left(\frac{\partial u_1}{\partial x}\right)^2 + \left(\frac{\partial u_1}{\partial y}\right)^2 + \left(\frac{\partial u_1}{\partial z}\right)^2\right]^{1/2}, \end{aligned} \tag{3.55}$$

o versor $\mathbf{u}_1$, normal à superfície $u_1(x, y, z) =$ cte, pode ser escrito como

$$\begin{aligned}\mathbf{u}_1 &= h_1 \nabla u_1 \\ &= h_1 \left(\frac{\partial u_1}{\partial x}\mathbf{i} + \frac{\partial u_1}{\partial y}\mathbf{j} + \frac{\partial u_1}{\partial z}\mathbf{k} \right).\end{aligned} \tag{3.56}$$

Analogamente, definimos os versores $\mathbf{u}_2$ e $\mathbf{u}_3$, normais às superfícies $u_2(x, y, z) =$ cte e $u_3(x, y, z) =$ cte, respectivamente. Generalizando, podemos representar o versor $\mathbf{u}_i$ normal à superfície coordenada $u_i(x, y, z) =$ cte para $i = 1, 2, 3$ por

$$\mathbf{u}_i = h_i \nabla u_i = h_i \left(\frac{\partial u_i}{\partial x}\mathbf{i} + \frac{\partial u_i}{\partial y}\mathbf{j} + \frac{\partial u_i}{\partial z}\mathbf{k} \right), \tag{3.57}$$

onde

$$h_i = |\nabla u_i|^{-1}. \tag{3.58}$$

A Equação 3.57 define um conjunto de versores do sistema de coordenadas curvilíneas $u_i\,(x, y, z)$ a partir dos versores fundamentais do sistema cartesiano $\mathbf{i}$,$\mathbf{j}$,$\mathbf{k}$ e do conhecimento das fórmulas de transformação entre os sistemas de coordenadas cartesianas e curvilíneas (Equações 3.54). Os versores $\mathbf{u}_i$ $(i = 1, 2, 3)$ são normais às superfícies $u_i =$ cte e tangentes às curvas coordenadas ao longo das quais varia somente a coordenada u_i, estando dirigidos no sentido de crescimento da coordenada u_i.

As expressões 3.57 mostram que, em geral, as direções dos versores $\mathbf{u}_i$ serão função de ponto, fornecendo um sistema "local" de eixos. Se o sistema de coordenadas é ortogonal, os versores $\mathbf{u}_i$ formarão um triedro trirretângulo. É condição necessária e suficiente para que o conjunto de versores $\mathbf{u}_1$, $\mathbf{u}_2$, e $\mathbf{u}_3$, nessa ordem, formem em cada ponto do espaço um triedro trirretângulo positivamente orientado, como os versores $\mathbf{i}$, $\mathbf{j}$, $\mathbf{k}$, que satisfaçam a relação $(\mathbf{u}_1 \times \mathbf{u}_2) \cdot \mathbf{u}_3 = 1$.

A seguir, faremos a suposição de que o conjunto de coordenadas $u_i(x, y, z)$ $i = 1, 2, 3$ é ortogonal e que os versores $\mathbf{u}_1$, $\mathbf{u}_2$ e $\mathbf{u}_3$ formam um triedro trirretângulo positivamente orientado em cada ponto.

Um deslocamento arbitrário $d\mathbf{r}$ no espaço é dado em componentes cartesianas por

$$d\mathbf{r} = dx\,\mathbf{i} + dy\,\mathbf{j} + dz\,\mathbf{k}, \tag{3.59}$$

e o seu módulo $|d\mathbf{r}| \equiv ds$, denominado *elemento de arco* da curva no espaço (ver Seção 4.1), é dado por

$$(ds)^2 = (dx)^2 + (dy)^2 + (dz)^2 . \tag{3.60}$$

O mesmo deslocamento $d\mathbf{r}$ e o seu módulo ds podem ser representados, com base nos versores $\mathbf{u}_1$, $\mathbf{u}_2$ e $\mathbf{u}_3$, como

$$d\mathbf{r} = (d\mathbf{r} \cdot \mathbf{u}_1)\, \mathbf{u}_1 + (d\mathbf{r} \cdot \mathbf{u}_2)\, \mathbf{u}_2 + (d\mathbf{r} \cdot \mathbf{u}_3)\, \mathbf{u}_3$$

e

$$(ds)^2 = (ds_1)^2 + (ds_2)^2 + (ds_3)^2 ,$$

respectivamente, onde definimos $ds_i = d\mathbf{r} \cdot \mathbf{u}_i$. De 3.57 e 3.59, a projeção do deslocamento $d\mathbf{r}$ sobre o eixo correspondente à coordenada u_i, $d\mathbf{r} \cdot \mathbf{u}_i$ pode ser escrita como

$$\begin{aligned} d\mathbf{r} \cdot \mathbf{u}_i &= h_i \left(dx \frac{\partial u_i}{\partial x} + dy \frac{\partial u_i}{\partial y} + dz \frac{\partial u_i}{\partial z} \right) \\ &= h_i\, du_i, \end{aligned}$$

portanto,

$$\begin{aligned} |d\mathbf{r}|^2 &= (dx)^2 + (dy)^2 + (dz)^2 \\ &= h_1^2\, (du_1)^2 + h_2^2\, (du_2)^2 + h_3^2\, (du_3)^2 . \end{aligned} \tag{3.61}$$

A Equação 3.61 pode ser utilizada para determinar as expressões dos fatores de escala h_i, como mostraremos a seguir.

1- *Coordenadas polares planas*

As equações de transformação entre as coordenadas cartesianas e polares planas são dadas por (ver Seção 2.9.1)

$$x = \rho \cos \phi, \quad y = \rho \operatorname{sen} \phi, \tag{3.62}$$

e as diferenciais são dadas por

$$\begin{aligned} dx &= \cos\phi\, d\rho - \rho \operatorname{sen}\phi\, d\phi, \\ dy &= \operatorname{sen}\phi\, d\rho + \rho\cos\phi\, d\phi, \end{aligned}$$

e, portanto, o elemento de arco vale

$$\begin{aligned} (ds)^2 &= (dx)^2 + (dy)^2 \\ &= (d\rho)^2 + \rho^2 (d\phi)^2 . \end{aligned}$$

Então, no caso das coordenadas polares planas, os fatores de escala são

$$h_\rho = 1, \qquad h_\phi = \rho. \tag{3.63}$$

2- *Coordenadas cilíndricas*

As equações de transformação são dadas por

$$x = \rho\cos\phi, \quad y = \rho\operatorname{sen}\phi, \quad z = z, \tag{3.64}$$

e as diferenciais são dadas por

$$\begin{aligned} dx &= \cos\phi\, d\rho - \rho \operatorname{sen}\phi\, d\phi, \\ dy &= \operatorname{sen}\phi\, d\rho + \rho\cos\phi\, d\phi, \\ dz &= dz, \end{aligned}$$

e, portanto, o elemento de arco vale

$$\begin{aligned} (ds)^2 &= (dx)^2 + (dy)^2 + (dz)^2 \\ &= (d\rho)^2 + \rho^2 (d\phi)^2 + (dz)^2 . \end{aligned}$$

Então, no caso das coordenadas cilíndricas, os fatores de escala são

$$h_\rho = 1, \qquad h_\phi = \rho, \qquad h_z = 1. \tag{3.65}$$

3- *Coordenadas esféricas*

As equações de transformação são dadas por

$$x = r\,\mathrm{sen}\,\theta\cos\phi, \quad y = r\,\mathrm{sen}\,\theta\mathrm{sen}\,\phi, \quad z = r\cos\theta, \tag{3.66}$$

sendo as diferenciais dadas por

$$\begin{aligned}
dx &= \mathrm{sen}\,\theta\cos\phi\,dr + r\cos\theta\cos\phi\,d\theta - r\,\mathrm{sen}\,\theta\mathrm{sen}\,\phi\,d\phi,\\
dy &= \mathrm{sen}\,\theta\,\mathrm{sen}\,\phi\,dr + r\cos\theta\,\mathrm{sen}\,\phi\,d\theta + r\,\mathrm{sen}\,\theta\cos\phi\,d\phi,\\
dz &= \cos\theta\,dr - r\,\mathrm{sen}\,\theta\,d\theta.
\end{aligned}$$

O elemento de arco pode ser escrito como

$$\begin{aligned}
(ds)^2 &= (dx)^2 + (dy)^2 + (dz)^2\\
&= (dr)^2 + r^2(d\theta)^2 + r^2\mathrm{sen}^2\theta\,(d\phi)^2,
\end{aligned}$$

portanto, os fatores de escala são

$$h_r = 1, \qquad h_\theta = r, \qquad h_\phi = r\,\mathrm{sen}\,\theta. \tag{3.67}$$

3.9.2 Componentes curvilíneas de um vetor

As componentes curvilíneas de um vetor podem ser expressas em termos das suas componentes cartesianas, e vice-versa, por meio de um conjunto de equações de transformação. Um vetor arbitrário **V** pode ser escrito nos sistemas de coordenadas cartesianas e curvilíneas por

$$\mathbf{V} = \mathrm{V}_x\mathbf{i} + \mathrm{V}_y\mathbf{j} + \mathrm{V}_z\mathbf{k}$$

e

$$\mathbf{V} = \mathrm{V}_1\mathbf{u}_1 + \mathrm{V}_2\mathbf{u}_2 + \mathrm{V}_3\mathbf{u}_3,$$

respectivamente. Utilizando as relações 3.57, é simples mostrar que as componentes do vetor $\mathbf{V}$ no sistema de coordenadas cartesianas em termos das componentes curvilíneas podem ser escritas em forma matricial como

$$\begin{bmatrix} \mathrm{V}_x \\ \mathrm{V}_y \\ \mathrm{V}_z \end{bmatrix} = \begin{bmatrix} h_1\frac{\partial u_1}{\partial x} & h_2\frac{\partial u_2}{\partial x} & h_3\frac{\partial u_3}{\partial x} \\ h_1\frac{\partial u_1}{\partial y} & h_2\frac{\partial u_2}{\partial y} & h_3\frac{\partial u_3}{\partial y} \\ h_1\frac{\partial u_1}{\partial z} & h_2\frac{\partial u_2}{\partial z} & h_3\frac{\partial u_3}{\partial z} \end{bmatrix} \begin{bmatrix} \mathrm{V}_1 \\ \mathrm{V}_2 \\ \mathrm{V}_3 \end{bmatrix}. \tag{3.68}$$

Resolvendo o problema inverso, podemos escrever as componentes no sistema curvilíneo em função das componentes cartesianas como

$$\begin{bmatrix} \mathrm{V}_1 \\ \mathrm{V}_2 \\ \mathrm{V}_3 \end{bmatrix} = \begin{bmatrix} h_1\frac{\partial u_1}{\partial x} & h_1\frac{\partial u_1}{\partial y} & h_1\frac{\partial u_1}{\partial z} \\ h_2\frac{\partial u_2}{\partial x} & h_2\frac{\partial u_2}{\partial y} & h_2\frac{\partial u_2}{\partial z} \\ h_3\frac{\partial u_3}{\partial x} & h_3\frac{\partial u_3}{\partial y} & h_3\frac{\partial C u_3}{\partial z} \end{bmatrix} \begin{bmatrix} \mathrm{V}_x \\ \mathrm{V}_y \\ \mathrm{V}_z \end{bmatrix}. \tag{3.69}$$

A matriz de transformação anterior também pode ser escrita em função das funções inversas 3.53.

Demonstração

Para isso, lembremos que podemos escrever as funções 3.54 na forma

$$u_i\left(x\left(u_1,u_2,u_3\right),y\left(u_1,u_2,u_3\right),z\left(u_1,u_2,u_3\right)\right), \quad i=1,2,3.$$

e, portanto,

$$\frac{\partial u_i}{\partial u_j} = \frac{\partial u_i}{\partial x}\frac{\partial x}{\partial u_j} + \frac{\partial u_i}{\partial y}\frac{\partial y}{\partial u_j} + \frac{\partial u_i}{\partial z}\frac{\partial z}{\partial u_j} = \delta_{ij},$$

onde $\delta_{ij} = 1$, se $i = j$, e, caso contrário, é igual a 0, pois a derivada de uma variável independente em relação a outra vale 0 se ambas as variáveis são diferentes e vale 1 se são a mesma variável.

Escrevamos 3.68 como um sistema de equações:

$$\begin{aligned}
\mathrm{V}_x &= h_1 \frac{\partial u_1}{\partial x}\mathrm{V}_1 + h_2 \frac{\partial u_2}{\partial x}\mathrm{V}_2 + h_3 \frac{\partial u_3}{\partial x}\mathrm{V}_3 \\
\mathrm{V}_y &= h_1 \frac{\partial u_1}{\partial y}\mathrm{V}_1 + h_2 \frac{\partial u_2}{\partial y}\mathrm{V}_2 + h_3 \frac{\partial u_3}{\partial y}\mathrm{V}_3 \\
\mathrm{V}_z &= h_1 \frac{\partial u_1}{\partial z}\mathrm{V}_1 + h_2 \frac{\partial u_2}{\partial z}\mathrm{V}_2 + h_3 \frac{\partial u_3}{\partial z}\mathrm{V}_3.
\end{aligned}$$

Multiplicando a primeira equação por $\frac{\partial x}{\partial u_j}$, a segunda por $\frac{\partial y}{\partial u_j}$ e a terceira por $\frac{\partial z}{\partial u_j}$ e somando membro a membro as três equações, obtemos

$$\mathrm{V}_i = \frac{1}{h_i}\left(\frac{\partial x}{\partial u_i}\mathrm{V}_x + \frac{\partial y}{\partial u_i}\mathrm{V}_y + \frac{\partial z}{\partial u_i}\mathrm{V}_z\right), \quad i = 1, 2, 3. \tag{3.70}$$

3.9.3 Gradiente

As componentes curvilíneas no sistema de coordenadas u_i do gradiente de uma função escalar $f(\mathbf{r})$, dadas as componentes cartesianas, podem ser obtidas por meio das Equações 3.70. Dado o $\nabla f(\mathbf{r})$ em coordenadas cartesianas, temos

$$\nabla f(\mathbf{r}) = \frac{\partial f}{\partial x}\mathbf{i} + \frac{\partial f}{\partial y}\mathbf{j} + \frac{\partial f}{\partial z}\mathbf{k},$$

sendo que a componente i do gradiente, ∇f_i, é dada por

$$\begin{aligned}
\nabla f_i &= \frac{1}{h_i}\left(\frac{\partial x}{\partial u_i}\frac{\partial f}{\partial x} + \frac{\partial y}{\partial u_i}\frac{\partial f}{\partial y} + \frac{\partial z}{\partial u_i}\frac{\partial f}{\partial z}\right), \\
&= \frac{1}{h_i}\frac{\partial f}{\partial u_i}.
\end{aligned}$$

Assim, podemos escrever

$$\nabla f = \frac{1}{h_1}\frac{\partial f}{\partial u_1}\mathbf{u}_1 + \frac{1}{h_2}\frac{\partial f}{\partial u_2}\mathbf{u}_2 + \frac{1}{h_3}\frac{\partial f}{\partial u_3}\mathbf{u}_3. \tag{3.71}$$

Expressaremos, a seguir, o gradiente nos principais sistemas de coordenadas curvilíneas ortogonais.

i) *Gradiente em coordenadas polares* (ρ, ϕ)

$$\nabla f(\mathbf{r}) = \frac{\partial f}{\partial \rho}\mathbf{e}_\rho + \frac{1}{\rho}\frac{\partial f}{\partial \phi}\mathbf{e}_\phi \tag{3.72}$$

ii) *Gradiente em coordenadas cilíndricas* (ρ, ϕ, z)

$$\nabla f(\mathbf{r}) = \frac{\partial f}{\partial \rho}\mathbf{e}_\rho + \frac{1}{\rho}\frac{\partial f}{\partial \phi}\mathbf{e}_\phi + \frac{\partial f}{\partial z}\mathbf{e}_z \tag{3.73}$$

iii) *Gradiente em coordenadas esféricas* (r, θ, ϕ)

$$\nabla f(\mathbf{r}) = \frac{\partial f}{\partial \rho}\mathbf{e}_r + \frac{1}{r}\frac{\partial f}{\partial \theta}\mathbf{e}_\theta + \frac{1}{r\,\mathrm{sen}\,\theta}\frac{\partial f}{\partial \phi}\mathbf{e}_\phi \tag{3.74}$$

3.9.4 Divergência

Consideremos um campo vetorial $\mathbf{F}$. No sistema de coordenadas curvilíneas u_i ele será dado por

$$\mathbf{F} = \mathrm{F}_1\mathbf{u}_1 + \mathrm{F}_2\mathbf{u}_2 + \mathrm{F}_3\mathbf{u}_3.$$

Supondo que os versores $\mathbf{u}_1$, $\mathbf{u}_2$, e $\mathbf{u}_3$, nessa ordem, formam um triedro trirretângulo orientado positivamente, podemos escrever

$$\mathbf{u}_1 = \mathbf{u}_2 \times \mathbf{u}_3, \quad \mathbf{u}_2 = \mathbf{u}_3 \times \mathbf{u}_1, \quad \mathbf{u}_3 = \mathbf{u}_1 \times \mathbf{u}_2.$$

Assim,

$$\mathbf{F} = \mathrm{F}_1\mathbf{u}_2 \times \mathbf{u}_3 + \mathrm{F}_2\mathbf{u}_3 \times \mathbf{u}_1 + \mathrm{F}_3\mathbf{u}_1 \times \mathbf{u}_2,$$

ou, levando em conta 3.57, temos

$$\mathbf{F} = h_2h_3\mathrm{F}_1\nabla u_2 \times \nabla u_3 + h_1h_3\mathrm{F}_2\nabla u_3 \times \nabla u_1 + h_1h_2\mathrm{F}_3\nabla u_1 \times \nabla u_2.$$

Multiplicando escalarmente ambos os membros da última expressão pelo operador ∇ e considerando 3.21, 3.47 e 3.31, obtemos

$$\begin{aligned}\nabla \cdot \mathbf{F} = \mathrm{div}\,\mathbf{F} = \nabla(h_2h_3\mathrm{F}_1) \cdot \nabla u_2 \times \nabla u_3 + \nabla(h_1h_3\mathrm{F}_2) \cdot \nabla u_3 \times \nabla u_1 \\ + \nabla(h_1h_2\mathrm{F}_3) \cdot \nabla u_1 \times \nabla u_2.\end{aligned}$$

Para os primeiros fatores dos produtos mistos, podemos aplicar 3.71 e 3.57. Por exemplo, o primeiro fator pode ser escrito como

$$\nabla\left(h_2h_3\mathrm{F}_1\right)=\frac{\partial\left(h_2h_3\mathrm{F}_1\right)}{\partial u_1}\nabla u_1+\frac{\partial\left(h_2h_3\mathrm{F}_1\right)}{\partial u_2}\nabla u_2+\frac{\partial\left(h_2h_3\mathrm{F}_1\right)}{\partial u_3}\nabla u_3,$$

obtendo expressões equivalentes para os outros dois fatores. Levando em conta que o produto misto de vetores no qual dois deles são iguais é nulo (Seção 1.9), a expressão da divergência pode ser escrita como

$$\nabla\cdot\mathbf{F}=\left[\frac{\partial}{\partial u_1}\left(h_2h_3\mathrm{F}_1\right)+\frac{\partial}{\partial u_2}\left(h_1h_3\mathrm{F}_2\right)+\frac{\partial}{\partial u_3}\left(h_1h_2\mathrm{F}_3\right)\right]\nabla u_1.\left(\nabla u_2\times\nabla u_3\right).$$

Finalmente, devido ao fato de os versores fundamentais $\mathbf{u}_1$, $\mathbf{u}_2$ e $\mathbf{u}_3$ formarem um triedro trirretângulo, satisfazendo a condição

$$\mathbf{u}_1.\left(\mathbf{u}_2\times\mathbf{u}_3\right)=h_1h_2h_3\nabla u_1.\left(\nabla u_2\times\nabla u_3\right)=1,$$

podemos escrever o divergente do campo vetorial em coordenadas curvilíneas como

$$\nabla\cdot\mathbf{F}=\frac{1}{h_1h_2h_3}\left[\frac{\partial}{\partial u_1}\left(h_2h_3\mathrm{F}_1\right)+\frac{\partial}{\partial u_2}\left(h_1h_3\mathrm{F}_2\right)+\frac{\partial}{\partial u_3}\left(h_1h_2\mathrm{F}_3\right)\right]. \tag{3.75}$$

Se o campo vetorial $\mathbf{F}(\mathbf{r})$ é definido em um plano em um sistema de coordenadas curvilíneas correspondentes ao plano, a divergência é dada por

$$\nabla\cdot\mathbf{F}=\frac{1}{h_1h_2}\left[\frac{\partial}{\partial u_1}\left(h_2\mathrm{F}_1\right)+\frac{\partial}{\partial u_2}\left(h_1\mathrm{F}_2\right)\right]. \tag{3.76}$$

A seguir, expressaremos a divergência nos principais sistemas de coordenadas curvilíneas ortogonais.

i) *Divergência em coordenadas polares* (ρ,ϕ)

$$\nabla\cdot\mathbf{F}=\frac{1}{\rho}\left[\frac{\partial}{\partial\rho}\left(\rho\mathrm{F}_\rho\right)+\frac{\partial\mathrm{F}_\phi}{\partial\phi}\right] \tag{3.77}$$

ii) *Divergência em coordenadas cilíndricas* (ρ, ϕ, z)

$$\nabla \cdot \mathbf{F} = \frac{1}{\rho}\left[\frac{\partial}{\partial \rho}(\rho \mathrm{F}_\rho) + \frac{\partial \mathrm{F}_\phi}{\partial \phi} + \frac{\partial}{\partial z}(\rho \mathrm{F}_z)\right] \tag{3.78}$$

iii) *Divergência em coordenadas esféricas* (r, θ, ϕ)

$$\nabla \cdot \mathbf{F} = \frac{1}{r^2}\frac{\partial}{\partial r}\left(r^2 \mathrm{F}_r\right) + \frac{1}{r \operatorname{sen}\theta}\frac{\partial}{\partial \theta}(\mathrm{F}_\theta \operatorname{sen}\theta) + \frac{1}{r \operatorname{sen}\theta}\frac{\partial \mathrm{F}_\phi}{\partial \phi} \tag{3.79}$$

3.9.5 Rotacional

Consideremos um campo vetorial $\mathbf{F}$. No sistema de coordenadas curvilíneas u_i, e considerando 3.57, ele será dado por

$$\mathbf{F} = h_1 \mathrm{F}_1 \nabla u_1 + h_2 \mathrm{F}_2 \nabla u_2 + h_3 \mathrm{F}_3 \nabla u_3.$$

Multipliquemos vetorialmente pela esquerda ambos os membros da equação anterior pelo operador nabla. Considerando 3.30 e 3.31, obtemos

$$\nabla \times \mathbf{F} = \nabla(h_1 \mathrm{F}_1) \times \nabla u_1 + \nabla(h_2 \mathrm{F}_2) \times \nabla u_2 + \nabla(h_3 \mathrm{F}_3) \times \nabla u_3.$$

Considerando 3.71 e o fato de que o produto vetorial de um vetor com ele mesmo é nulo, obtemos

$$\begin{aligned}\nabla \times \mathbf{F} = {} & \frac{\partial}{\partial u_2}(h_1 \mathrm{F}_1) \nabla u_2 \times \nabla u_1 + \frac{\partial}{\partial u_3}(h_1 \mathrm{F}_1) \nabla u_3 \times \nabla u_1 \\ & + \frac{\partial}{\partial u_1}(h_2 \mathrm{F}_2) \nabla u_1 \times \nabla u_2 + \frac{\partial}{\partial u_3}(h_2 \mathrm{F}_2) \nabla u_3 \times \nabla u_2 \\ & + \frac{\partial}{\partial u_1}(h_3 \mathrm{F}_3) \nabla u_1 \times \nabla u_3 + \frac{\partial}{\partial u_2}(h_3 \mathrm{F}_3) \nabla u_2 \times \nabla u_3.\end{aligned}$$

Finalmente, considerando 3.57, obtemos a expressão buscada:

$$\nabla \times \mathbf{F} = \frac{1}{h_2 h_3}\left[\frac{\partial}{\partial u_2}(h_3 \mathrm{F}_3) - \frac{\partial}{\partial u_3}(h_2 \mathrm{F}_2)\right]\mathbf{u}_1 + \frac{1}{h_1 h_3}\left[\frac{\partial}{\partial u_3}(h_1 \mathrm{F}_1) - \frac{\partial}{\partial u_1}(h_3 \mathrm{F}_3)\right]\mathbf{u}_2 + \frac{1}{h_1 h_2}\left[\frac{\partial}{\partial u_1}(h_2 \mathrm{F}_2) - \frac{\partial}{\partial u_2}(h_1 \mathrm{F}_1)\right]\mathbf{u}_3. \tag{3.80}$$

Essa expressão pode ser escrita, de um posto de vista formal, na forma de um determinante de uma matriz 3×3:

$$\nabla \times \mathbf{F} = \frac{1}{h_1 h_2 h_3}\begin{vmatrix} h_1 \mathbf{u}_1 & h_2 \mathbf{u}_2 & h_3 \mathbf{u}_3 \\ \frac{\partial}{\partial u_1} & \frac{\partial}{\partial u_2} & \frac{\partial}{\partial u_3} \\ h_1 F_1 & h_2 F_2 & h_3 F_3 \end{vmatrix}. \tag{3.81}$$

No caso do plano, o rotacional de um vetor é um pseudoescalar, o qual é dado por

$$\nabla \times \mathbf{F} = \frac{1}{h_1 h_2}\left[\frac{\partial}{\partial u_1}(h_2 \mathrm{F}_2) - \frac{\partial}{\partial u_2}(h_1 \mathrm{F}_1)\right]. \tag{3.82}$$

A seguir, expressaremos o rotacional nos principais sistemas de coordenadas curvilíneas ortogonais.

i) *Rotacional em coordenadas polares* (ρ, ϕ)

$$\frac{1}{\rho}\left(\frac{\partial(\rho \mathrm{F}_\phi)}{\partial \rho} - \frac{\partial(\mathrm{F}_\rho)}{\partial \phi}\right) \tag{3.83}$$

ii) *Rotacional em coordenadas cilíndricas* (ρ, ϕ, z)

$$(\nabla \times \mathbf{F})_\rho = \frac{1}{\rho}\left(\frac{\partial(\mathrm{F}_z)}{\partial \phi} - \frac{\partial(\rho \mathrm{F}_\phi)}{\partial z}\right)$$

$$(\nabla \times \mathbf{F})_\phi = \left(\frac{\partial(\mathrm{F}_\rho)}{\partial z} - \frac{\partial(\mathrm{F}_z)}{\partial \rho}\right) \tag{3.84}$$

$$(\nabla \times \mathbf{F})_z = \frac{1}{\rho}\left(\frac{\partial(\rho \mathrm{F}_\phi)}{\partial \rho} - \frac{\partial(\mathrm{F}_\rho)}{\partial \phi}\right)$$

iii) *Rotacional em coordenadas esféricas* (r, θ, ϕ)

$$(\nabla \times \mathbf{F})_r = \frac{1}{r \operatorname{sen}\theta}\left(\frac{\partial\left(\mathrm{F}_\phi \operatorname{sen}\theta\right)}{\partial\theta} - \frac{\partial \mathrm{F}_\theta}{\partial\phi}\right)$$

$$(\nabla \times \mathbf{F})_\theta = \frac{1}{r \operatorname{sen}\theta}\left(\frac{\partial\left(\mathrm{F}_r\right)}{\partial\phi} - \frac{\partial\left(\mathrm{F}_\phi r \operatorname{sen}\theta\right)}{\partial r}\right) \tag{3.85}$$

$$(\nabla \times \mathbf{F})_\phi = \frac{1}{r}\left(\frac{\partial\left(r\mathrm{F}_\theta\right)}{\partial r} - \frac{\partial\left(\mathrm{F}_r\right)}{\partial\theta}\right)$$

3.9.6 Laplaciano

O laplaciano de um campo escalar $f(\mathbf{r})$ em coordenadas curvilíneas pode ser determinado a partir da sua definição: $\nabla^2 f = \nabla \cdot \nabla f$. Assim, das expressões 3.71 e 3.75, obtemos

$$\nabla^2 f = \frac{1}{h_1 h_2 h_3}\left[\frac{\partial}{\partial u_1}\left(\frac{h_2 h_3}{h_1}\frac{\partial f}{\partial u_1}\right) + \frac{\partial}{\partial u_2}\left(\frac{h_1 h_3}{h_2}\frac{\partial f}{\partial u_2}\right) + \frac{\partial}{\partial u_3}\left(\frac{h_1 h_2}{h_3}\frac{\partial f}{\partial u_3}\right)\right]. \tag{3.86}$$

A seguir, expressaremos o laplaciano de um campo escalar nos principais sistemas de coordenadas curvilíneas ortogonais.

i) *Laplaciano em coordenadas polares* (ρ, ϕ)

$$\nabla^2 f = \frac{1}{\rho}\frac{\partial f}{\partial\rho} + \frac{\partial^2 f}{\partial\rho^2} + \frac{1}{\rho^2}\frac{\partial^2 f}{\partial\phi^2} \tag{3.87}$$

ii) *Laplaciano em coordenadas cilíndricas* (ρ, ϕ, z)

$$\nabla^2 f = \frac{1}{\rho}\frac{\partial f}{\partial\rho} + \frac{\partial^2 f}{\partial\rho^2} + \frac{1}{\rho^2}\frac{\partial^2 f}{\partial\phi^2} + \frac{\partial^2 f}{\partial z^2} \tag{3.88}$$

iii) *Laplaciano em coordenadas esféricas* (r, θ, ϕ)

$$\nabla^2 f = \frac{1}{r^2 \text{sen}\,\theta}\left[\frac{\partial}{\partial r}\left(r^2 \text{sen}\,\theta \frac{\partial f}{\partial r}\right) + \frac{\partial}{\partial \theta}\left(\text{sen}\,\theta \frac{\partial f}{\partial \theta}\right) + \frac{\partial}{\partial \phi}\left(\frac{1}{\text{sen}\,\theta}\frac{\partial f}{\partial \phi}\right)\right] \tag{3.89}$$

Da mesma forma, o cálculo do laplaciano em coordenadas curvilíneas ortogonais de um vetor $\mathbf{V}$, $\nabla^2\mathbf{V}$ pode ser obtido tomando como ponto de partida a sua definição:

$$\nabla^2\mathbf{V} = \nabla\left(\nabla \cdot \mathbf{V}\right) - \nabla \times \left(\nabla \times \mathbf{V}\right).$$

3.10 Problemas

1. Um objeto se movimenta no plano x-y, sendo a sua posição dada em função do tempo por $\mathbf{r} = c\cos(\omega t)\,\mathbf{i} + d\,\text{sen}\,(\omega t)\,\mathbf{j}$.

   i. Determine a velocidade $\mathbf{v}$ e a aceleração $\mathbf{a}$ em função do tempo.

   ii. Mostre que a trajetória é uma elipse.

2. Dada uma função vetorial diferenciável $\mathbf{F}(t)$, mostre que:

   i. A condição necessária para que o módulo do vetor seja constante é que $\mathbf{F} \cdot \dot{\mathbf{F}} = 0$.

   ii. A condição necessária para que a direção do vetor seja constante é que $\mathbf{F} \times \dot{\mathbf{F}} = 0$.

   iii. $\dot{\hat{\mathrm{F}}} = \mathbf{F} \times \left(\dot{\mathbf{F}} \times \mathbf{F}\right) / \left|\mathbf{F}\right|^2$.

3. Dada uma função real e diferenciável F e um campo escalar $g(\mathbf{r})$ diferenciável, mostre que $\nabla\left(F(g)\right) = dF/dg\,\nabla g$.

4. Mostre que, se $F(r)$ é uma função real de $r = \sqrt{x^2 + y^2 + z^2}$, então para $\mathbf{r} = x\mathbf{i} + y\mathbf{j} + z\mathbf{k}$, $\nabla F \times \mathbf{r} = 0$.

5. Dado o vetor $\mathbf{A} = \left(3x^2 + y\right)\mathbf{i} - (\operatorname{sen}(x) - z)\,\mathbf{j} + \alpha\mathbf{k}$, encontre o parâmetro α para que $\mathbf{A}$ seja solenoidal ($\nabla \cdot \mathbf{A} = 0$).

6. Mostre que, para uma dada função real e diferenciável f, a divergência do campo vetorial $\mathbf{F} = f(x)\,\mathbf{i} + f(y)\,\mathbf{j} + f(-2z)\,\mathbf{k}$ é nula no ponto de coordenadas $(c, c, -c/2)$.

7. Mostre que dados o vetor constante $\mathbf{F}$ e o vetor posição $\mathbf{r} = x\mathbf{i} + y\mathbf{j} + z\mathbf{k}$, $\nabla \times (\mathbf{F} \times \mathbf{r}) = 2\mathbf{F}$.

8. Mostre que, se $\mathbf{F}(\mathbf{r}) = F(r)\mathbf{r}$, onde $\mathbf{r} = x\mathbf{i} + y\mathbf{j} + z\mathbf{k}$ e $r = |\mathbf{r}|$, então $\nabla \times \mathbf{F} = 0$.

9. Mostre que, se $\mathbf{F} = f\,\nabla g$, onde f e g são campos escalares, então $\mathbf{F} \cdot \nabla \times \mathbf{F} = 0$.

10. Mostre que para todo versor $\hat{\mathrm{v}}$ verifica-se que $(\hat{\mathrm{v}} \cdot \nabla)\,\hat{\mathrm{v}} = -\hat{\mathrm{v}} \times (\nabla \times \hat{\mathrm{v}})$.

11. Sejam f e g dois campos escalares. Mostre que:

    i. $\nabla \cdot (\nabla f \times (f \nabla g)) = 0$.

    ii. $\nabla \cdot (\nabla f \times \nabla g) = 0$.

    iii. $\nabla \times (f\,\nabla f) = 0$.

    iv. $\nabla \cdot (f\,\nabla f) = (\nabla f)^2 + f\,\nabla^2 f$.

Capítulo 4

Integração de campos vetoriais

Neste capítulo, será abordada uma série de resultados sobre a integração de campos vetoriais ao longo de curvas e superfícies em $\mathbb{R}^3$, e serão apresentados dois teoremas de grande aplicação em física: o teorema da divergência e o teorema do rotor. Também será dada uma definição de ângulo sólido.

4.1 Curvas em $\mathbb{R}^3$

Seja $\mathbf{r}$ o vetor cujas componentes num sistema cartesiano de coordenadas sejam funções de um parâmetro t definido num certo intervalo. Quando o parâmetro t varia no seu intervalo de definição, o vetor $\mathbf{r}$ descreve a curva Γ em $\mathbb{R}^3$. O vetor $\mathbf{r}$ pode ser escrito em componentes como

$$\mathbf{r}(t) = x(t)\,\mathbf{i} + y(t)\,\mathbf{j} + z(t)\,\mathbf{k}. \tag{4.1}$$

Por sua vez, o vetor $\Delta\mathbf{r} = \mathbf{r}(t + \Delta t) - \mathbf{r}(t)$, que conecta os pontos $\mathbf{r}(t)$ e $\mathbf{r}(t + \Delta t)$, é uma corda da curva Γ (Figura 4.1). No limite para $\Delta t \to 0$, define-se o vetor $d\mathbf{r}/dt$, derivada do vetor $\mathbf{r}$ em relação ao parâmetro t no ponto $\mathbf{r}(t)$, pela expressão

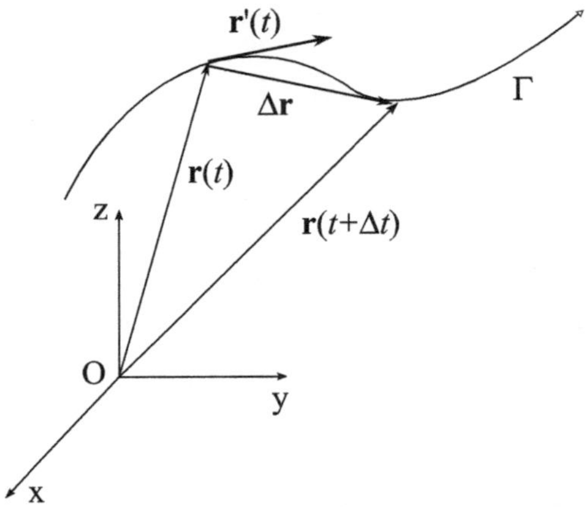

Figura 4.1 – Curva Γ definida em $\mathbb{R}^3$ por $\mathbf{r}(t)$ e o vetor $\mathbf{r}'(t)$ tangente a ela.

$$\begin{aligned}\frac{d\mathbf{r}}{dt} &= \lim_{\Delta t \to 0} \frac{\Delta \mathbf{r}}{\Delta t} \\ &= \dot{x}(t)\,\mathbf{i} + \dot{y}(t)\,\mathbf{j} + \dot{z}(t)\,\mathbf{k}.\end{aligned} \tag{4.2}$$

O vetor $d\mathbf{r}/dt$, denotado também por $\dot{\mathbf{r}}(t)$, é tangente à curva Γ no ponto considerado. Assim, pode-se escrever

$$d\mathbf{r} = \dot{\mathbf{r}}(t)\,dt. \tag{4.3}$$

Suponhamos que exista o vetor $\dot{\mathbf{r}}(t)$ e que seja uma função contínua do parâmetro t (o que equivale a pedir que as funções componentes sejam funções contínuas no domínio de definição de t). Nessas condições, podemos estabelecer a seguinte definição de elemento de arco de uma curva.

Definição: Chama-se *elemento de arco ds* da curva Γ no ponto correspondente ao valor t do parâmetro a expressão $|d\mathbf{r}|$.

Portanto,

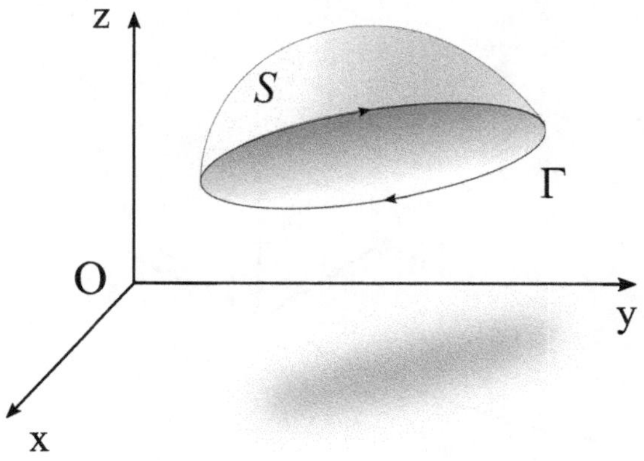

Figura 4.2 – Superfície S limitada por uma curva Γ positiva.

$$\begin{aligned} ds &\equiv |d\mathbf{r}| \\ &= \left|\dot{\mathbf{r}}(t)\right| dt \\ &= \left(\dot{x}^2(t) + \dot{y}^2(t) + \dot{z}^2(t)\right)^{1/2} dt. \end{aligned} \tag{4.4}$$

Levando em conta a equação anterior, o versor $\mathbf{t}(t)$, tangente à curva Γ no ponto correspondente ao valor t do parâmetro pode ser escrito como

$$\begin{aligned} \mathbf{t} &\equiv \frac{\dot{\mathbf{r}}}{\left|\dot{\mathbf{r}}\right|} = \dot{\mathbf{r}}\frac{dt}{ds} \\ &= \frac{d\mathbf{r}}{ds} \\ &= \frac{dx}{ds}\mathbf{i} + \frac{dy}{ds}\mathbf{j} + \frac{dz}{ds}\mathbf{k}. \end{aligned} \tag{4.5}$$

Seja Γ a curva que limita uma superfície S. Γ será positiva se, ao tomarmos valores crescentes do parâmetro t no seu domínio de definição, a região S fica à esquerda da curva (Figura 4.2).

Uma curva é dita regular se as funções que a definem têm derivadas primeiras contínuas ou se é composta por um número finito de curvas com derivadas primeiras contínuas.

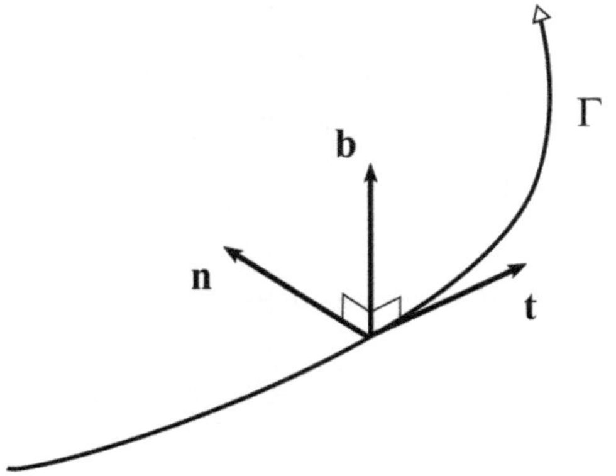

Figura 4.3 – Versores **t**, **n** e **b** que formam o triedro de Frenet em cada ponto da curva Γ.

Como **t** é um versor, $\mathbf{t} \cdot \mathbf{t} = 1$, e derivando essa expressão em relação ao parâmetro t, obtemos $2\dot{\mathbf{t}} \cdot \mathbf{t} = 0$. Portanto, o vetor $\dot{\mathbf{t}}$ é normal ao vetor **t**. Define-se o versor **n**, normal ao versor **t**, por

$$\mathbf{n} \equiv \frac{\dot{\mathbf{t}}}{\left|\dot{\mathbf{t}}\right|}. \tag{4.6}$$

Em cada ponto da curva, **n** está sempre dirigido para a parte côncava da curva. O versor **n** é denominado *versor normal principal* da curva no ponto considerado. O versor **b** definido por

$$\mathbf{b} \equiv \mathbf{t} \times \mathbf{n} \tag{4.7}$$

é o denominado *versor binormal* da curva no ponto considerado. Os três versores **t**, **n** e **b**, nessa ordem, formam o denominado *triedro principal* ou *triedro de Frenet*correspondente ao ponto da curva (Figura 4.3).

Se **r** é o vetor posição de um ponto móvel e t representa o tempo, o vetor velocidade $\mathbf{v}(t)$ pode ser escrito como

$$\begin{aligned}\mathbf{v} &\equiv \dot{\mathbf{r}}\\ &= \left|\dot{\mathbf{r}}\right|\mathbf{t}\\ &= \frac{ds}{dt}\mathbf{t}\\ &= \mathrm{v}\,(t)\,\mathbf{t},\end{aligned} \tag{4.8}$$

e a aceleração pode ser descrita por

$$\begin{aligned}\mathbf{a} &= \dot{\mathbf{v}}\\ &= \dot{\mathrm{v}}\mathbf{t} + \mathrm{v}\dot{\mathbf{t}}\\ &= \dot{\mathrm{v}}\mathbf{t} + \mathrm{v}\left|\dot{\mathbf{t}}\right|\mathbf{n}.\end{aligned} \tag{4.9}$$

A última equação expressa a aceleração em cada ponto da trajetória em função dos versores ortogonais $\mathbf{t}$ e $\mathbf{n}$. O primeiro termo representa a *componente tangencial* da aceleração, e a segunda componente é a chamada *componente centrípeta* ou normal.

Denomina-se *curvatura* de uma curva, sendo representada por k, o módulo do vetor

$$\begin{aligned}\frac{d\mathbf{t}}{ds} &= \frac{d\mathbf{t}}{dt}\frac{dt}{ds}\\ &= \frac{\dot{\mathbf{t}}}{\mathrm{v}},\end{aligned}$$

ou seja,

$$k = \left|\frac{d\mathbf{t}}{ds}\right|.$$

Relacionado à curvatura, o *raio de curvatura*, R, é definido pelo inverso da curvatura, ou seja,

$$R = \frac{1}{k},$$

e a sua interpretação geométrica é a seguinte: o raio de curvatura é o raio da circunferência tangente à curva no ponto considerado e que tem a mesma curvatura que a curva Γ.

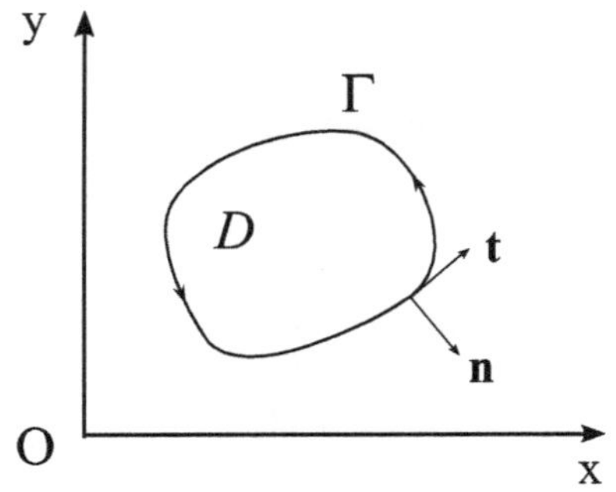

Figura 4.4 – Região D limitada por uma curva Γ. Quando t varia no seu domínio de definição, a curva Γ é percorrida no sentido anti-horário.

4.1.1 Curvas planas

Consideremos uma curva Γ sobre o plano x-y. A partir da expressão 4.5, o versor **t** tangente à curva Γ pode ser escrito como

$$\mathbf{t} = \frac{dx}{ds}\mathbf{i} + \frac{dy}{ds}\mathbf{j}.$$

Supondo que o contorno encerra uma região D, em geral considera-se que quando o parâmetro t toma valores crescentes, a região D se encontra do lado esquerdo da curva Γ que vai sendo percorrida (Figura 4.10).

O vetor normal **n** à curva Γ e exterior à região D pode ser obtida a partir do vetor **t** pela rotação de um ângulo de $-90\,^\circ$ em torno do eixo z. Da Seção 2.6.3, podemos escrever

$$\mathbf{n} = \frac{dy}{ds}\mathbf{i} - \frac{dx}{ds}\mathbf{j}. \tag{4.10}$$

4.2 Áreas e volumes elementares

4.2.1 Coordenadas cartesianas

No cálculo de integrais duplas e triplas, muitas vezes é conveniente escrever as expressões utilizando um sistema de coordenadas mais adequado. No caso das coordenadas cartesianas, por exemplo, em uma expressão como

$$\iint_D f(x, y)\, dx\, dy,$$

$dx\ dy$ representa o elemento de área dA no domínio de integração D e corresponde à área de um paralelogramo de lados dx e dy obtido como resultado da interseção das curvas coordenadas x, $x{+}dx$, y e $y{+}dy$. Similarmente, na integral tripla

$$\iiint_D f(x, y, z)\, dx\, dy\, dz,$$

$dx\ dy\ dz$ representa o elemento de volume dV no domínio de integração D e corresponde ao volume de um paralelepípedo de lados dx, dy e dz obtido como resultado da interseção dos planos coordenados x, $x{+}dx$, y ,$y{+}dy$, z e $z{+}dz$.

4.2.2 Coordenadas curvilíneas

No caso das coordenadas curvilíneas ortogonais, os elementos de área e de volume são obtidos de forma semelhante ao caso das coordenadas cartesianas. Consideremos inicialmente o caso das coordenadas polares planas.

Coordenadas polares planas

Consideremos a região D do plano delimitada pelas curvas coordenadas ρ, $\rho + \Delta\rho$, ϕ e $\phi + \Delta\phi$. A região assim obtida corresponde a um setor circular (Figura 4.5). Levando-se em conta os valores de $\Delta\rho \to 0$ e $\Delta\phi \to 0$, obtemos $d\rho$ e $d\phi$, respectivamente. Assim, as semirretas que determinam o ângulo $d\phi$ tornam-se paralelas, e o arco de circunferência e a corda subtendidos pelo ângulo $d\phi$ tornam-se indistinguíveis. Nesse caso, podemos aproximar o setor circular por um paralelogramo de arestas $\rho\, d\phi$ e $d\rho$ e, portanto, sua área é dada por

$$dA = \rho\, d\rho\, d\phi. \tag{4.11}$$

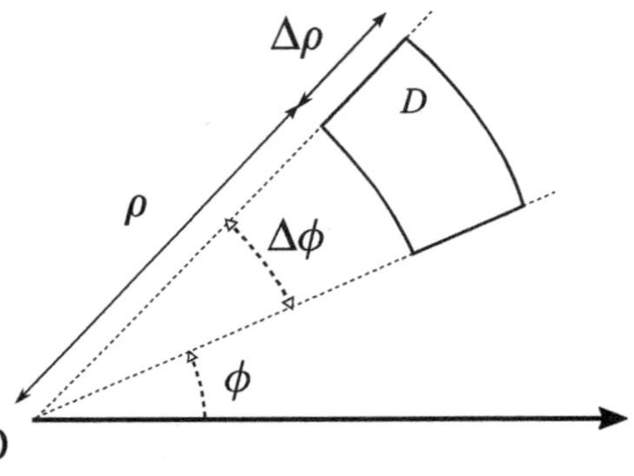

Figura 4.5 – Elemento de área em coordenadas polares planas.

Coordenadas cilíndricas

Em coordenadas cilíndricas, o domínio de integração no espaço é dividido em elementos de volume determinados pelas superfícies coordenadas correspondentes: cilindros e planos. Seja o volume delimitado pelas superfícies cilíndricas concêntricas com o eixo z, ρ e $\rho + \Delta\rho$, pelos planos ϕ e $\phi + \Delta\phi$ que contêm o eixo z e pelos planos z e $z + \Delta z$ paralelos ao plano x-y. O volume corresponderá a uma cunha cilíndrica (Figura 4.6). Considerando o limite dos incrementos $\Delta\rho \to 0$, $\Delta\phi \to 0$ e $\Delta z \to 0$, obtemos os correspondentes incrementos $d\rho$, $d\phi$ e dz, respectivamente. Os planos ϕ e $\phi + d\phi$ tornam-se paralelos, assim como as superfícies cilíndricas ρ e $\rho + d\rho$ tornam-se superfícies planas e paralelas. Dessa forma, o elemento de volume adquire a geometria de um paralelepípedo de arestas $\rho\, d\phi$, $d\rho$ e dz, cujo volume é dado, então, por

$$dV = \rho\, d\rho\, d\phi\, dz. \tag{4.12}$$

Coordenadas esféricas

Consideremos o volume delimitado pelas superfícies esféricas r e $r + \Delta r$, pelas superfícies cônicas θ e $\theta + \Delta\theta$ e pelos planos contendo o eixo z, ϕ e $\phi + \Delta\phi$. O volume corresponderá a uma cunha esférica (Figura 4.7). Considerando o limite dos incrementos $\Delta r \to 0$, $\Delta\theta \to 0$ e $\Delta\phi \to 0$, obtemos os incrementos correspondentes dr, $d\theta$ e $d\phi$. O volume se reduz a um paralelepípedo elementar

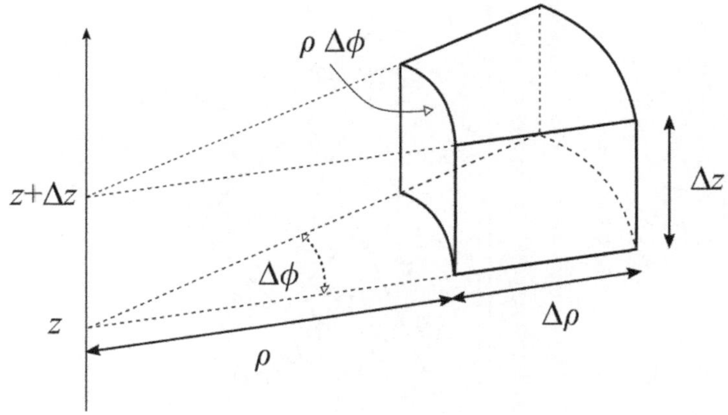

Figura 4.6 – Elemento de volume em coordenadas cilíndricas.

de arestas $r\,d\theta$, $r\,\mathrm{sen}\,\theta\,d\phi$ e dr, respectivamente, cujo volume é dado por

$$dV = r^2 \mathrm{sen}\,\theta\,dr\,d\theta\,d\phi. \tag{4.13}$$

4.3 Integral de linha

Sejam Γ uma curva paramétrica em $\mathbb{R}^3$ e $\mathbf{r}_0$ e $\mathbf{r}_1$ dois pontos da curva correspondentes aos valores t_0 e t_1 do parâmetro t, respectivamente. Define-se a *integral de linha* de uma função f real de $\mathbb{R}^3 \to \mathbb{R}$ sobre a curva Γ entre os pontos $\mathbf{r}_0$ e $\mathbf{r}_1$ a expressão

$$\int_{\mathbf{r}_0}^{\mathbf{r}_1} f\,ds = \int_{t_0}^{t_1} f\left(x\left(t\right), y\left(t\right), z\left(t\right)\right)\left(\dot{x}^2 + \dot{y}^2 + \dot{z}^2\right)^{1/2} dt. \tag{4.14}$$

Por outro lado, a integral de linha de um campo vetorial $\mathbf{F} = \mathrm{F}_x\,\mathbf{i} + \mathrm{F}_y\,\mathbf{j} + \mathrm{F}_z\,\mathbf{k}$ ao longo de uma curva Γ entre os pontos $\mathbf{r}_0$ e $\mathbf{r}_1$ é o novo vetor dado por

$$\int_{\mathbf{r}_0}^{\mathbf{r}_1} \mathbf{F}\,ds = \left(\int_{\mathbf{r}_0}^{\mathbf{r}_1} \mathrm{F}_x\,ds\right)\mathbf{i} + \left(\int_{\mathbf{r}_0}^{\mathbf{r}_1} \mathrm{F}_y\,ds\right)\mathbf{j} + \left(\int_{\mathbf{r}_0}^{\mathbf{r}_1} \mathrm{F}_z\,ds\right)\$\mathbf{k}. \tag{4.15}$$

Exemplos

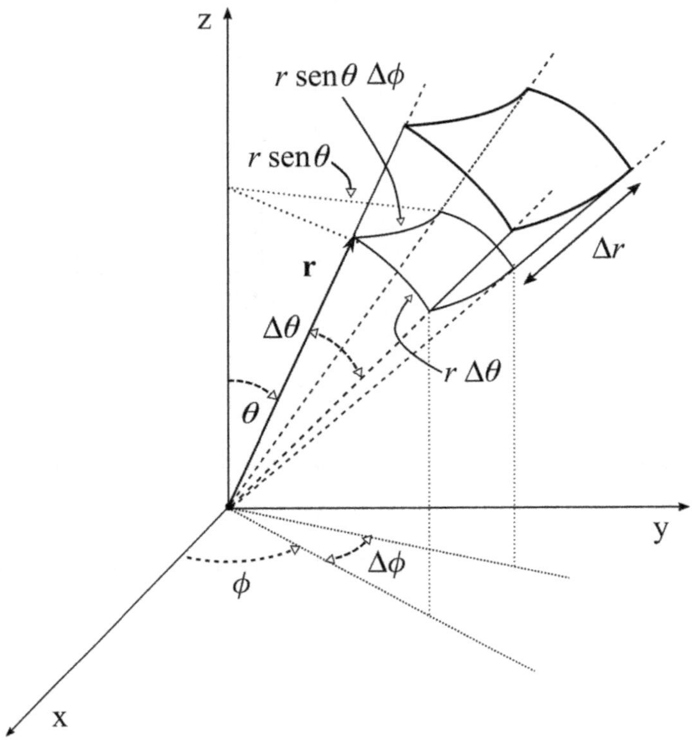

Figura 4.7 – Elemento de volume em coordenadas esféricas.

1. A equação paramétrica de uma circunferência de raio R e com centro na origem de um sistema de coordenadas cartesianas pode ser escrita como $x = R\cos\alpha$, $y = R\,\text{sen}\,\alpha$. A integral de linha da função $f = y - x$ ao longo do arco de circunferência entre os pontos correspondentes a $\alpha = 0$ e $\alpha = \frac{\pi}{2}$ é

$$\int_{\Gamma} f\,ds = \int_{0}^{\pi/2} (y - x)\,R\,d\alpha$$

$$= \int_{0}^{\pi/2} (R\,\text{sen}\,\alpha - R\cos\alpha)\,R\,d\alpha$$

$$= R^2 \int_0^{\pi/2} (\operatorname{sen} \alpha - \cos \alpha)\, d\alpha$$
$$= 0.$$

2. Calculemos a integral de linha da função $f = x^2 - y^2 z + xy$ ao longo da curva definida por $x = 2t^2$, $y = 3t^2$, $z = t^2$ entre os pontos dados por $t = 0$ e $t = 2$:

$$\int_\Gamma f\, ds = \int_0^2 \left(4t^2 - 9t^6 + 6t^3\right)\left(16t^2 + 36t^2 + 4t^2\right)^{1/2} dt$$
$$= \sqrt{56} \int_0^2 \left(4t^3 + 9t^7 + 6t^4\right) dt$$
$$= \sqrt{56} \left[t^4 + \frac{9}{8}t^8 + \frac{4}{3}t^5\right]\Bigg|_0^2.$$

4.4 Circulação

Dados um campo vetorial $\mathbf{F}$ definido numa certa região do espaço e uma curva Γ de comprimento finito contida no domínio de $\mathbf{F}$, define-se a *circulação* do vetor $\mathbf{F}$ ao longo da curva Γ entre os pontos $\mathbf{r}_0$ e $\mathbf{r}_1$ a integral I dada por

$$\begin{aligned} I &= \int_{\mathbf{r}_0}^{\mathbf{r}_1} \mathbf{F} \cdot d\mathbf{r} \\ &= \int_{\mathbf{r}_0}^{\mathbf{r}_1} \mathbf{F} \cdot \mathbf{t}\, ds \\ &= \int_{t_0}^{t_1} \mathbf{F} \cdot \dot{\mathbf{r}}\, dt. \end{aligned} \tag{4.16}$$

Exemplos

1. Seja o campo uniforme $\mathbf{F} = 2\,\mathbf{i}$. A circulação de $\mathbf{F}$ ao longo de um quadrado de aresta igual a 2 centrado na origem do sistema de coordenadas é dado

por

$$\oint \mathbf{F}\cdot d\mathbf{r} = \int_{-1}^{1} 2\,dx$$
$$= 4.$$

2. Seja o campo $\mathbf{F} = x\,\mathbf{i} + xy\,\mathbf{j} + 3\,\mathbf{k}$. A circulação ao longo da curva dada por $x = t$, $y = t$, $z = t^2$ entre os pontos $t = 0$ e $t = 1$ é dada por

$$\begin{aligned}
\int_{\Gamma} \mathbf{F}\cdot d\mathbf{r} &= \int_{0}^{1} \mathbf{F}\cdot\dot{\mathbf{r}}\,dt \\
&= \int_{0}^{1} \left(t\,\mathbf{i} + t^2\,\mathbf{j} + 3\,\mathbf{k}\right)\cdot\left(\mathbf{i} + \mathbf{j} + 2t\,\mathbf{k}\right)dt \\
&= \int_{0}^{1} \left(t + t^2 + 6t\right)dt \\
&= \left.\left(\frac{1}{2}t^2 + \frac{1}{3}t^3 + 3t^2\right)\right|_{0}^{1} \\
&= \frac{23}{6}.
\end{aligned}$$

4.4.1 Circulação de um gradiente

No caso de que um campo vetorial seja um gradiente, é possível estabelecer um importante resultado em relação à sua circulação numa curva fechada.

Seja um campo de gradientes $\mathbf{G} = \nabla g(\mathbf{r})$, onde $g(\mathbf{r})$ é um campo escalar, e considerando a circulação de $\mathbf{G}$ ao longo de uma curva Γ entre os pontos $\mathbf{r}_0$ e $\mathbf{r}_1$. Pela definição de circulação, temos

$$\int_{\mathbf{r}_0}^{\mathbf{r}_1} \mathbf{G}\cdot d\mathbf{r} = \int_{\mathbf{r}_0}^{\mathbf{r}_1} \left(\frac{\partial g}{\partial x}\,dx + \frac{\partial g}{\partial y}\,dy + \frac{\partial g}{\partial z}\,dz\right).$$

O integrando é o diferencial total da função g e, portanto, podemos escrever

$$\int_{\mathbf{r}_0}^{\mathbf{r}_1} \mathbf{G} \cdot d\mathbf{r} = \int_{\mathbf{r}_0}^{\mathbf{r}_1} dg$$
$$= g(\mathbf{r}_1) - g(\mathbf{r}_0)\,. \tag{4.17}$$

Assim, a circulação de um campo de gradientes $\mathbf{G} = \nabla g(\mathbf{r})$ ao longo da curva Γ entre os pontos $\mathbf{r}_0$ e $\mathbf{r}_1$ é simplesmente a diferença entre os valores da função g avaliada nos pontos extremos da curva e, portanto, independe do caminho (curva) entre os pontos extremos. Chegamos, assim, ao importante resultado:

A circulação ao longo de uma curva fechada de um campo de gradientes é nula.

O recíproco desse resultado também pode ser demonstrado.

Teorema 4.1. *Se a circulação de um campo vetorial, supondo contínuas as suas componentes, é nula ao longo de um caminho fechado, então o campo é um campo gradiente.*

Demonstração

Sejam $\mathrm{P_o}(x_o, y_o, z_o)$ e $\mathrm{P}(x, y, z)$ um ponto fixo e um ponto variável, respectivamente, Γ_a e Γ_b duas curvas no domínio do campo vetorial $\mathbf{F}(\mathbf{r})$ que têm os mesmos pontos extremos $\mathrm{P_o}$ e P, e sejam I_a e I_b as circulações do campo $\mathbf{F}$ ao longo das curvas Γ_a e Γ_b, respectivamente (Figura 4.8).

Por hipótese, a circulação do campo ao longo de um caminho fechado formado pelas curvas Γ_a e Γ_b é nula, ou seja,

$$0 = \oint \mathbf{F} \cdot d\mathbf{r}$$
$$= \int_{\substack{\mathrm{P_o} \\ \Gamma_a}}^{\mathrm{P}} \mathbf{F} \cdot d\mathbf{r} + \int_{\substack{\mathrm{P} \\ \Gamma_b}}^{\mathrm{P_o}} \mathbf{F} \cdot d\mathbf{r}.$$

Podemos inverter os extremos na segunda integral, implicando uma circulação em sentido contrário ao longo da curva Γ_b:

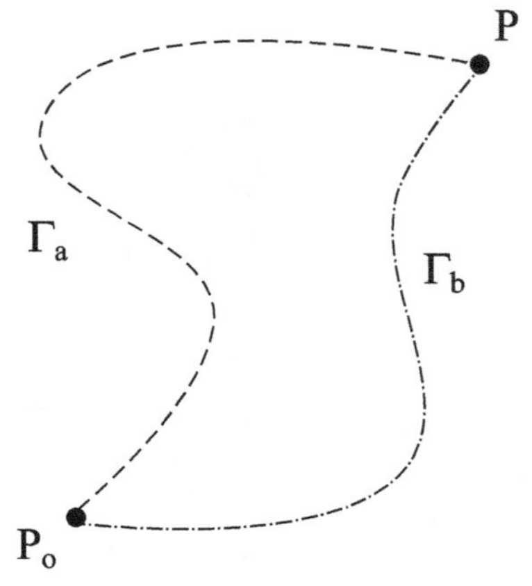

Figura 4.8 – Duas curvas alternativas, Γ_a e Γ_b, ligando os pontos P_o e P.

$$0 = \int_{\substack{P_o \\ \Gamma_a}}^{P} \mathbf{F} \cdot d\mathbf{r} - \int_{\substack{P_o \\ \Gamma_b}}^{P} \mathbf{F} \cdot d\mathbf{r},$$

e, portanto,

$$\int_{\substack{P_o \\ \Gamma_a}}^{P} \mathbf{F} \cdot d\mathbf{r} = \int_{\substack{P_o \\ \Gamma_b}}^{P} \mathbf{F} \cdot d\mathbf{r}.$$

A última expressão indica que $I_a = I_b$, ou seja, a circulação do vetor entre dois pontos qualquer é independente do caminho entre eles, e para um ponto P_o fixo ela é somente uma função do ponto P e, portanto, um campo escalar $I(x, y, z)$:

$$I(x, y, z) = \int_{P_o}^{P} \mathbf{F} \cdot d\mathbf{r} = \int_{x_o, y_o, z_o}^{x, y, z} (F_x\, dx + F_y\, dy + F_z\, dz).$$

Consideremos o ponto $P(x_o + dx, y_o, z_o)$, ou seja, um ponto situado sobre a reta paralela ao eixo x que passa pelo ponto P_o. Nesse caso, podemos escrever

$$I(x_o + dx, y_o, z_o) - I(x_o, y_o, z_o) = \int_{x_o}^{x_o + dx} F_x\, dx,$$

e do teorema fundamental do cálculo integral obtemos $F_x = \frac{\partial I}{\partial x}$. Seguindo um procedimento análogo em relação às outras componentes do campo **F**, chegamos à conclusão de que **F** é o gradiente de uma função escalar. ♦

Trabalho de uma força conservativa

Se o campo vetorial $\mathbf{F}$ representa um campo de forças, a integral de linha dada pela Equação 4.16 é o trabalho W realizado pelo campo de forças ao longo da trajetória Γ entre os pontos $\mathbf{r}_0$ e $\mathbf{r}_1$. As forças que derivam de um potencial são denominadas *forças conservativas* $\mathbf{F}_c$ e podem ser expressadas como

$$\mathbf{F}_c = -\nabla U(\mathbf{r}),$$

onde $U(\mathbf{r})$ é a denominada *energia potencial.* Exemplos são a interação entre cargas elétricas e a interação gravitacional. Consideremos a interação entre duas cargas dadas pela lei de Coulomb. Considerando uma carga Q na origem de um sistema de coordenadas, a força sobre uma carga q a uma distância r de Q é dada por $\mathbf{F} = k\frac{Qq}{r^2}\mathbf{e}_r$. No caso de as cargas terem o mesmo sinal, a força é do tipo repulsiva, e no caso de as cargas terem diferente sinal, a força é atrativa. O trabalho W realizado pela força em um deslocamento da carga q desde o infinito até um ponto localizado a uma distância r da carga Q é dado por

$$\begin{aligned} W &= -\int_{\infty}^{r} \mathbf{F} \cdot d\mathbf{r}' \\ &= -\int_{\infty}^{r} k\frac{Qq}{r'^2} dr' \\ &= kQq \left. \frac{1}{r'} \right|_{\infty}^{r} \\ &= k\frac{Qq}{r}. \end{aligned}$$

A expressão $k\frac{Qq}{r}$ é denominada energia potencial da interação elétrica entre as cargas Q e q.

4.5 Superfícies em $\mathbb{R}^3$

Um ponto $\mathbf{r}$ de uma superfície S tem componentes x, y e z que, em geral, serão funções de dois parâmetros, aqui descritos como u e v. A equação vetorial

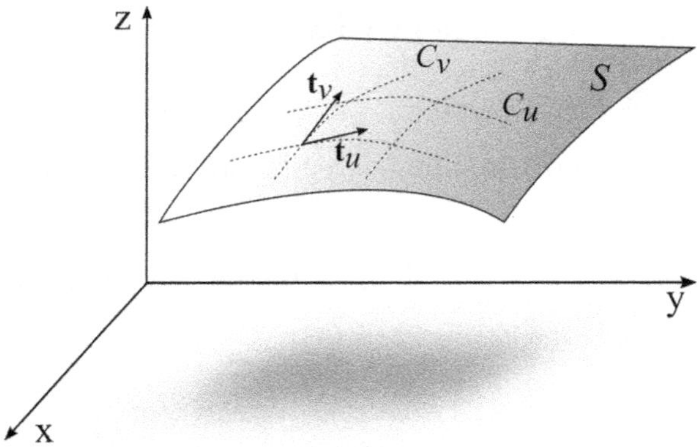

Figura 4.9 – Superfície S e curvas paramétricas C_v e C_u. $\mathbf{t}_u$ e $\mathbf{t}_v$ são dois versores tangentes às curvas C_v e C_u, respectivamente.

paramétrica da superfície pode ser escrita como

$$\mathbf{r}\,(u,v) = x\,(u,v)\,\mathbf{i} + y\,(u,v)\,\mathbf{j} + z\,(u,v)\,\mathbf{k}, \tag{4.18}$$

onde u e v são definidos num certo domínio D de $\mathbb{R}^2$.

Uma superfície é dita *regular* quando as funções que a definem têm derivadas parciais primeiras contínuas. Variando um dos parâmetros dentro do seu domínio de definição enquanto o outro é mantido constante, a Equação 4.18 descreve uma curva sobre a superfície (Figura 4.9), denominada *curva paramétrica*. Os versores tangentes às curvas paramétricas obtidas mantendo u e v respectivamente constantes são

$$\mathbf{t}_u = \frac{1}{\left|\frac{\partial \mathbf{r}}{\partial u}\right|}\frac{\partial \mathbf{r}}{\partial u}, \qquad \mathbf{t}_v = \frac{1}{\left|\frac{\partial \mathbf{r}}{\partial v}\right|}\frac{\partial \mathbf{r}}{\partial v}. \tag{4.19}$$

Nas equações anteriores, os vetores $\frac{\partial \mathbf{r}}{\partial u}$ e $\frac{\partial \mathbf{r}}{\partial u}$ são dados em componentes cartesianas por

$$\frac{\partial \mathbf{r}}{\partial u} = \frac{\partial x}{\partial u}\mathbf{i} + \frac{\partial y}{\partial u}\mathbf{j} + \frac{\partial z}{\partial u}\mathbf{k},$$

$$\frac{\partial \mathbf{r}}{\partial v} = \frac{\partial x}{\partial v}\mathbf{i} + \frac{\partial y}{\partial v}\mathbf{j} + \frac{\partial z}{\partial v}\mathbf{k}.$$

Por cada ponto da superfície passa uma única curva paramétrica de cada tipo, constituindo, portanto, um sistema de coordenadas curvilíneas sobre a superfície. Se os versores $\mathbf{t}_u$ e $\mathbf{t}_v$ são ortogonais em cada ponto da superfície, o sistema de coordenadas curvilíneo é dito *ortogonal.* Caso os versores $\mathbf{t}_u$ e $\mathbf{t}_v$ sejam linearmente independentes, eles determinam um plano tangente à superfície em cada ponto. A normal à superfície no ponto e, portanto, ao plano tangente à superfície é dada pelo versor $\mathbf{n}$, definido por

$$\mathbf{n} = \frac{\mathbf{t}_u \times \mathbf{t}_v}{|\mathbf{t}_u \times \mathbf{t}_v|}. \tag{4.20}$$

Segundo essa definição, o sentido do versor normal será considerado de forma que o triedro formado pelos versores $\mathbf{t}_u$, $\mathbf{t}_v$ e $\mathbf{n}$, nessa ordem, tenha a mesma orientação que o triedro fundamental $\mathbf{i}$, $\mathbf{j}$, $\mathbf{k}$.

Observação

- Caso a superfície seja dada na forma $z = f(x, y)$, podemos escrevê-la na forma paramétrica fazendo as seguintes substituições:

$$x = u, \quad y = v, \quad z = f(u, v). \tag{4.21}$$

Sobre a superfície $\mathbf{r}(u, v)$ pode ser definida uma curva Γ dada em forma paramétrica pelas funções $u = u(t)$ e $v = v(t)$. Assim, a expressão vetorial da curva será dada por

$$\mathbf{r} = \mathbf{r}(t) = \mathbf{r}(u(t), v(t)). \tag{4.22}$$

Um deslocamento infinitesimal $d\mathbf{r}$ ao longo da curva Γ pode ser escrito em termos das derivadas parciais $\frac{\partial \mathbf{r}}{\partial u}$ e $\frac{\partial \mathbf{r}}{\partial v}$, em primeira aproximação,[1] como

$$d\mathbf{r} = \frac{\partial \mathbf{r}}{\partial u} du + \frac{\partial \mathbf{r}}{\partial v} dv,$$

[1]Para uma discussão aprofundada sobre diferenciais de funções vetoriais, veja, por exemplo, volume II de *Calculus*, de T. M. Apostol.

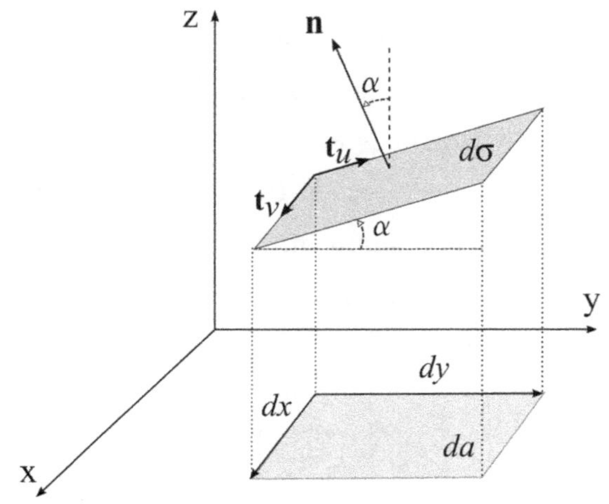

Figura 4.10 – Elemento de área plana retangular $d\sigma$ cujas arestas são paralelas aos versores $\mathbf{t}_u$ e $\mathbf{t}_v$ e o versor $\mathbf{n}$ normal, ao elemento de área. da é a projeção do elemento de área sobre o plano x-y.

e o elemento de arco ds da curva Γ sobre a superfície $\mathbf{r}(u,v)$ será dado por

$$ds = |d\mathbf{r}| = \left|\frac{\partial \mathbf{r}}{\partial u}du + \frac{\partial \mathbf{r}}{\partial v}dv\right|. \tag{4.23}$$

Consideremos, num ponto dado sobre a superfície $\mathbf{r}(u,v)$, um elemento de área plana $d\sigma$ como determinado pelos versores $\mathbf{t}_u$ e $\mathbf{t}_v$, tangentes às curvas coordenadas e cuja normal é $\mathbf{n}$. Sem perda de generalidade, podemos considerar um dos versores paralelo a uma direção contida num plano paralelo ao x-y (na Figura 4.10, o versor $\mathbf{t}_v$), e seja α o ângulo entre o versor $\mathbf{n}$ e o eixo z. Supondo $\cos\alpha \neq 0$, a projeção da superfície $d\sigma$ sobre o plano x-y é o elemento de área $da = dx\,dy$ dada pela relação

$$da = dx\,dy = d\sigma\cos\alpha. \tag{4.24}$$

Exemplos de superfícies em $\mathbb{R}^3$

1- *Esfera de raio R*

As equações paramétricas de uma esfera de raio R e centro na origem de um sistema de coordenadas, exceto as interseções com o eixo z, são dadas em termos dos parâmetros θ e ϕ por

$$x = R \operatorname{sen}\theta \cos\phi, \quad y = R \operatorname{sen}\theta \operatorname{sen}\phi, \quad z = R\cos\theta,$$

para $0 < \theta < \pi$ e $0 \leq \phi < 2\pi$, sendo a sua expressão vetorial paramétrica dada por

$$\mathbf{r}(\theta, \phi) = R \operatorname{sen}\theta \cos\phi\, \mathbf{i} + R \operatorname{sen}\theta \operatorname{sen}\phi\, \mathbf{j} + R\cos\theta\, \vec{k}.$$

Os versores tangentes $\mathbf{t}_\theta$ e $\mathbf{t}_\phi$ são dados, respectivamente, por

$$\mathbf{t}_\theta = \cos\theta\cos\phi\, \mathbf{i} + \cos\theta \operatorname{sen}\phi\, \mathbf{j} - \operatorname{sen}\theta\, \mathbf{k},$$
$$\mathbf{t}_\phi = -\operatorname{sen}\phi\, \mathbf{i} + \cos\phi\, \mathbf{j},$$

e o versor normal $\mathbf{n} = (\mathbf{t}_\theta \times \mathbf{t}_\phi) / |\mathbf{t}_\theta \times \mathbf{t}_\phi|$ é dado por

$$\mathbf{n} = \cos\phi \operatorname{sen}\theta\, \mathbf{i} + \operatorname{sen}\phi \operatorname{sen}\theta\, \mathbf{k} + \cos\theta\, \mathbf{k},$$

os quais coincidem com os versores $\mathbf{e}_\theta$, $\mathbf{e}_\phi$ e $\mathbf{e}_r$ do sistema de coordenadas esféricas (ver Seção 2.9.3).

2- *Toro*

O toro ou toroide é a superfície gerada por uma circunferência que gira em torno de uma reta contida no plano da circunferência, mas que não a corta (Figura 4.11).

As equações paramétricas do toro, em termos dos parâmetros μ e ν, são dadas por

$$x = [R + r\cos\nu]\cos\mu, \quad y = [R + r\cos\nu]\operatorname{sen}\mu, \quad z = r \operatorname{sen}\nu,$$

para $0 \leq \mu < 2\pi$ e $0 \leq \nu < 2\pi$. Os versores $\mathbf{t}_\mu$ e $\mathbf{t}_\nu$ obtidos a partir das equações paramétricas são

$$\mathbf{t}_\mu = -\operatorname{sen}\mu \mathbf{i} + \cos\mu \mathbf{j},$$
$$\mathbf{t}_\nu = -\operatorname{sen}\nu\cos\mu\, \mathbf{i} - \operatorname{sen}\nu \operatorname{sen}\mu\, \mathbf{j} + \cos\nu\, \mathbf{k},$$

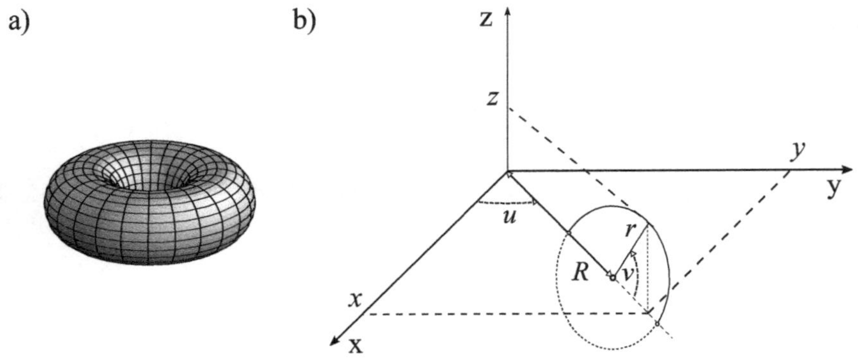

Figura 4.11 – a) Figura de um toro ou toroide. b) Circunferência geratriz de raio R do toro.

e o versor normal $\mathbf{n} = (\mathbf{t}_\mu \times \mathbf{t}_\nu) / |\mathbf{t}_\mu \times \mathbf{t}_\nu|$ é

$$\mathbf{n} = \cos\mu\cos\nu\,\mathbf{i} + \operatorname{sen}\mu\cos\nu\,\mathbf{j} + \operatorname{sen}\nu\,\mathbf{k}.$$

4.6 Fluxo de um campo vetorial

Sejam um campo vetorial $\mathbf{F}$ e uma superfície S dada em forma paramétrica pelas equações

$$x = x(\mu, \nu), \quad y = y(\mu, \nu), \quad z = z(\mu, \nu),$$

onde μ e ν são parâmetros independentes que variam dentro de um domínio D e as funções x, y e z possuem derivadas parciais primeiras contínuas no domínio considerado. Denomina-se *fluxo* do campo vetorial através da superfície S a integral de superfície, sendo representado por Φ, dado pela expressão

$$\Phi = \int_D \mathbf{F} \cdot d\vec{\sigma}, \tag{4.25}$$

onde $d\boldsymbol{\sigma}$ é o vetor elemento de área da superfície, cuja direção é normal à superfície no ponto e com orientação positiva (ver Anexo B).

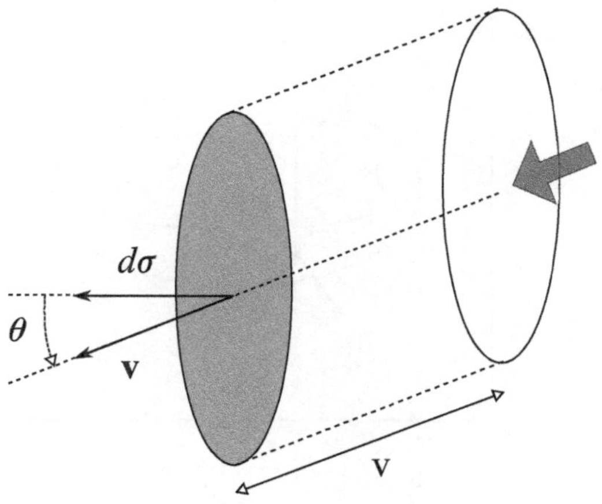

Figura 4.12 – A massa de fluido que se move com velocidade $\mathbf{v}$ e que atravessa o elemento de área $d\sigma$ por unidade de tempo está contida num cilindro de geratriz v, paralela à direção de movimento do fluido, e base $d\sigma \cos\theta$.

4.6.1 Interpretação física do fluxo de um campo

Suponhamos um fluido em movimento. A velocidade que o fluido possui em cada ponto de sua massa é dado pelo campo vetorial $\mathbf{v}(\mathbf{r})$. Consideremos um elemento de área superficial $d\sigma$ que faz um ângulo θ com a direção de $\mathbf{v}$. Durante a unidade de tempo, a superfície elementar $d\sigma$ será atravessada pelo fluido contido dentro de um cilindro de geratriz v e volume $d\sigma \cos\theta\, \mathrm{v} = d\boldsymbol{\sigma} \cdot \mathbf{v}$ (Figura 4.12). Ou seja, o fluxo é igual ao volume de fluido que atravessa a projeção da área $d\sigma$ sobre a direção do movimento do fluxo na unidade de tempo.

4.7 Teorema da divergência

O teorema da divergência, também conhecido como teorema de Gauss, estabelece uma relação entre a integral de superfície de um campo vetorial e a integral no volume limitado pela superfície, da divergência do mesmo campo. A sua aplicabilidade não se limita à física, sendo uma ferramenta matemática de grande utilidade. Uma demonstração rigorosa do teorema da divergência está fora do objetivo desta obra e pode ser encontrada em livros de cálculo vetorial. A seguir,

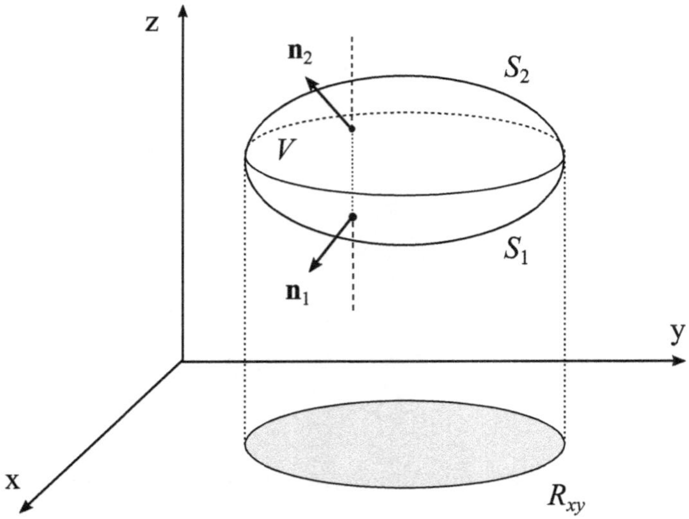

Figura 4.13 – Superfície fechada S formada pelas superfícies abertas S_1 e S_2 e os versores normais $\mathbf{n}_1$ e $\mathbf{n}_2$. R_{xy} é a projeção de S sobre o plano x-y.

apresentaremos uma derivação não rigorosa, mas que expõe os pontos principais que devem ser destacados em relação a esse importante resultado.

Teorema 4.2. *Dado um campo vetorial* $\mathbf{F}(\mathbf{r})$ *com derivadas parciais de primeira ordem contínuas sobre um volume V e na superfície S que o limita, o fluxo de* $\mathbf{F}$ *através da superfície fechada e orientada S, na direção da normal exterior de S, é igual à integral de volume da divergência de* $\mathbf{F}$ *sobre o volume V:*

$$\oint_S \mathbf{F} \cdot \mathbf{n}\, d\sigma = \int_V \nabla \cdot \mathbf{F}\, dV. \tag{4.26}$$

Demonstração

Seja uma superfície fechada S, a qual limita um volume V do espaço e cumpre as seguintes condições:

1. Toda reta paralela ao eixo z e que passe pela superfície S corta esta em dois pontos, um superior e um inferior, ou é tangente a ela. Nesse último caso, a superfície S pode conter um segmento da reta.

2. Os pontos de interseção superior e inferior formam duas superfícies abertas, S_2 e S_1, respectivamente, dadas pelas equações

$$z_2 = f_2(x, y), \quad z_1 = f_1(x, y),$$

onde f_1 e f_2 são funções uniformes definidas na região R_{xy} do plano x-y, a qual é a projeção da superfície S sobre o plano x-y, e admitem derivadas parciais contínuas em R_{xy} (Figura 4.13).

3. Retas traçadas paralelamente aos eixos x e y satisfazem condições equivalentes às estabelecidas em 1- e 2- para o eixo z.

Assumidas essas condições sobre a superfície S que limita o volume V, consideremos agora um campo vetorial $\mathbf{F}(\mathbf{r}) = \mathrm{F}_x(\mathbf{r})\,\mathbf{i} + \mathrm{F}_y(\mathbf{r})\,\mathbf{j} + \mathrm{F}_z(\mathbf{r})\,\mathbf{k}$ definido em V com derivadas parciais de primeira ordem contínuas em V e sobre S. Calculemos a seguinte integral:

$$I_z = \int\limits_V \frac{\partial \mathrm{F}_z}{\partial z} dx\, dy\, dz.$$

Integrando em relação à coordenada z na expressão anterior, obtemos

$$I_z = \int\limits_{R_{xy}} \left[F_z(x, y, f_2(x, y)) - F_z(x, y, f_1(x, y))\right] dx\, dy. \tag{4.27}$$

Consideremos as normais $\mathbf{n}_1$ e $\mathbf{n}_2$, exteriores ao volume V. No caso da superfície S_1, a normal $\mathbf{n}_1$ e $\mathbf{k}$ determinam um ângulo maior que $\pi/2$. Assim, o elemento de área $dx\ dy$ pode ser escrito como

$$\begin{aligned} dx\, dy &= \mathbf{k} \cdot \mathbf{n}_2\ d\sigma \qquad \text{para } S_2, \\ dx\, dy &= -\mathbf{k} \cdot \mathbf{n}_1\ d\sigma \qquad \text{para } S_1, \end{aligned} \tag{4.28}$$

onde consideramos $d\sigma$ sempre positivo. Levando em conta as relações 4.28, a Equação 4.27 pode ser escrita como

$$I_z = \int\limits_{S_2} F_z(x, y, f_2(x, y))\, \mathbf{k} \cdot \mathbf{n}_2 \cdot\ d\sigma + \int\limits_{S_1} F_z(x, y, f_1(x, y))\, \mathbf{k} \cdot \mathbf{n}_1\ d\sigma. \tag{4.29}$$

Como sobre a lateral da superfície S os versores $\mathbf{n}$ e $\mathbf{k}$ são ortogonais, a integral pode ser considerada efetuada sobre toda a superfície. Assim,

$$I_z = \int_V \frac{\partial \mathrm{F}_z}{\partial z} dV = \oint_S F_z \, \mathbf{k} \cdot \mathbf{n} \, d\sigma.$$

Uma análise similar nos permite obter as seguintes expressões em relação às outras componentes do campo:

$$I_x = \int_V \frac{\partial \mathrm{F}_x}{\partial x} dV = \oint_S F_x \, \mathbf{i} \cdot \mathbf{n} \, d\sigma,$$

$$I_y = \int_V \frac{\partial \mathrm{F}_y}{\partial y} dV = \oint_S F_y \, \mathbf{j} \cdot \mathbf{n} \, d\sigma.$$

Fazendo a soma das três integrais, obtemos:

$$\int_V \left(\frac{\partial \mathrm{F}_x}{\partial x} + \frac{\partial \mathrm{F}_y}{\partial y} + \frac{\partial \mathrm{F}_z}{\partial z} \right) dV = \oint_S (F_x \, \mathbf{i} + F_y \, \mathbf{j} + F_z \, \mathbf{k}) \cdot \mathbf{n} \, d\sigma,$$

ou seja,

$$\int_V \nabla \cdot \mathbf{F} \, dV = \oint_S \mathbf{F} \cdot \mathbf{n} \, d\sigma. \quad \blacklozenge$$

O teorema da divergência é válido para superfícies de formas mais gerais sempre que seja possível a divisão do seu volume em volumes menores, cujas superfícies satisfaçam as condições impostas pelo teorema. Nesse caso, somando as contribuições dos volumes e as superfícies parciais na integral equivalente a 4.29, os elementos de área comuns a duas superfícies terão as suas normais exteriores dirigidas em sentido contrário e as suas contribuições na integral de superfície serão canceladas.

4.8 Definições intrínsecas de gradiente, divergência e rotacional

Gradiente

Seja $f(\mathbf{r})$ uma função escalar contínua e derivável num ponto P (x, y, z). Uma definição alternativa de gradiente de um campo escalar $f(\mathbf{r})$ é dada pela seguinte expressão:

$$\lim_{\Delta\tau \to 0} \frac{\oint\limits_S f(\mathbf{r}')\, d\sigma}{\Delta\tau} = \operatorname{grad} f(\mathrm{P}), \tag{4.30}$$

onde $\Delta\tau$ é um elemento de volume centrado no ponto P e S é a superfície fronteira do elemento de volume.

Demonstração

Sem perda de generalidade, utilizaremos o sistema de coordenadas cartesianas. Assim, consideremos um elemento de volume cúbico de aresta δ com centro no ponto $P(x, y, z)$. A fronteira do elemento de volume é formada por 6 regiões quadradas localizadas sobre superfícies coordenadas do sistema cartesiano, os quais são os planos $y - z\,(x = \text{cte})$, $x - z\,(y = \text{cte})$ e $x - y\,(z = \text{cte})$, e, portanto, o volume $\Delta\tau$ será a região do espaço limitado por regiões quadradas sobre as superfícies coordenadas $x + \delta/2, x - \delta/2, y + \delta/2$, $y - \delta/2$, $z + \delta/2$ e $z - \delta/2$. Assim, é possível escrever a integral sobre a superfície fechada S com uma soma de seis integrais de superfície, em correspondência às 6 faces do elemento de volume $\Delta\tau$. Consideremos os termos que envolvem as superfícies $x + \delta/2$ e $x - \delta/2$:

$$\mathbf{I}_x = \int\limits_{S_{x+\delta/2}} f(\mathbf{r}')\, d\boldsymbol{\sigma} + \int\limits_{S_{x-\delta/2}} f\left(\vec{r'}\right) d\sigma.$$

Cada uma das integrais envolve uma integração nas variáveis y' e z' nos domínios $y - \frac{\delta}{2} \leq y' \leq y + \frac{\delta}{2}$ e $z - \frac{\delta}{2} \leq z' \leq z + \frac{\delta}{2}$, respectivamente, e $d\sigma$ é o vetor elemento de área infinitesimal exterior ao elemento de volume, $d\sigma = \pm dy'dz'\mathbf{i}$, onde o sinal $+(-)$ corresponde à superfície $x + \delta/2$ $(x - \delta/2)$. Supondo o elemento de volume infinitesimal, podemos aproximar a função $f(\mathbf{r}')$ pelo seu desenvolvimento em Série de Taylor até 1ª ordem em torno dos pontos centrais $\left(x \pm \frac{\delta}{2}, y, z\right)$ das superfícies quadradas:

$$f\left(\mathbf{r}'\right)_{\pm} = f\left(x \pm \frac{\delta}{2}, y, z\right) + \left.\frac{\partial f}{\partial y}\right|_{x\pm\frac{\delta}{2},y,z} \left(y' - y\right) + \left.\frac{\partial f}{\partial z}\right|_{x\pm\frac{\delta}{2},y,z} \left(z' - z\right) + O\left(\delta^2\right).$$

A integral dos termos lineares dos desenvolvimentos em Série de Taylor sobre as superfícies $x \pm \delta/2$ se anulam identicamente. Assim,

$$\begin{aligned}
\mathbf{I}_x &= f\left(x + \frac{\delta}{2}, y, z\right)\delta^2\,\mathbf{i} - f\left(x - \frac{\delta}{2}, y, z\right)\delta^2\,\mathbf{i} + O\left(\delta^4\right) \\
&= \left[f\left(x + \frac{\delta}{2}, y, z\right) - f\left(x - \frac{\delta}{2}, y, z\right)\right]\delta^2\,\mathbf{i} + O\left(\delta^4\right) \\
&= \left.\frac{\partial f}{\partial x}\right|_P \Delta\tau\,\mathbf{i} + O\left(\left(\Delta\tau\right)^2\right).
\end{aligned}$$

Obtemos expressões similares para os termos restantes da integral de superfície:

$$\mathbf{I}_y = \left.\frac{\partial f}{\partial y}\right|_P \Delta\tau\,\mathbf{j} + O\left(\left(\Delta\tau\right)^2\right), \tag{4.31}$$

$$\mathbf{I}_z = \left.\frac{\partial f}{\partial z}\right|_P \Delta\tau\,\mathbf{k} + O\left(\left(\Delta\tau\right)^2\right). \tag{4.32}$$

A integral sobre a superfície S pode ser escrita como

$$\oint_S f\left(\mathbf{r}'\right)d\sigma = \left[\left.\frac{\partial f}{\partial x}\right|_P \mathbf{i} + \left.\frac{\partial f}{\partial y}\right|_P \mathbf{j} + \left.\frac{\partial f}{\partial z}\right|_P \mathbf{k}\right]\Delta\tau + O\left(\left(\Delta\tau\right)^2\right).$$

Dividindo a expressão anterior por $\Delta\tau$ e tomando o limite da expressão anterior para $\Delta\tau \to 0$, obtemos a expressão do gradiente em coordenadas cartesianas avaliado no ponto P, ou seja,

$$\lim_{\Delta\tau\to 0}\frac{\oint_S f\left(\mathbf{r}'\right)d\sigma}{\Delta\tau} = \operatorname{grad} f\left(P\right). \quad \blacklozenge$$

A partir da mesma definição integral do gradiente, é possível obter as expressões deste nos demais sistemas de coordenadas.

Divergência

Consideremos um campo vetorial $\mathbf{F}$ que satisfaça as condições impostas pelo teorema da divergência e apliquemos a fórmula 4.26 a um volume infinitesimal $\Delta\tau$ e à sua superfície Δs que envolvam o ponto $\mathrm{P}\left(x_{\mathrm{o}}, y_{\mathrm{o}}, z_{\mathrm{o}}\right)$. Como a função é contínua no volume infinitesimal $\Delta\tau$, podemos aproximar a integral de volume por

$$\int_{\Delta\tau} \nabla \cdot \mathbf{F}\, dV \simeq \nabla \cdot \mathbf{F}\left(\mathrm{P}\right) \Delta\tau.$$

Assim, a fórmula 4.26 pode ser reescrita como

$$\nabla \cdot \mathbf{F}\left(\mathrm{P}\right) = \lim_{\Delta\tau \to 0} \frac{\oint_{\Delta s} \mathbf{F} \cdot \mathbf{n}\, d\sigma}{\Delta\tau}. \tag{4.33}$$

Rotor

Apliquemos o teorema da divergência ao campo vetorial $\mathbf{F} \times \mathbf{B}$, onde $\mathbf{B}$ é um vetor constante arbitrário em um volume infinitesimal $\Delta\tau$ e à sua superfície Δs que envolvam o ponto P. Pela relação 3.47, temos

$$\nabla \cdot \left(\mathbf{F} \times \mathbf{B}\right) = \left(\nabla \times \mathbf{F}\right) \cdot \mathbf{B}.$$

Por outro lado, pela propriedade 2.13 do produto misto, temos

$$\left(\mathbf{F} \times \mathbf{B}\right) \cdot \mathbf{n} = -\left(\mathbf{F} \times \mathbf{n}\right) \cdot \mathbf{B}.$$

Aplicando esses resultados na expressão do teorema da divergência, obtemos

$$\int_{\Delta\tau} \nabla \cdot (\mathbf{F} \times \mathbf{B})\, dV = \oint_{\Delta s} (\mathbf{F} \times \mathbf{B}) \cdot \mathbf{n}\, d\sigma$$

$$\int_{\Delta\tau} (\nabla \times \mathbf{F}) \cdot \mathbf{B}\, dV = \oint_{\Delta s} -(\mathbf{F} \times \mathbf{n}) \cdot \mathbf{B}\, d\sigma$$

$$\mathbf{B} \cdot \int_{\Delta\tau} (\nabla \times \mathbf{F})\, dV = \mathbf{B} \cdot \oint_{\Delta s} -(\mathbf{F} \times \mathbf{n})\, d\sigma.$$

A última identidade deve ser satisfeita para qualquer vetor constante **B**, portanto

$$\int_{\Delta\tau} (\nabla \times \mathbf{F})\, dV = \oint_{\Delta s} -(\mathbf{F} \times \mathbf{n})\, d\sigma,$$

e tomando o limite para $\Delta\tau \to 0$, obtemos

$$\nabla \times \mathbf{F}\,(\mathrm{P}) = -\lim_{\Delta\tau \to 0} \frac{\oint_{\Delta \mathrm{s}} (\mathbf{F} \times \mathbf{n})\, d\sigma}{\Delta\tau}. \tag{4.34}$$

As definições alternativas dos três operadores anteriores têm a vantagem de prescindir de um determinado sistema de coordenadas, o qual torna evidente o fato de serem invariantes ante uma mudança no sistema de coordenadas.

Aplicação na eletrostática: a lei de Gauss

Uma aplicação importante do teorema da divergência encontra-se no eletromagnetismo, mais especificamente na eletrostática. Consideremos a equação de Maxwell correspondente à divergência do campo elétrico **E** (Equação 3.37):

$$\nabla \cdot \mathbf{E} = \frac{\rho}{\varepsilon_o}.$$

Aplicando o teorema da divergência para o campo elétrico **E** no volume V limitado pela superfície S, obtemos

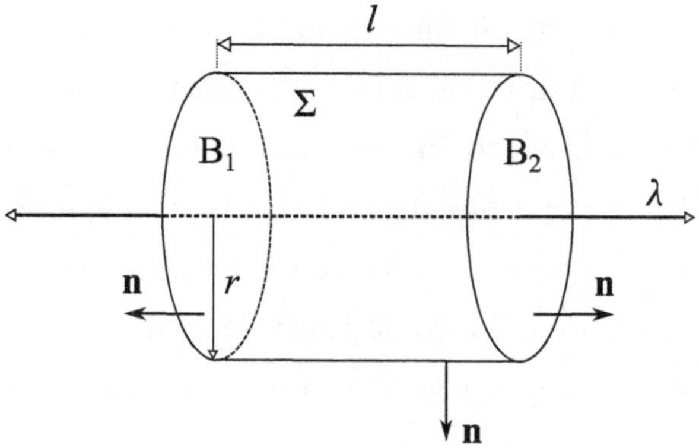

Figura 4.14 – Superfície gaussiana cilíndrica Σ de raio r e comprimento l associada a uma linha de carga infinita cuja densidade linear é λ. B_i são as bases do cilindro e **n**'s são normais externas à superfície.

$$\begin{aligned}\int_S \mathbf{E}\cdot\mathbf{n}\,d\sigma &= \int_V \nabla\cdot\mathbf{E}\,dV\\ &= \frac{1}{\varepsilon_o}\int_V \rho\,dV\\ &= \frac{q}{\varepsilon_o},\end{aligned}$$

onde q é a carga total dentro da região envolvida pela superfície S, denominada superfície gaussiana. Essa relação, denominada lei de Gauss, permite obter o campo elétrico de forma simples e elegante em situações em que há uma distribuição de carga para a qual possa ser usado um argumento de simetria.

Exemplo

Consideremos novamente o problema de determinar o campo elétrico **E** criado por uma linha infinita de carga elétrica positiva cuja densidade linear de carga, λ, seja finita (Figura 4.14).

Por simetria, esperamos que o campo elétrico em um dado ponto do espaço tenha uma direção radial em relação à linha de carga e cujo módulo seja função somente da distância r à linha de carga. Consideremos uma superfície gaussiana cilíndrica de raio r e comprimento l cujo eixo coincida com a linha de carga. O versor $\mathbf{n}$, normal e exterior à superfície, terá uma direção radial sobre a superfície lateral do cilindro e será paralelo à linha de carga nas bases. Escrevendo a lei de Gauss para esse campo, a integral sobre a superfície total do cilindro pode ser decomposta em três termos: um para a integral sobre a superfície lateral e os outros dois para as integrais sobre as bases:

$$\oint_S \mathbf{E}\cdot\mathbf{n}\,d\sigma = \int_{\sum} \mathbf{E}\cdot\mathbf{n}\,d\sigma + \int_{S_1} \mathbf{E}\cdot\mathbf{n}\,d\sigma + \int_{S_2} \mathbf{E}\cdot\mathbf{n}\,d\sigma.$$

As integrais sobre as bases se anulam, pois nelas $\mathbf{E}\cdot\mathbf{n} = 0$. Por outro lado, sobre a superfície lateral $\sum$, o campo elétrico tem um módulo constante e $\mathbf{E}$ e $\mathbf{n}$ são paralelos e do mesmo sentido. Assim,

$$\begin{aligned}\oint_S \mathbf{E}\cdot\mathbf{n}\,d\sigma &= \int_{\sum} \mathbf{E}\cdot\mathbf{n}\,d\sigma \\ &= \mathrm{E}\int_{\sum} d\sigma \\ &= \mathrm{E}\,2\pi r\,l.\end{aligned}$$

Substituindo na lei de Gauss para a superfície gaussiana escolhida, obtemos

$$\begin{aligned}\mathrm{E}\,2\pi r\,l &= \frac{\rho}{\varepsilon_o} \\ &= \frac{\lambda l}{\varepsilon_o}.\end{aligned}$$

Portanto, o módulo do campo elétrico $\mathrm{E}\,(r)$ para uma distribuição de carga linear e infinita de densidade linear λ é dado por

$$\mathrm{E} = \frac{\lambda}{2\pi\varepsilon_o r}.$$

4.9 Fórmulas de Green

A partir do teorema da divergência pode ser obtida uma série de identidades muito úteis, conhecidas como *fórmulas de Green.*

Sejam $\varphi(\mathbf{r})$ e $\psi(\mathbf{r})$ dois campos escalares definidos em um certo volume V e sobre a superfície S que o limita, com derivadas parciais até segunda ordem contínuas sobre V e S. Supomos também que S satisfaz as condições exigidas pelo teorema da divergência e o aplicamos ao campo vetorial $\varphi\,\nabla\psi$. Assim,

$$\int_V \nabla\cdot(\varphi\,\nabla\psi)\,dV = \oint_S \varphi\,\nabla\psi\cdot\mathbf{n}\,d\sigma.$$

Lembrando que

$$\nabla\cdot(\varphi\,\nabla\psi) = \nabla\varphi\cdot\nabla\psi + \varphi\,\nabla^2\psi$$

e que

$$\nabla\psi\cdot\mathbf{n} = \frac{d\psi}{d\mathbf{n}}$$

é a derivada direcional de ψ na direção da normal à superfície, obtemos

$$\int_V \left(\nabla\varphi\cdot\nabla\psi + \varphi\,\nabla^2\psi\right)dV = \oint_S \varphi\frac{d\psi}{d\mathbf{n}}\,d\sigma, \tag{4.35}$$

denominada *primeira fórmula de Green.*

Trocando de lugar os campos φ e ψ na Equação 4.35 e fazendo a diferença de ambas as expressões, obtemos

$$\int_V \left(\varphi\,\nabla^2\psi - \psi\,\nabla^2\varphi\right)dV = \oint_S \left(\varphi\frac{d\psi}{d\mathbf{n}} - \psi\frac{d\varphi}{d\mathbf{n}}\right)d\sigma, \tag{4.36}$$

expressão conhecida como a *segunda fórmula de Green.*

Consideremos agora o campo escalar φ como sendo $\varphi = {}^1\!/_r$, onde r é a distância de um ponto qualquer $\mathrm{P}(x, y, z)$ a um ponto fixo $\mathrm{P_o}(a, b, c)$, interior a um volume V limitado por uma superfície S, a qual satisfaz as condições de aplicabilidade do teorema da divergência:

$$r = \sqrt{(x-a)^2 + (y-b)^2 + (z-c)^2}.$$

A função φ tem a propriedade de que seu laplaciano é nulo em todo o espaço, exceto no ponto P_o, onde a função tem uma singularidade. Apliquemos a segunda identidade de Green à função φ como definida anteriormente, considerando um volume V do qual é excluído um pequeno volume esférico V_ε de raio ε e centro no ponto P_o. Denominando de V' e S' o volume e a superfície resultantes, respectivamente, podemos escrever:

$$\int_{V'} \varphi\, \nabla^2 \psi \, dV = \int_{S'} \left(\varphi \frac{d\psi}{d\mathbf{n}} - \psi \frac{d\varphi}{d\mathbf{n}} \right) d\sigma. \tag{4.37}$$

Observemos que a superfície S' inclui a superfície original S e a superfície S_ε da esfera de raio ε e centro em P_o:

$$\int_{V'} \frac{\nabla^2 \psi}{r} \, dV = \int_{S} \left(\frac{1}{r}\frac{d\psi}{d\mathbf{n}} - \psi \frac{d}{d\mathbf{n}}\left(\frac{1}{r}\right) \right) d\sigma + \int_{S_\varepsilon} \left(\frac{1}{r}\frac{d\psi}{d\mathbf{n}} - \psi \frac{d}{d\mathbf{n}}\left(\frac{1}{r}\right) \right) d\sigma. \tag{4.38}$$

Calculemos o valor da derivada direcional sobre a superfície S_ε. O versor $\mathbf{n}$, o qual é exterior à superfície S_ε, está dirigido radialmente e no sentido do ponto P_o. Escolhendo um sistema de coordenadas esféricas com centro em P_o, podemos escrever $\mathbf{n} = -\mathbf{e}_r$ e $\mathbf{r} = r\,\mathbf{e}_r$. Assim,

$$\nabla\left(\frac{1}{r}\right) = -\frac{\mathbf{e}_r}{r^2}$$

e

$$\begin{aligned}
\frac{d}{d\mathbf{n}}\left(\frac{1}{r}\right) &= \nabla\left(\frac{1}{r}\right)\cdot\mathbf{n} \\
&= -\frac{\mathbf{e}_r}{r^2}\cdot(-\mathbf{e}_r) \\
&= \frac{1}{r^2}.
\end{aligned} \tag{4.39}$$

Portanto,

$$\begin{aligned}
\int\limits_{S_\varepsilon}\left(\frac{1}{r}\frac{d\psi}{d\mathbf{n}}-\psi\frac{d}{d\mathbf{n}}\left(\frac{1}{r}\right)\right)d\sigma &= \int\limits_{S_\varepsilon}\left(\frac{1}{\varepsilon}\frac{d\psi}{d\mathbf{n}}-\frac{\psi}{\varepsilon^2}\right)\varepsilon^2\text{sen}\,\theta\,d\theta\,d\phi \\
&= \int\limits_{S_\varepsilon}\left(\varepsilon\frac{d\psi}{d\mathbf{n}}-\psi\right)\text{sen}\,\theta\,d\theta\,d\phi.
\end{aligned}$$

Por outro lado, a integral de volume pode ser escrita como

$$\begin{aligned}
\int\limits_{V'}\frac{\nabla^2\psi}{r}dV &= \int\limits_{V}\frac{\nabla^2\psi}{r}dV - \int\limits_{V_\varepsilon}\frac{\nabla^2\psi}{r}dV \\
&= \int\limits_{V}\frac{\nabla^2\psi}{r}dV - \int\limits_{V_\varepsilon}\nabla^2\psi\, r\,\text{sen}\,\theta\,dr\,d\theta\,d\phi.
\end{aligned} \tag{4.40}$$

Consideremos o limite das integrais de volume e superfície sobre a esfera de raio ε para $\varepsilon\to 0$. Pelas condições de continuidade da função ψ e de suas derivadas, $|d\psi/d\mathbf{n}|$ é limitado sobre a superfície da esfera de raio ε. Assim,

$$\lim_{\varepsilon\to 0}\int\limits_{S_\varepsilon}\left(\varepsilon\frac{d\psi}{d\mathbf{n}}-\psi\right)\text{sen}\,\theta\,d\theta\,d\phi = -4\pi\psi\left(P_o\right),$$

onde $\psi(\mathrm{P_o})$ é o valor da função ψ avaliada no ponto $\mathrm{P_o}$. Em relação à integral de volume sobre o volume V_ε, seu limite para $\varepsilon\to 0$ é dado por

$$\lim_{\varepsilon\to 0}\int\limits_{V_\varepsilon}\nabla^2\psi\, r\,\text{sen}\,\theta\,dr\,d\theta\,d\phi = 0.$$

Portanto, podemos reescrever a Equação 4.37 tomando o limite para $\varepsilon \to 0$ nas Equações 4.38 e 4.40, obtendo, assim a expressão

$$4\pi\psi\left(\mathrm{P_o}\right) = -\int_V \frac{\nabla^2\psi}{r}\, dV + \int_S \left(\frac{1}{r}\frac{d\psi}{d\mathbf{n}} - \psi\frac{d}{d\mathbf{n}}\left(\frac{1}{r}\right)\right) d\sigma, \tag{4.41}$$

conhecida como *terceira identidade de Green.*

Duas outras relações interessantes são obtidas a partir da primeira e segunda identidades de Green. Se na Equação 4.35 fazemos $\varphi = \psi$, obtemos

$$\int_V \left(|\nabla\varphi|^2 + \varphi\,\nabla^2\varphi\right) dV = \oint_S \varphi\,\frac{d\varphi}{d\mathbf{n}}\, d\sigma, \tag{4.42}$$

e se na Equação 4.36 fazemos $\psi = 1$, obtemos

$$\int_V \nabla^2\varphi\, dV = \oint_S \frac{d\varphi}{d\mathbf{n}}\, d\sigma. \tag{4.43}$$

4.10 Teorema da divergência no plano

Consideremos um campo vetorial $\mathbf{F}$ sobre um domínio D no plano x-y, limitado por uma curva Γ, com derivadas parciais contínuas sobre D e Γ. Apliquemos o teorema da divergência a um campo vetorial $\mathbf{F}'(x, y, z) = \mathbf{F}(x, y)$ definido em um volume V determinado por um cilindro de base D e altura Δz, e seja S a sua superfície:

$$\int_V \nabla \cdot \mathbf{F}'\, dV = \oint_S \mathbf{F}' \cdot \mathbf{n}\, d\sigma.$$

Observemos que:

1. sobre as bases, $\mathbf{F} \cdot \mathbf{n} = 0$;

2. a normal $\mathbf{n}$ à superfície em qualquer ponto da superfície lateral é igual à normal à curva Γ sobre o plano x-y;

3. o elemento de superfície $d\sigma$ é igual ao comprimento de arco ds da curva Γ, pela altura Δz;

4. $dV = dx\, dy\, \Delta z$.

Como pela definição o campo $\mathbf{F}'$ é independente da coordenada z, integrando as expressões anteriores em relação à coordenada z e tomando o limite $\Delta z \to 0$, obtemos

$$\int_D \nabla \cdot \mathbf{F}\ dx\, dy = \oint_\Gamma \mathbf{F} \cdot \mathbf{n}\ ds, \tag{4.44}$$

a expressão do teorema da divergência aplicado ao plano. Levando em conta a Equação 4.10, a integral sobre o contorno Γ da Equação 4.44 pode ser escrita como

$$\begin{aligned}\int_D \nabla \cdot \mathbf{F}\ dx\, dy &= \oint_\Gamma \mathbf{F} \cdot \left(\frac{dy}{ds}\,\mathbf{i} - \frac{dx}{ds}\,\mathbf{j}\right) ds \\ &= \oint_\Gamma \mathbf{F} \cdot (dy\,\mathbf{i} - dx\,\mathbf{j}),\end{aligned}$$

portanto

$$\int_D \left(\frac{\partial F_x}{\partial x} + \frac{\partial F_y}{\partial y}\right) dx\, dy = \oint_\Gamma (F_x\, dy - F_y\, dx). \tag{4.45}$$

A Equação 4.45 é válida também para um campo vetorial $\mathbf{F}'$, cujas componentes são definidas por $F'_x = F_y$ e $F'_y = F_x$. Nesse caso, a Equação 4.45 aplicada ao campo $\mathbf{F}'$ é escrita da seguinte maneira:

$$\int_D \left(\frac{\partial F_y}{\partial x} - \frac{\partial F_x}{\partial y}\right) dx\, dy = \oint_\Gamma (F_x\, dx + F_y\, dy), \tag{4.46}$$

conhecida como *fórmula de Green do plano*.

Observemos que o integrando na integral de superfície sobre o domínio D é $(\nabla \times \mathbf{F}) \cdot \mathbf{n}$, onde $\mathbf{n} = \mathbf{k}$ para um domínio D sobre o plano x-y. Por outro lado, a integral de linha pela Equação 4.16 é a circulação do campo ao longo da curva Γ e, portanto,

$$\int_D (\nabla \times \mathbf{F}) \cdot \mathbf{n}\, d\sigma = \oint_\Gamma \mathbf{F} \cdot \mathbf{t}\, ds. \tag{4.47}$$

Uma análise similar pode ser feita para um domínio D sobre os planos x-z e y-z, cujas normais são $\mathbf{j}$ e $\mathbf{i}$, respectivamente. Do último se deduz que uma expressão similar à 4.47 é válida também em relação a uma projeção sobre uma superfície plana arbitrária $d\sigma$ cuja normal é $\mathbf{n}$. Se consideramos um domínio plano D infinitesimal de área ΔS que contenha o ponto P, e supondo $\mathbf{F}$ e as suas derivadas primeiras contínuas no domínio de definição, podemos escrever

$$\nabla \times \mathbf{F}\,(\mathrm{P}) = \lim_{\Delta S \to 0} \frac{\oint_\Gamma \mathbf{F} \cdot \mathbf{t}\, ds.}{\Delta S}, \tag{4.48}$$

a qual constitui uma definição alternativa de rotacional de um campo vetorial $\mathbf{F}$ num ponto P.

4.11 Teorema do Stokes

Consideremos um campo vetorial $\mathbf{F}$ cujas componentes e derivadas sejam contínuas sobre uma superfície S e seu contorno Γ, e consideremos uma aproximação da superfície S dada por uma série de elementos de área plana ΔS_i, tangentes à superfície S (Figura 4.15-a). Cada elemento de área ΔS_i terá um contorno Γ_i de modo que a soma das circulações de um campo em torno dos contornos Γ_i é equivalente à circulação em torno do contorno

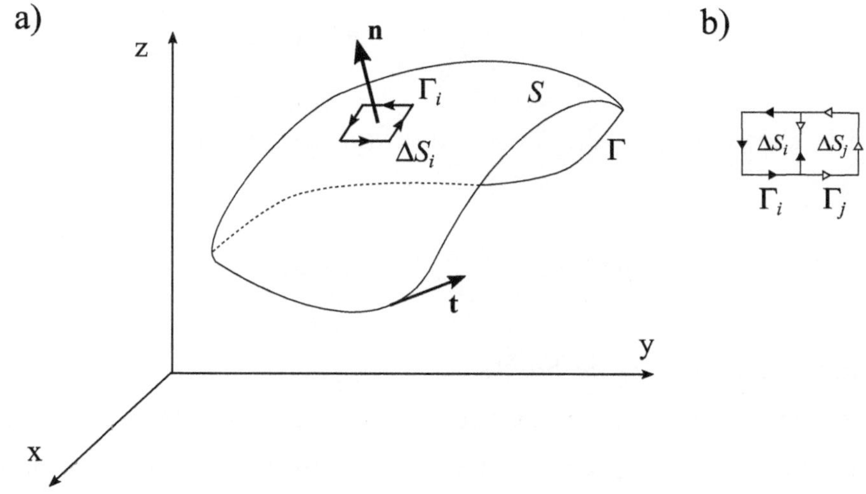

Figura 4.15 – a) Superfície S limitada por uma curva positiva Γ, a qual pode ser aproximada por uma série de elementos de área plana ΔS_i. b) Elementos de área contíguos limitados por curvas positivas. Nas arestas compartilhadas pelos elementos de área, a circulação do campo $\mathbf{F}$ é feita duas vezes, mas em sentidos contrários.

Γ. Para entender isso, basta observar que, para dois elementos de área adjacentes, a circulação em torno do lado comum terá sinais diferentes para ambos os elementos, cancelando-se mutuamente na somatória (Figura 4.15-b). Assim, podemos escrever a seguinte relação:

$$\lim_{\Delta S_i \to 0} \sum_i \oint_{\Gamma_i} \mathbf{F} \cdot \mathbf{t}\, ds = \oint_{\Gamma} \mathbf{F} \cdot \mathbf{t}\, ds. \tag{4.49}$$

Apliquemos agora o resultado expressado pela Equação 4.48 a cada elemento de área ΔS_i:

$$\begin{aligned} \lim_{\Delta S_i \to 0} \sum_{\Gamma_i} \oint_{\Gamma_i} \mathbf{F} \cdot \mathbf{t}\, ds &= \lim_{\Delta S_i \to 0} \sum_{\Gamma_i} \frac{1}{\Delta S_i} \oint_{\Gamma_i} \mathbf{F} \cdot \mathbf{t}\, ds\, \Delta S_i \\ &= \sum_i \lim_{\Delta S_i \to 0} (\nabla \times \mathbf{F}) \cdot \mathbf{n}_i\, \Delta S_i \end{aligned}$$

$$= \int_S (\nabla \times \mathbf{F}) \cdot \mathbf{n}\, d\sigma.$$

Assim, chegamos ao seguinte e importante resultado:

$$\oint_\Gamma \mathbf{F} \cdot \mathbf{t}\, ds = \int_S (\nabla \times \mathbf{F}) \cdot \mathbf{n}\, d\sigma, \tag{4.50}$$

conhecido como *teorema de Stokes.*

Observemos que, dada uma curva Γ, existem infinitas superfícies que a tem como contorno. Assim, o teorema de Stokes afirma que, dado um campo vetorial $\mathbf{F}$ contínuo e derivável sobre uma curva Γ e uma superfície S qualquer que tenha Γ como contorno, a circulação de $\mathbf{F}$ sobre a curva Γ é igual ao fluxo do rotacional de $\mathbf{F}$ através da superfície S.

Aplicação no eletromagnetismo: a Lei de Ampère

Segundo as equações de Maxwell, para os campos estacionários, as densidade de corrente $\mathbf{J}$ são fontes dos campos magnéticos:

$$\nabla \times \mathbf{B} = \mu_o \mathbf{J}.$$

Consideremos o seguinte problema da magnetostática: a determinação do campo magnético criado por uma linha reta infinita que transporta uma corrente I. A lei de Biot e Savart estabelece que um elemento de corrente $di = I\, ds$ cria um elemento de densidade de fluxo magnéticos $d\mathbf{B}$ num ponto $\mathbf{r}'$ em relação ao elemento de carga dado por (Figura 4.16):

$$d\mathbf{B} = \frac{\mu_o}{4\pi} \frac{d\mathbf{i} \times \mathbf{r}'}{r'^3},$$

onde ao elemento de corrente, em princípio uma grandeza escalar, é atribuído um caráter vetorial, com o sentido do vetor dado pelo sentido da corrente elétrica. Isso nos diz que as linhas de fluxo magnético $\mathbf{B}$ serão círculos concêntricos com a linha de corrente. Por outro lado, da semelhança

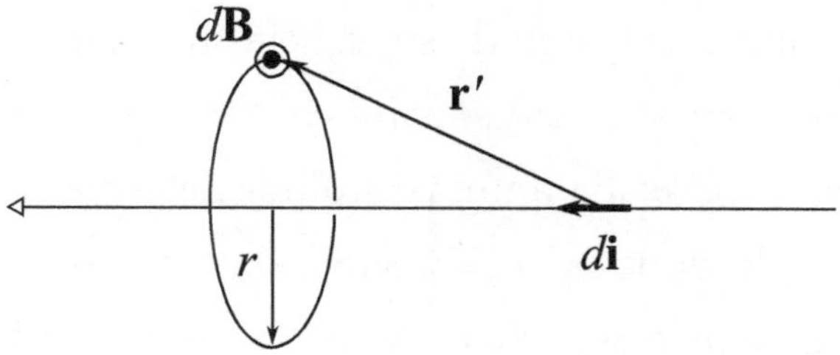

Figura 4.16 – Elemento de campo magnético $d\mathbf{B}$ criado pelo elemento de corrente $d\mathbf{i}$ no ponto $\mathbf{r}'$.

na dependência com a distância com a lei de Coulomb, podemos supor que o seu módulo dependerá da distância até a linha de corrente, tendo simetria cilíndrica. Consideremos uma curva circular fechada Γ de raio r concêntrica com a linha de corrente e apliquemos a lei de Stokes ao campo $\mathbf{B}$ ao longo dessa curva:

$$\oint_{\Gamma} \mathbf{B} \cdot \mathbf{t}\, ds = \int_{S} (\nabla \times \mathbf{B}) \cdot \mathbf{n}\, d\sigma.$$

Assumindo um módulo constante sobre a curva Γ e aplicando a equação de Maxwell correspondente ao $\nabla \times \mathbf{B}$ na expressão anterior, obtemos

$$B \int_{\Gamma} ds = \mu_o \int_{S} \mathbf{J} \cdot \mathbf{n}\, d\sigma.$$

A integral do segundo membro é simplesmente a corrente I transportada pela linha, assim

$$B = \frac{\mu_o I}{2\pi r}.$$

4.12 Campos de gradientes e rotacionais

Nesta seção, estabeleceremos alguns resultados referentes a campos vetoriais de gradientes e rotacionais. Para enunciar esses teoremas precisamos, primeiramente, definir o conceito de superfície simplesmente conexa.

Uma região do espaço é *simplesmente conexa* se qualquer curva fechada contida nela pode ser reduzida a um ponto por deformação contínua dentro do domínio. Exemplo de uma região simplesmente conexa é o interior de uma esfera e de qualquer superfície obtida a partir dela por deformação contínua. Um exemplo de uma superfície que não é simplesmente conexa é a de um toro.

Definição 4.1. *Diz-se que* $\mathbf{V}$ *é um campo de gradientes se existe um campo escalar* φ, *denominado* ***potencial escalar***, *tal que* $\mathbf{V} = \nabla\varphi$.

Definição 4.2. *Diz-se que* $\mathbf{V}$ *é um campo de rotacionais se existe um campo vetorial* $\mathbf{A}$, *denominado* ***potencial vetorial***, *tal que* $\mathbf{V} = \nabla \times \mathbf{A}$.

Demonstraremos, a seguir, as proposições inversas dos lemas apresentados na Seção 3.5.1.

Teorema 4.3. *Todo campo irrotacional* $\mathbf{V}$ *cujas componentes possuam primeiras derivadas parciais contínuas num domínio simplesmente conexo* D *do espaço, é um campo de gradientes em* D.

Demonstração

Consideremos uma curva fechada Γ no domínio simplesmente conexo D, a qual pode ser considerada como o contorno de uma superfície S contida em D. A aplicação do teorema de Stokes ao campo irrotacional $\mathbf{V}$ sobre a superfície S e o seu contorno Γ mostra que a circulação de $\mathbf{V}$ ao longo da curva fechada Γ é nula e, como consequência do Teorema 4.1, é um campo de gradientes. ♦

Teorema 4.4. *Se* $\mathbf{V}$ *é um campo solenoidal* $(\nabla \cdot \mathbf{V} = 0)$ *cujas componentes* (V_x, V_y, V_z) *possuem derivadas parciais primeiras contínuas num domínio*

D limitado por um paralelepípedo de lados paralelos aos eixos coordenados cartesianos, então existe nesse domínio um campo vetorial **A** *definido a menos de um gradiente, tal que* $\mathbf{V} = \nabla \times \mathbf{A}$.

Demonstração

O problema consiste em determinar uma solução particular do vetor **A**, o qual possui componentes $(\mathrm{A}_x, \mathrm{A}_y, \mathrm{A}_z)$ que satisfazem as seguintes equações:

$$\mathrm{V}_x = \frac{\partial \mathrm{A}_z}{\partial y} - \frac{\partial \mathrm{A}_y}{\partial z}, \quad \mathrm{V}_y = \frac{\partial \mathrm{A}_x}{\partial z} - \frac{\partial \mathrm{A}_z}{\partial x}, \quad \mathrm{V}_z = \frac{\partial \mathrm{A}_y}{\partial x} - \frac{\partial \mathrm{A}_x}{\partial y}, \tag{4.51}$$

sujeitas à condição $\frac{\partial \mathrm{V}_x}{\partial x}+\frac{\partial \mathrm{V}_y}{\partial y}+\frac{\partial \mathrm{V}_z}{\partial z} = 0$. Para tornar mais simples a resolução, começaremos exigindo que $\mathrm{A}_x = 0$. Dessa forma, de 4.51 obtemos para A_y e A_z as seguintes expressões:

$$\mathrm{A}_y = \int_{x_o}^{x} \mathrm{V}_z \, dx' + C_2(y, z),$$

$$\mathrm{A}_z = -\int_{x_o}^{x} \mathrm{V}_y \, dx' + C_3(y, z),$$

onde C_2 e C_3 são constantes de integração (não dependem de x, mas podem ser funções de y e z). Substituindo as soluções provisórias para A_y e A_z na primeira das Equações 4.51, obtemos

$$\begin{aligned}
\mathrm{V}_x &= -\int_{x_o}^{x} \mathrm{V}_{y,y} \, dx' + \frac{\partial C_3}{\partial y}(y, z) - \int_{x_o}^{x} \mathrm{V}_{z,z} \, dx' - \frac{\partial C_2}{\partial z}(y, z) \\
&= -\int_{x_o}^{x} (\mathrm{V}_{y,y} + \mathrm{V}_{z,z}) \, dx' + \frac{\partial C_3}{\partial y}(y, z) - \frac{\partial C_2}{\partial z}(y, z) \\
&= -\int_{x_o}^{x} \mathrm{V}_{x,x} \, dx' + \frac{\partial C_3}{\partial y}(y, z) - \frac{\partial C_2}{\partial z}(y, z)
\end{aligned}$$

$$= \mathrm{V}_x(x, y, z) - \mathrm{V}_x(x_o, y, z) + \frac{\partial C_3}{\partial y}(y, z) - \frac{\partial C_2}{\partial z}(y, z).$$

A última equação pode ser satisfeita se supormos que

$$C_2(y, z) = 0 \quad \text{e} \quad C_3(y, z) = \int_{y_o}^{y} \mathrm{V}_x(x_o, y', z)\, dy'.$$

Assim, as componentes de um campo vetorial **A**, tal que $\nabla \times \mathbf{A} = \mathbf{V}$, são dadas por:

$$\mathrm{A}_x = 0,$$

$$\mathrm{A}_y = \int_{x_o}^{x} \mathrm{V}_z(x', y, z)\, dx',$$

$$\mathrm{A}_z = -\int_{x_o}^{x} \mathrm{V}_y(x', y, z)\, dx' + \int_{y_o}^{y} \mathrm{V}_x(x_o, y', z)\, dy'.$$

Se somamos a esse vetor **A** o gradiente de um campo escalar arbitrário φ, também obteremos um campo vetorial cujo rotacional é o campo vetorial **V**, já que $\nabla \times \nabla\varphi = 0$. Por outro lado, façamos a suposição de que **A** e **B** são duas soluções, ou seja, $\nabla \times \mathbf{A} = \mathbf{V}$ e $\nabla \times \mathbf{B} = \mathbf{V}$. Devido à linearidade do rotacional, é possível escrever $\nabla \times (\mathbf{A} - \mathbf{B}) = 0$, e do Teorema 4.3 podemos afirmar que $\mathbf{A} - \mathbf{B}$ é um campo de gradientes, sendo $\mathbf{A} = \mathbf{B} + \nabla\varphi$. ♦

4.13 Decomposição de um campo vetorial: teorema de Helmholtz

Um problema importante é o seguinte: dado um campo vetorial **F**, queremos escrevê-lo como a soma de um campo vetorial **V** irrotacional e de um campo vetorial **W** solenoidal. Ou seja,

$$\mathbf{F} = \mathbf{V} + \mathbf{W},$$

onde $\mathbf{V}$ é irrotacional ($\nabla \times \mathbf{V} = 0$) e $\mathbf{W}$ é solenoidal ($\nabla \cdot \mathbf{W} = 0$). As condições sobre os campos $\mathbf{V}$ e $\mathbf{W}$ significam que existem um campo escalar φ e um campo vetorial $\mathbf{A}$ tais que $\mathbf{V} = \nabla\varphi$ e $\mathbf{W} = \nabla \times \mathbf{A}$ (ver seção anterior). Esse problema é o assunto do denominado teorema de Helmholtz.

Teorema 4.5 (teorema de Helmholtz). *Dado um campo vetorial* $\mathbf{F}$ *tal que a sua divergência seja uma função limitada e contínua com primeiras derivadas parciais contínuas em todo o espaço e que tendam a 0 como* $1/r^3$ *para* $r \to \infty$, *então* $\mathbf{F}$ *pode ser escrito como*

$$\mathbf{F} = \nabla\varphi + \nabla \times \mathbf{A}, \tag{4.52}$$

ou seja, pode ser escrito como a soma de um campo irrotacional e de um campo solenoidal.

Demonstração

Aplicando o operador divergência ao campo $\mathbf{F}$, obtemos

$$\nabla \cdot \mathbf{F} = \nabla^2\varphi.$$

Essa última equação é do tipo Poisson e nos permite calcular φ por meio da terceira identidade de Green (Equação 4.41). Das condições impostas às derivadas parciais de $\nabla \cdot \mathbf{F}$ para $r \to \infty$, as componentes de $\nabla\varphi$ tendem a zero como $1/r^2$, e as de φ como $1/r$. Assim, a integral de superfície sobre uma superfície esférica de raio r se anula para $r \to \infty$ e, portanto,

$$\varphi(\mathbf{r}) = -\frac{1}{4\pi}\int_V \frac{\nabla \cdot \mathbf{F}(\mathbf{r}')}{r'}dV', \tag{4.53}$$

onde $r' = \sqrt{(x - x')^2 + (y - y')^2 + (z - z')^2}$.

Por outro lado,

$$\nabla \times \mathbf{F} = \nabla \times (\nabla \times \mathbf{A}) = \nabla(\nabla \cdot \mathbf{A}) - \nabla^2\mathbf{A},$$

onde usamos a definição de Laplaciano de um vetor (Equação 3.35). O vetor $\mathbf{A}$ está definido a menos de um gradiente arbitrário. Supondo um campo $\mathbf{A}' = \mathbf{A} + \nabla f$,

$$\begin{aligned} \nabla \times \mathbf{A}' &= \nabla \times (\mathbf{A} + \nabla f) \\ &= \nabla \times \mathbf{A} + \nabla \times \nabla f \\ &= \nabla \times \mathbf{A}. \end{aligned}$$

Essa liberdade na definição de $\mathbf{A}$ nos permite exigir que o campo seja tal que $\nabla \cdot \mathbf{A} = 0$. Com efeito, se $\nabla \cdot \mathbf{A} \neq 0$, podemos escolher um ∇f tal que $\nabla \cdot (\mathbf{A} + \nabla f) = \nabla \cdot \mathbf{A} + \nabla^2 f = 0$. Supondo então que $\nabla \cdot \mathbf{A} = 0$, obtemos

$$\nabla^2 \mathbf{A} = -\nabla \times \mathbf{F}.$$

Cada componente do vetor $\mathbf{A}$ satisfaz uma equação do tipo Poisson, similar à satisfeita por φ. Dadas as condições impostas às derivadas parciais de $\mathbf{F}$, a partir da terceira identidade de Green (Equação 4.41) podemos escrever, de forma resumida,

$$\mathbf{A} = \frac{1}{4\pi} \int_V \frac{\nabla \times \mathbf{F}(\mathbf{r}')}{r'} dV'. \quad \blacklozenge \tag{4.54}$$

Determinada uma decomposição do campo vetorial $\mathbf{F}$ em termos de um campo irrotacional e de um campo solenoidal, mostraremos alguns resultados que garantem a unicidade da representação.

Teorema 4.6. *Se dois campos vetoriais* $\mathbf{V}$ *e* $\mathbf{V}'$ *têm a mesma divergência e o mesmo rotacional num domínio simplesmente conexo e finito* V *e a mesma componente normal sobre a superfície* S *que o limita, então* $\mathbf{V} = \mathbf{V}'$.

Demonstração

Consideremos o campo $\mathbf{F} = \mathbf{V} - \mathbf{V}'$. É simples mostrar que o campo $\mathbf{F}$ satisfaz as seguintes condições:

1) $\nabla \cdot \mathbf{F} = 0$;

2) $\nabla \times \mathbf{F} = 0$;

3) $\mathbf{F} \cdot \mathbf{n} = 0$.

As duas primeiras condições se dão no domínio V, e a terceira, sobre a superfície S, onde $\mathbf{n}$ é a normal à superfície S. A segunda condição implica que existe um campo escalar φ, tal que $\mathbf{F} = \nabla\varphi$. A primeira condição, por outro lado, estabelece que $\nabla \cdot \nabla\varphi = \nabla^2\varphi = 0$, e a terceira que $\nabla\varphi \cdot \mathbf{n} = \frac{d\varphi}{d\mathbf{n}} = 0$.

Apliquemos ao campo escalar φ a primeira identidade de Green (Equação 4.35), substituindo ψ por φ e levando em conta a condição sobre o laplaciano e a derivada direcional de φ,

$$\int_V \nabla\varphi \cdot \nabla\varphi \, dV = 0,$$

a qual implica que $\nabla\varphi = 0$, ou seja $\mathbf{F} = 0$ e, portanto, $\mathbf{V} = \mathbf{V}'$. ♦

O resultado anterior pode ser estendido a um domínio sobre todo o espaço e, nesse caso, a superfície deixa de ter sentido, impondo mais uma condição sobre os campos.

Teorema 4.7. *Se dois campos vetoriais* $\mathbf{V}$ *e* $\mathbf{V}'$ *têm a mesma divergência e o mesmo rotacional em todo o espaço e a função* φ*, cujo gradiente é* $\mathbf{F} = \mathbf{V} - \mathbf{V}'$*, vai a zero como* $1/r^2$ *e* $|\nabla\varphi|$ *vai a zero como* $1/r$ *para* $r \to \infty$*, então* $\mathbf{V} = \mathbf{V}'$*.*

Demonstração

Novamente, o campo vetorial $\mathbf{F}$ é solenoidal e irrotacional em todo o espaço, sendo possível definir um campo escalar φ cujo gradiente é $\mathbf{F}$ e cujo laplaciano é nulo. Consideremos mais uma vez a primeira identidade de Green (Equação 4.35), onde substituímos ψ por φ, e consideremos a superfície de integração como sendo a de uma esfera. Pelas condições impostas sobre φ e seu gradiente, quando multiplicamos pelo elemento de área $d\sigma = r^2 \text{sen}\,\theta\, d\theta\, d\phi$, o integrando tende a zero como $1/r$ para $r \to \infty$, o qual anula a integral de superfície para $r \to \infty$. Assim, novamente chegamos à condição de $\mathbf{F} = 0$ e, portanto, $\mathbf{V} = \mathbf{V}'$. ♦

O teorema da unicidade da descrição de um campo, conhecidos o seu rotacional e a sua divergência, pode ser obtido também com a condição de o campo ser contínuo, assim como as suas derivadas, e nulos no infinito.

Teorema 4.8. *Se dois campos* $\mathbf{V}$ *e* $\mathbf{V}'$ *têm a mesma divergência e o mesmo rotacional em todo o espaço, são contínuos, assim como as suas derivadas, e se anulam no infinto, então* $\mathbf{V} = \mathbf{V}'$.

Demonstração

A demonstração segue a linha argumental dos teoremas anteriores. Assim, existe uma função φ definida por $\nabla\varphi = \mathbf{F} = \mathbf{V} - \mathbf{V}'$, tal que $\nabla^2\varphi = 0$, ou seja, é harmônica, o que implica que as derivadas parciais de φ, e que são as componentes de $\mathbf{F}$, são harmônicas.[2] O extremo de uma função harmônica (máximo ou mínimo) só pode ser alcançado no contorno do domínio. Como por hipótese as derivadas parciais se anulam no infinito, as funções não podem ir para zero por valores positivos nem negativos, pois nesses casos haveria um máximo ou um mínimo, respectivamente, no interior do domínio. Então, as funções harmônicas são constantes e iguais a zero. Isso implica que as componentes de $\mathbf{F}$ são nulas e, portanto, $\mathbf{V} = \mathbf{V}'$. ♦

[2] A continuidade das derivadas parciais de φ implica na intercambiabilidade na ordem de derivação (teorema de Schwarz). Supondo que φ seja harmônica, $\nabla^2 \frac{\partial\varphi}{\partial x} = \frac{\partial}{\partial x}\nabla^2\varphi = 0$, o que implica que $\frac{\partial\varphi}{\partial x}$ é harmônica, sendo válido este resultado para todas as derivadas primeiras de φ.

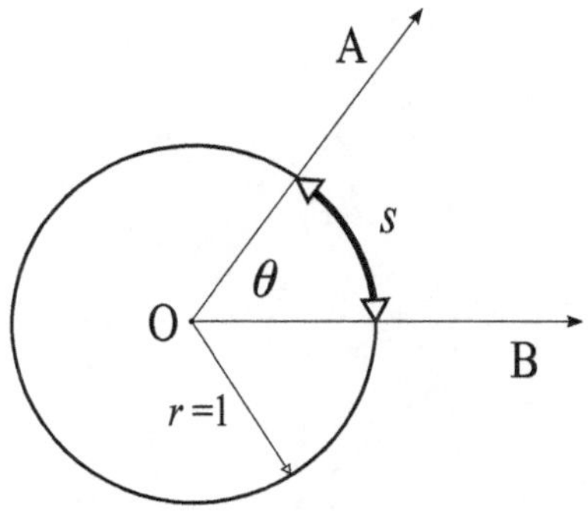

Figura 4.17 – A medida do ângulo formado por duas semirretas, em radianos, é numericamente igual ao comprimento do arco determinado por elas sobre uma circunferência de raio unitário.

4.14 Ângulo sólido

Consideremos inicialmente duas semirretas, AO e OB, tomadas a partir de um ponto O, as quais determinam um plano. O ângulo que elas determinam pode ser medido pelo comprimento s do arco de uma circunferência de raio unitário e centro O compreendido por elas (Figura 4.17).

Por definição, um ângulo de 1 radiano é o ângulo determinado por um arco da circunferência de raio unitário cujo comprimento é igual ao do raio. Assim, um ângulo que compreende um arco equivalente a um quarto da circunferência de raio unitário tem o valor $2\pi/4 = \pi/2$. No caso do espaço, podemos generalizar a definição anterior. Seja um conjunto de semirretas consideradas a partir de um ponto comum O, as quais formam uma superfície cônica fechada de vértice no ponto O. A região interior a esse cone forma o que se denomina *ângulo sólido* de vértice O, designado pela letra Ω. Por definição, a medida desse ângulo é a área da superfície S obtida pela interseção da superfície cônica com uma superfície esférica de raio unitário e centro no ponto O (Figura 4.18). Por exemplo, todas as semirretas que partem da origem de um sistema de coordenadas e delimitam um oitante deste determinam um ângulo sólido de $4\pi/8 = \pi/2$.

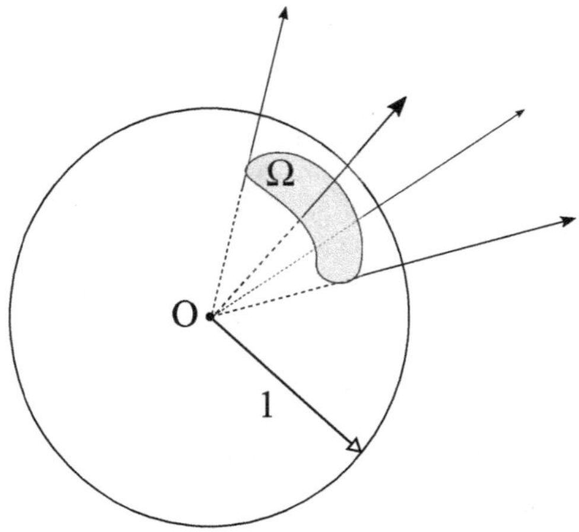

Figura 4.18 – Definição do ângulo sólido determinado por um feixe de semirretas de origem comum O.

Um problema de interesse é determinar o ângulo sólido determinado por uma superfície Σ em relação a um ponto O não pertencente a ela, ou seja, determinar qual é o ângulo sólido com o qual uma superfície Σ é vista desde um ponto O (Figura 4.19). Seja $d\sigma$ um elemento de área sobre a superfície Σ no ponto P. A direção de $d\sigma$ é a da normal à superfície no ponto, indicado pelo versor **n**. Sua projeção sobre uma superfície esférica de raio unitário será o ângulo sólido elementar $d\Omega$, dado por

$$d\Omega = \frac{\cos\theta d\sigma}{r^2} = \frac{\mathbf{e}_r \cdot d\sigma\mathbf{n}}{r^2}, \tag{4.55}$$

onde $\mathbf{r} = r\,\mathbf{e}_r$ é o vetor posição do ponto P em relação ao ponto O. O ângulo sólido total Ω, segundo o qual uma superfície Σ é vista desde um ponto O, pode ser escrito, então, como

$$\Omega = \int_{\Sigma} \frac{\mathbf{e}_r \cdot d\sigma\mathbf{n}}{r^2}. \tag{4.56}$$

Se um mesmo raio vetor desde O corta uma superfície Σ em mais de um ponto, os ângulos sólidos elementares nos diferentes pontos de interseção se

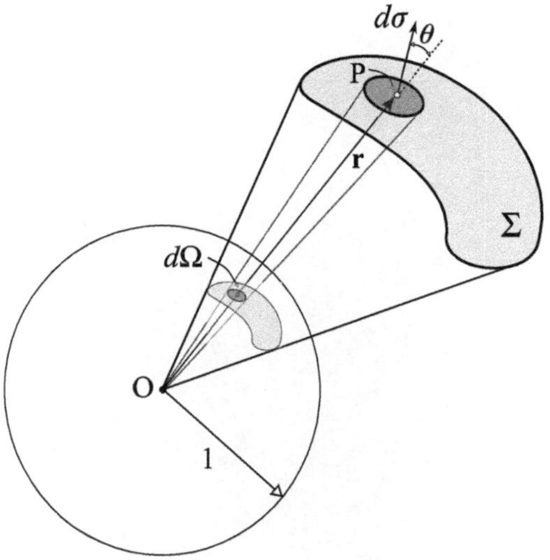

Figura 4.19 – O ângulo sólido correspondente a uma superfície Σ em relação a um ponto O é dado pela área da projeção de Σ sobre uma superfície esférica de raio unitário centrada em O.

somam algebricamente. Com efeito, se consideramos a direção positiva da normal a uma superfície como sendo sempre para o exterior da superfície, o $\cos\theta$ será positivo nos pontos em que sai da superfície e negativo nos pontos em que entra (Figura 4.20). Assim, se uma superfície Σ é fechada e não intersecta a si mesma, o ângulo sólido total pelo qual é vista desde um ponto O vale 4π se o ponto O for interior a Σ, e vale 0 se o ponto O for exterior. Se, por outro lado, o ponto O é um ponto da superfície, $\Omega = 2\pi$. No caso de um um plano infinito, o ângulo sólido segundo o qual é visto por um ponto externo a ele é π.

Exemplo

Determinemos o ângulo sólido segundo o qual é visto um disco de raio R e centro sobre o eixo z a uma altura h, em relação à origem do sistema de coordenadas (Figura 4.21).

Solução

Pela simetria da superfície, podemos utilizar o sistema de coordenadas

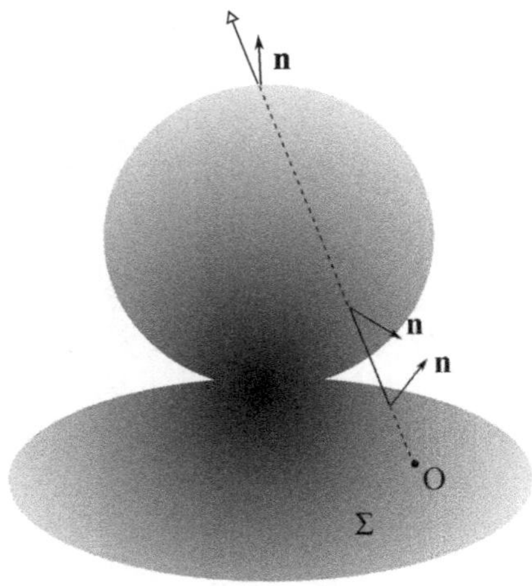

Figura 4.20 – Superfície Σ, que apresenta mais de uma normal exterior ao longo de uma reta que a intersecta em mais de um ponto.

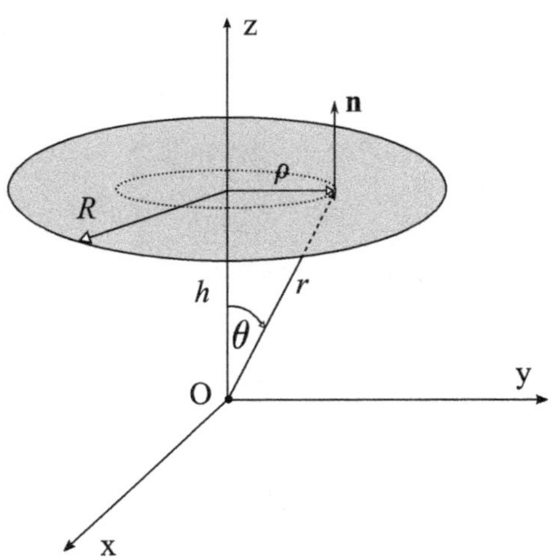

Figura 4.21 – Disco de raio R centrado no eixo z a uma altura h.

polares. Assim, o vetor elemento de área terá módulo $d\sigma = \rho\, d\rho\, d\phi$, e direção e sentido iguais ao do versor $\mathbf{k}$. O ângulo sólido da superfície vista desde O é o seguinte:

$$\begin{aligned}\Omega &= \int_S \frac{\mathbf{e}_r \cdot d\sigma \mathbf{k}}{r^2} \\ &= 2\pi h \int_0^R \frac{\rho\, d\rho}{\sqrt{(\rho^2+h^2)^3}} \\ &= 2\pi h \left[\frac{1}{h} - \frac{1}{\sqrt{R^2+h^2}}\right].\end{aligned}$$

Se $R \to \infty$, $\Omega \to 2\pi$.

4.15 Problemas

1. Mostre que se $\mathbf{F} = F(r)\,\mathbf{e}_r$ (campo central), então $\oint_\Gamma \mathbf{F} \cdot \mathbf{t}\, ds = 0$ para qualquer curva fechada Γ.

2. Mostre que se $\mathbf{r} = x\,\mathbf{i} + y\,\mathbf{j} + z\,\mathbf{k}$, então ao longo de qualquer curva fechada Γ, $\oint_\Gamma \mathbf{r} \cdot d\mathbf{r} = 0$.

3. Mostre que se $\mathbf{A}$ é um vetor constante, então ao longo de qualquer curva fechada Γ, $\oint_\Gamma \mathbf{A} \cdot d\mathbf{r} = 0$.

4. A partir do teorema da divergência, mostre que se $\mathbf{F} = f\,\mathbf{B}$, onde f é um campo escalar e $\mathbf{B}$ é um vetor constante qualquer e então $\oint_S f\,\mathbf{n}\, d\sigma = \int_V \nabla f\, dV$, onde a igualdade resume uma relação entre componentes de vetores.

5. Mostre que num domínio V limitado por uma superfície S a solução da equação de Laplace ($\nabla^2\varphi = 0$) com valores especificados sobre S é

única. (Dica: suponha a existência de duas soluções, φ e ψ, e aplique a relação 4.42 à função $\alpha = \varphi - \psi$).

6. Mostre que se num volume V a função φ satisfaz a equação de Laplace ($\nabla^2\varphi = 0$), seu valor num ponto P é igual à média aritmética de seus valores sobre uma superfície esférica qualquer de raio R centrada no ponto P e contida em V, ou seja, $\varphi(\mathrm{P}) = \frac{1}{4\pi R^2}\int_S \varphi\, d\sigma$.

7. Mostre que, dados um campo escalar φ e um campo vetorial $\mathbf{F}$ tais que $\varphi\mathbf{F}$ vai a zero mais rapidamente que $\frac{1}{r^2}$ para $r \to \infty$ e $\nabla \cdot \mathbf{F} = 0$, então $\int \nabla\varphi \cdot \mathbf{F} = 0$, onde a integral se estende a todo o espaço.

Capítulo 5

Vetores em n-dimensões

Do primeiro ao quarto capítulo desta obra fizemos uma apresentação da álgebra e do cálculo vetorial em $\mathbb{R}^2$ e $\mathbb{R}^3$, os quais tratam os vetores como entes cuja representação coincide com a imagem mais familiar de uma seta orientada. Tal familiaridade com o conceito geométrico de vetor vem da introdução dos vetores no âmbito da mecânica com os conceitos de deslocamento, velocidade, força, aceleração, torque etc. Porém, a noção de vetor vai além disso. Para a descrição teórica de sistemas físicos, muitas vezes é necessário utilizar grandezas cujo tratamento matemático precisa do formalismo dos vetores no seu sentido mais abstrato. Nesse contexto, os vetores podem ter n componentes, com n tomando qualquer número inteiro finito e positivo. Exemplos desses vetores generalizados são os modos normais de oscilação de sistemas de osciladores acoplados e os estados dos sistemas quânticos cuja solução se encontra dentro do problema de autovalores. Neste capítulo, serão abordados os conceitos de espaço vetorial e de produto interno, necessários para estabelecer o importante conceito de norma de um vetor e de bases ortogonais, temas normalmente abordados em cursos de álgebra linear.

5.1 Espaços vetoriais

Pelo caráter abstrato do conceito, a maneira mais simples de introduzir o tema sobre espaços vetoriais é apresentar os elementos que participam num espaço vetorial.

Um espaço vetorial é uma estrutura algébrica que tem os seguintes elementos:

1. um conjunto V de objetos chamados vetores;
2. um corpo[1] F de escalares;
3. duas operações: a **soma** de dois elementos de V e o **produto** de um elemento de F por um elemento de V, definidas a seguir:

- Soma de vetores

Dados os vetores, $\mathbf{a}$ e $\mathbf{b}$ de V, a soma de $\mathbf{a}$ e $\mathbf{b}$, denotada por $\mathbf{a}+\mathbf{b}$, é também um elemento de V com as seguintes propriedades:

1. a soma é comutativa: $\mathbf{a}+\mathbf{b}=\mathbf{b}+\mathbf{a}$;
2. a soma é associativa: $\mathbf{a}+(\mathbf{b}+\mathbf{c})=(\mathbf{a}+\mathbf{b})+\mathbf{c}\equiv\mathbf{b}+\mathbf{a}+\mathbf{c}$;
3. existe um único vetor nulo de V, denotado "$\mathbf{0}$", tal que $\mathbf{a}+\mathbf{0}=\mathbf{a}$;
4. para cada vetor $\mathbf{a}$ de V existe o vetor $-\mathbf{a}$ de V, tal que $\mathbf{a}+(-\mathbf{a})=\mathbf{0}$.

- Multiplicação por um escalar

O produto de um elemento k de F por um vetor $\mathbf{a}$ de V é um vetor de V, denotado $k\,\mathbf{a}$, com as seguintes propriedades:

[1] Um *corpo* é uma estrutura algébrica constituída por um conjunto de elementos, operações de adição e produto de elementos do conjunto e do seguinte grupo de axiomas satisfeitos por ambas as operações: comutatividade, associatividade, existência do elemento neutro e do elemento inverso.

1. o produto da identidade de F por um vetor $\mathbf{a}$ qualquer de V é o mesmo vetor, ou seja $1\mathbf{a} = \mathbf{a}$;

2. $(k_1 k_2)\,\mathbf{a} = k_1\,(k_2\mathbf{a})$;

3. $k\,(\mathbf{a} + \mathbf{b}) = k\,\mathbf{a} + k\,\mathbf{b}$;

4. $(k_1 + k_2)\,\mathbf{a} = k_1\,\mathbf{a} + k_2\,\mathbf{a}$.

Exemplos

1. O espaço das n-uplas sobre $\mathbb{R}$, o conjunto dos números reais, denotado $\mathbb{R}^n$. Um elemento $\mathbf{a}$ de $\mathbb{R}^n$ é escrito como $\mathbf{a} = (a_1, a_2, \ldots, a_n)$, onde a_i é um número real. Se $\mathbf{b} = (b_1, b_2, \cdots, b_n)$, a soma $\mathbf{a}+\mathbf{b}$ é definida por

   $$\mathbf{a} + \mathbf{b} = (a_1 + b_1, a_2 + b_2, \ldots, a_n + b_n)\,,$$

   e o produto por um escalar k é definido por

   $$k\,\mathbf{a} = (ka_1, ka_2, \ldots ka_n)\,.$$

   Os vetores no espaço bidimensional e no espaço tridimensional estudados na primeira parte desta obra são casos particulares do espaço n-dimensional, em que n assume os valores 2 e 3, respectivamente.

2. O espaço das matrizes $m \times n$ sobre um corpo F, denotado $\mathrm{F}^{m\times n}$. O conjunto V é formado por todas as matrizes retangulares $m \times n$ sobre F. As operações de soma e produto são definidas no Apêndice A.

3. O espaço dos polinômios sobre o corpo F. O conjunto V é formado por todos os polinômio $p\,(x)$ sobre F, definidos por

   $$p\,(x) = c_o + c_1 x + c_2 x^2 + \ldots + c_n x^n.$$

onde os coeficientes c_i são escalares fixos de F (independentes de x). As operações de soma e produto e de produto por um escalar são definidas, respectivamente, por

$$(p_1 + p_2)(x) = p_1(x) + p_2(x),$$
$$(k\,p)(x) = k\,p(x).$$

Da definição de espaço vetorial e das propriedades das duas operações, deduzem-se os seguintes fatos:

i) se k é um escalar não nulo e $\mathbf{0}$ é o vetor nulo, $k\,\mathbf{0} = \mathbf{0}$.

Demonstração

$k\,(\mathbf{a} + \mathbf{0}) = k\,\mathbf{a} + k\,\mathbf{0} = k\,\mathbf{a} \Rightarrow k\,\mathbf{0} = \mathbf{0}$;

ii) o produto do escalar 0 pelo vetor não nulo $\mathbf{a}$ de V é o vetor nulo $\mathbf{0}$.

Demonstração

$(0 + k)\,\mathbf{a} = 0\,\mathbf{a} + k\,\mathbf{a} = k\,\mathbf{a} \Rightarrow 0\,\mathbf{a} = \mathbf{0}$;

iii) Se $\mathbf{a}$ é qualquer vetor de V, $(-1)\,\mathbf{a}$ é o oposto de $\mathbf{a}$.

Demonstração

$\mathbf{0} = 0\,\mathbf{a} = (1-1)\,\mathbf{a} = 1\,\mathbf{a} + (-1)\,\mathbf{a} = \mathbf{a} + (-1)\,\mathbf{a} \Rightarrow (-1)\,\mathbf{a} = -\mathbf{a}$;

iv) As propriedades de associatividade e comutatividade da soma implicam que a soma de vários vetores independe de como eles se combinem. Em consequência, a soma dos vetores $\mathbf{a}_1, \mathbf{a}_2, \ldots, \mathbf{a}_n$ pode ser escrita sem ambiguidade como $\mathbf{a}_1 + \mathbf{a}_2 + \ldots + \mathbf{a}_n$.

Definição 5.1. *Um vetor* $\mathbf{v}$ *de* V *é uma combinação linear de vetores* $\mathbf{a}_1, \mathbf{a}_2, \ldots, \mathbf{a}_n$ *de* V *se existem* n *escalares* c_i $(i = 1 \ldots n)$ *de* F, *tais que*

$$\mathbf{v} = c_1\,\mathbf{a}_1 + \ldots + c_n\,\mathbf{a}_n = \sum_{i=1}^{n} c_i\,\mathbf{a}_i. \qquad (5.1)$$

Essa parte da álgebra linear utiliza termos com conotação geométrica. Isso não é fortuito. No espaço tridimensional, as coordenadas de pontos são dadas pelas triplas (x, y, z) de números. Um vetor era univocamente dado por um módulo, uma direção e um sentido. Dois vetores com igual módulo, direção e sentido, mas aplicados em diferentes pontos, são o mesmo vetor. Um vetor entre os pontos $P_1(x_1, y_1, z_1)$ e $P_2(x_2, y_2, z_2)$ é o mesmo vetor dirigido entre a origem do sistema de coordenadas $(0, 0, 0)$ e o ponto $P(x_2 - x_1, y_2 - y_1, z_2 - z_1)$ e, por tal motivo, é acordado representar os vetores sendo aplicados na origem do sistema de coordenadas. Com base nessa convenção, os vetores em $\mathbb{R}^3$ se definem pelas triplas (x, y, z). A soma de dois vetores em $\mathbb{R}^3$ é dada pela soma vetorial dos dois vetores e determina um paralelogramo, cuja diagonal é o vetor soma. A multiplicação por um escalar define um vetor de mesmo módulo e direção, sendo o seu sentido o mesmo se o escalar for positivo ou contrário, se for negativo. No caso de espaços vetoriais mais gerais, continuaremos a utilizar esses mesmos conceitos geométricos, embora os "vetores" não sejam, estritamente falando, "segmentos de retas orientados".

Definição 5.2. *Dado um espaço vetorial V sobre o corpo F, um subconjunto W de vetores de V é denominado subespaço de V, o qual possui as mesmas operações de soma de vetores e multiplicação por um escalar de F.*

Exemplos

1. No caso do espaço vetorial $\mathbb{R}^3$, o espaço tridimensional, qualquer plano definido em $\mathbb{R}^3$ determina um subespaço de tipo $\mathbb{R}^2$. Se considerarmos o plano x-y, a soma de dois vetores pertencentes ao plano x-y (vetores com componente $z = 0$) é um vetor do plano x-y, e a multiplicação de vetores do plano por um escalar novamente é um vetor do plano x-y.

2. O espaço das funções polinomiais sobre $\mathbb{R}$ é um subespaço do espaço de todas as funções de $\mathbb{R}$ em $\mathbb{R}$. Com efeito, a soma de duas funções

polinomiais de grau n e m, respectivamente, é um polinômio de grau $n+m$, assim como o produto de um polinômio de grau n por um escalar é um polinômio do mesmo grau.

A seguir, serão enunciados sem demonstração alguns teoremas importantes relativos aos espaços vetoriais.

Teorema 5.1. *Um subconjunto não vazio W de V é um subespaço de V se, e somente se, para todo par de vetores $\mathbf{a}$ e $\mathbf{b}$ de W, e todo k do corpo F, o vetor $k\mathbf{a}+\mathbf{b}$ é também um vetor de W.*

Exemplo

O subespaço das soluções de um sistema de equações homogêneo. Seja A uma matriz $m \times n$ sobre o corpo $\mathbb{R}$. O conjunto de matrizes coluna X, $n \times 1$ sobre F, tal que $AX = 0$, é um subespaço do espaço vetorial das matrizes coluna $n \times 1$. Com efeito, se X e Y são vetores do subespaço, $AX = AY = 0$, e se c é um escalar de F, $A(cX+Y) = cAX + AY = 0$.

Teorema 5.2. *A interseção de qualquer número de subespaços de V é um subespaço de V.*

Teorema 5.3. *O subespaço gerado por um subconjunto W não vazio de vetores de V é o conjunto de todas as combinações lineares dos vetores de W.*

5.2 Bases e dimensão de um espaço vetorial

O conceito de dimensão de um espaço remete a um conceito geométrico, porém, como advertimos anteriormente, ele será aplicado a espaços vetoriais mais gerais. No caso de $\mathbb{R}^3$, para a representação de um vetor são necessárias três componentes. Vimos na Seção 2.2 que um vetor $\mathbf{v}$ de componentes

(v_x, v_y, v_z) pode ser escrito em $\mathbb{R}^3$ como $\mathbf{v} = v_x\,\mathbf{i} + v_y\,\mathbf{j} + v_z\,\mathbf{k}$, ou seja, pode ser escrito como uma combinação linear de três vetores, cada um deles paralelo a um dos versores fundamentais. Se o vetor $\mathbf{v}$ pertence ao plano x-y, em um espaço $\mathbb{R}^2$, ele pode ser escrito, em geral, como $\mathbf{v} = v_x\,\mathbf{i} + v_y\,\mathbf{j}$. Dessa forma, vemos que é possível estabelecer uma relação entre a dimensão do espaço e o número máximo de vetores linearmente independentes desse espaço necessários para a sua representação. Para estabelecer esses conceitos de uma maneira mais formal, vamos estabelecer as seguintes definições:

Definição 5.3 (vetores linearmente dependentes). *Seja um espaço vetorial V sobre o corpo F. Um subconjunto S de V é denominado **linearmente dependente** se existirem vetores $\mathbf{v}_1, \mathbf{v}_2, \ldots \mathbf{v}_n$ diferentes de S e escalares $c_1, c_2, \ldots c_n$ de F, não todos nulos, que satisfaçam a relação*

$$c_1\mathbf{v}_1 + c_2\mathbf{v}_2 + \ldots + c_n\mathbf{v}_n = \mathbf{0}.$$

Definição 5.4 (vetores linearmente independentes). *Seja um espaço vetorial V sobre o corpo F. Um conjunto S de vetores de V é denominado **linearmente independente** se, dados n vetores quaisquer do conjunto, $\mathbf{v}_1, \mathbf{v}_2, \ldots \mathbf{v}_n$, escolhidos arbitrariamente, a soma*

$$c_1\mathbf{v}_1 + c_2\mathbf{v}_2 + \ldots + c_n\mathbf{v}_n = \mathbf{0}$$

implicar que $c_i = 0$ para $i = 1, \ldots, n$.

Consequências das definições

1. Todo conjunto de vetores que contenha um subconjunto de vetores linearmente dependente é também linearmente dependente.

2. Todo subconjunto de um conjunto de vetores linearmente independentes é linearmente independente.

3. Todo conjunto que tenha o vetor nulo entre os seus elementos é um conjunto linearmente dependente.

4. Um conjunto de vetores é linearmente independente se, e somente se, todo subconjunto finito dele for linearmente independente.

Exemplos:

i. Em $\mathbb{R}^3$, os vetores $\mathbf{v}_1 = (1, 0, 0)$, $\mathbf{v}_2 = (0, 1, 0)$ e $\mathbf{v}_3 = (0, 0, 1)$ são linearmente independentes.

ii. Em $\mathbb{R}^3$, os vetores $\mathbf{w}_1 = (2, 0, 0)$, $\mathbf{w}_2 = (3, 1, 0)$ e $\mathbf{w}_3 = (0, 2, 0)$ são linearmente dependentes, pois $3\mathbf{w}_1 - 2\mathbf{w}_2 + \mathbf{w}_3 = \mathbf{0}$.

Seja V um espaço vetorial sobre o corpo F. Uma base do espaço vetorial é um conjunto $(\boldsymbol{\alpha}_1, \boldsymbol{\alpha}_2, \ldots, \boldsymbol{\alpha}_n)$ de vetores de V linearmente independentes que gera o espaço vetorial V. Ou seja, dado um vetor $\mathbf{v}$ qualquer de V, ele pode ser escrito como combinação linear dos vetores da base:

$$\mathbf{v} = \mathrm{v}_1\boldsymbol{\alpha}_1 + \mathrm{v}_2\boldsymbol{\alpha}_2 + \ldots + \mathrm{v}_n\boldsymbol{\alpha}_n = \sum_{i=1}^{n} \mathrm{v}_i\boldsymbol{\alpha}_i. \tag{5.2}$$

Dada uma base do espaço vetorial, a combinação linear dos vetores da base que determina o vetor $\mathbf{v}$ é única.

Exemplo

Consideremos as n-uplas

$$\begin{aligned}
\boldsymbol{\alpha}_1 &= (1, 0, \ldots, 0),\\
\boldsymbol{\alpha}_2 &= (0, 1, \ldots, 0),\\
&\vdots\\
\boldsymbol{\alpha}_n &= (0, 0, \ldots, 1)
\end{aligned}$$

e sejam os escalares $v_1, v_2, \ldots, v_n$ com os quais construímos o vetor $\mathbf{v}$ como

$$\begin{aligned}\mathbf{v} &= v_1\boldsymbol{\alpha}_1 + \ldots + v_n\boldsymbol{\alpha}_n \\ &= (v_1, v_2, \ldots, v_n)\,.\end{aligned}$$

Isso mostra que as n-uplas $\boldsymbol{\alpha}_i$, $i = 1, \ldots n$ geram o espaço $\mathbb{R}^n$, ou seja, o espaço vetorial das n-uplas sobre o corpo $\mathbb{R}$. Por outro lado, todos os $\boldsymbol{\alpha}_i$ são linearmente independentes. Portanto, o conjunto das n-uplas $\{\boldsymbol{\alpha}_i\}$ é uma base de $\mathbb{R}^n$ chamada de **base canônica** de $\mathbb{R}^n$.

O número máximo de elementos linearmente independentes de um espaço vetorial V define a **dimensão** do espaço vetorial. Assim, qualquer base de um espaço vetorial de dimensão finita terá o mesmo número finito de elementos. Como consequência, podemos afirmar que, se a dimensão de um espaço é n, qualquer conjunto de m vetores, com $m > n$, é linearmente dependente e que, se um subconjunto de V tem menos de n elementos, ele não pode ser uma base de V.

5.3 Coordenadas de um vetor

Dada uma base B de um espaço vetorial V, é possível definir o que se entende por *coordenadas* de um determinado vetor $\mathbf{v} \in$ V, em analogia ao conceito de coordenadas de um vetor em $\mathbb{R}^n$. Assim, as coordenadas de um vetor $\mathbf{v}$ na base B são os coeficientes que servem para expressar o vetor como combinação linear dos elementos da base. A determinação das coordenadas de um vetor $\mathbf{v}$ de V, ou seja, a determinação da coordenada i-ésima é óbvia no caso de a base ser a canônica. Nessa base, podemos estabelecer uma ordem "natural" dos vetores. Porém, no caso de uma base arbitrária não existe uma ordem óbvia dos vetores da base, e será necessário definir uma sequência ordenada desses vetores antes de poder definir qual será a coordenada i-ésima de um vetor. Uma base de um espaço vetorial com uma ordem definida dos seus elementos é denominada *base ordenada.*

Dada uma base ordenada $\mathrm{B} = \{\boldsymbol{\alpha}_1, \ldots, \boldsymbol{\alpha}_n\} \equiv \{\boldsymbol{\alpha}_i\}$ do espaço vetorial V e dado um vetor $\mathbf{v}$ de V, existe uma única n-upla $(\mathrm{v}_1, \ldots \mathrm{v}_n)$ de escalares v_i, tal que

$$\mathbf{v} = \sum_{i=1}^{n} \mathrm{v}_i \boldsymbol{\alpha}_i. \tag{5.3}$$

Assim, v_i é a i-ésima coordenada de $\mathbf{v}$ em relação à base ordenada $\{\boldsymbol{\alpha}_i\}$ de B. Definida uma base ordenada $\{\boldsymbol{\alpha}_i\}$ de B, podemos então associar de forma biunívoca cada vetor $\mathbf{v}$ com a n-upla de coordenadas $(\mathrm{v}_1, \ldots \mathrm{v}_n)$:

$$\mathbf{v} \leftrightarrow (\mathrm{v}_1, \ldots \mathrm{v}_n)\,.$$

5.4 Mudança de base

Dada uma base ordenada B de um espaço vetorial V de dimensão finita, pode-se definir a matriz coluna das coordenadas de $\mathbf{v}$ na base B por

$$\mathbf{v} \equiv \begin{bmatrix} \mathrm{v}_1 \\ \vdots \\ \mathrm{v}_n \end{bmatrix}. \tag{5.4}$$

Podemos abreviar a notação da matriz de coordenadas de um vetor $\mathbf{v}$ e a dependência daquela com a base B por $[\mathbf{v}]_{\mathrm{B}}$. Suponhamos que B e B′ sejam duas bases ordenadas diferentes de V, ou seja, $\mathrm{B} = \{\boldsymbol{\alpha}_i\}$ e $\mathrm{B}' = \{\boldsymbol{\alpha}'_i\}$. O vetor $\mathbf{v}$ de V pode, então, ser escrito como

$$\mathbf{v} = \sum_{i=1}^{n} \mathrm{v}_i \boldsymbol{\alpha}_i \tag{5.5}$$

ou

$$\mathbf{v} = \sum_{i=1}^{n} \mathrm{v}'_i \boldsymbol{\alpha}'_i. \tag{5.6}$$

Surge, então, a seguinte questão: conhecida a matriz $[\mathbf{v}]_{\mathrm{B}}$, como obtemos $[\mathbf{v}]_{\mathrm{B}'}$? Por serem vetores de V, os elementos da base B′ podem ser escritos em termos dos elementos da base B, ou seja, existirão n^2 escalares únicos P_{ij}, tais que

$$\boldsymbol{\alpha}'_j = \sum_{i=1}^{n} \mathrm{P}_{ij} \boldsymbol{\alpha}_i \qquad j = 1, \ldots, n. \tag{5.7}$$

Em notação matricial, a equação anterior pode ser escrita da seguinte maneira:

$$\begin{bmatrix} \boldsymbol{\alpha}'_1 & \ldots & \boldsymbol{\alpha}'_n \end{bmatrix} = \begin{bmatrix} \boldsymbol{\alpha}_1 & \ldots & \boldsymbol{\alpha}_n \end{bmatrix} \begin{bmatrix} \mathrm{P}_{11} & \ldots & \mathrm{P}_{1n} \\ \vdots & \ddots & \vdots \\ \mathrm{P}_{n1} & \ldots & \mathrm{P}_{nn} \end{bmatrix}, \tag{5.8}$$

onde P é uma matriz quadrada $n \times n$ cujos elementos são os escalares P_{ij}. Assim, os elementos da coluna j da matriz P são as componentes do vetor $\boldsymbol{\alpha}'_j$, da base B′, na base B. Reescrevamos a expressão 5.6 para $\mathbf{v}$:

$$\begin{aligned} \mathbf{v} &= \sum_{j=1}^{n} \mathrm{v}'_j \boldsymbol{\alpha}'_j \\ &= \sum_{j=1}^{n} \mathrm{v}'_j \sum_{i=1}^{n} \mathrm{P}_{ij} \boldsymbol{\alpha}_i \\ &= \sum_{i=1}^{n} \left(\sum_{j=1}^{n} \mathrm{P}_{ij} \mathrm{v}'_j \right) \boldsymbol{\alpha}_i. \end{aligned} \tag{5.9}$$

Comparando 5.5 com 5.9, podemos estabelecer a seguinte correspondência:

$$\mathrm{v}_i = \sum_{j=1}^{n} \mathrm{P}_{ij} \mathrm{v}'_j. \tag{5.10}$$

A equação anterior (Equação 5.10) pode ser escrita em forma matricial como

$$\begin{bmatrix} \mathrm{v}_1 \\ \vdots \\ \mathrm{v}_n \end{bmatrix} = \begin{bmatrix} \mathrm{P}_{11} & \dots & \mathrm{P}_{1n} \\ \vdots & \ddots & \vdots \\ \mathrm{P}_{n1} & \dots & \mathrm{P}_{nn} \end{bmatrix} \begin{bmatrix} \mathrm{v}'_1 \\ \vdots \\ \mathrm{v}'_n \end{bmatrix} \tag{5.11}$$

ou de forma abreviada como

$$[\mathbf{v}]_{\mathrm{B}} = \mathrm{P}\,[\mathbf{v}]_{\mathrm{B}'}\,. \tag{5.12}$$

Lembrando que B e B′ são conjuntos de vetores linearmente independentes; $[\mathbf{v}]_{\mathrm{B}} = 0$ se, e somente se, $[\mathbf{v}]_{\mathrm{B}'} = 0$, portanto, a matriz P pode ser invertida, obtendo-se

$$[\mathbf{v}]_{\mathrm{B}'} = \mathrm{P}^{-1}\,[\mathbf{v}]_{\mathrm{B}}\,. \tag{5.13}$$

5.5 Espaços vetoriais com produto interno

Em $\mathbb{R}^3$, foram definidos o módulo de um vetor e o ângulo entre dois vetores em termos de uma operação entre vetores denominada produto escalar. As noções geométricas de comprimento de um vetor e ângulo entre vetores podem ser estendidas a espaços vetoriais mais gerais mediante uma generalização do conceito de produto escalar, o chamado *produto interno*. Assim, o produto escalar em $\mathbb{R}^3$ é um caso particular de um produto interno que ilustra as propriedades dessa função. Em geral, ficaremos focados no conceito de "perpendicularidade" entre vetores.

Seja F o corpo dos números reais ou complexos e V um espaço vetorial sobre o corpo F. Um produto interno no espaço V é uma função que atribui a cada par ordenado de elementos de V, por exemplo **v** e **w**, o escalar $(\mathbf{v} \mid \mathbf{w})$ com as seguintes propriedades: dados os elementos **v**, **w** e **z** de V e o escalar c de F, temos:

1. $(\mathbf{v} + \mathbf{w} \mid \vec{\gamma}) = (\mathbf{v} \mid \mathbf{z}) + (\mathbf{w} \mid \mathbf{z})$;

2. $(c\mathbf{v} \mid \mathbf{w}) = c\,(\mathbf{v} \mid \mathbf{w})$;

3. $(\mathbf{w} \mid \mathbf{v}) = (\mathbf{v} \mid \mathbf{w})^*$, onde o símbolo * indica conjugação complexa;

4. $(\mathbf{v} \mid \mathbf{v}) > 0$ se $\mathbf{v} \neq \mathbf{0}$.

No caso de F ser o corpo dos números reais, a propriedade 3 é reescrita como $(\mathbf{w} \mid \mathbf{v}) = (\mathbf{v} \mid \mathbf{w})$, ou seja, obtemos a propriedade comutativa como visto para o produto escalar em $\mathbb{R}^3$.

Exemplo: Sejam um espaço vetorial F^n e os elementos $\mathbf{v} = (x_1, \ldots, x_n)$ e $\mathbf{w} = (y_1, \ldots, y_n)$ de F^n em uma base ordenada. Definimos o produto interno canônico em F^n por

$$(\mathbf{v} \mid \mathbf{w}) \equiv \mathbf{v} \cdot \mathbf{w}^*, \tag{5.14}$$

$$= \sum_i x_i\, y_i^*. \tag{5.15}$$

A definição de um produto interno num espaço vetorial nos permite atribuir a um vetor $\mathbf{v}$ desse espaço um escalar denominado **norma** e denotado por $\|\mathbf{v}\|$. Definimos a norma do vetor $\mathbf{v}$ pertencente a um espaço vetorial V no qual é dado um produto interno como raiz quadrada positiva de $(\mathbf{v} \mid \mathbf{v})$, ou seja,

$$\|\mathbf{v}\| \equiv \sqrt{(\mathbf{v} \mid \mathbf{v})}. \tag{5.16}$$

No caso do espaço vetorial $\mathbb{R}^n$ para $n = 1, 2, 3$ e em relação ao produto interno canônico, podemos identificar a norma de um vetor com o seu "comprimento" ou a sua magnitude, em analogia ao visto na Seção 1.7.1. Estritamente, uma norma sobre um espaço vetorial é uma função escalar positiva definida e, em geral, ela não é única. As propriedades básicas exigidas a uma norma são:

1. $\|\mathbf{v}\| \geq 0$, e $\|\mathbf{v}\| = 0$ só se $\mathbf{v} = \mathbf{0}$;

2. $\|c\mathbf{v}\| = |c| \, \|\mathbf{v}\|$;

3. $\|\mathbf{v} + \mathbf{w}\| \leq \|\mathbf{v}\| + \|\mathbf{w}\|$. (desigualdade de Minkowski)

A seguir, consideraremos a norma dada a partir de um produto interno e provaremos que ela satisfaz as propriedades da norma elencadas anteriormente mais a denominada desigualdade de Cauchy-Schwarz. Chama-se **espaço com produto interno** um espaço vetorial de dimensão finita ou infinita, real ou complexo, munido de um produto interno. Um espaço com produto interno real de dimensão finita é usualmente chamado de **espaço euclidiano**.

Seja V um espaço produto interno, $\mathbf{v}$ e $\mathbf{w}$ vetores quaisquer de V e c um escalar do corpo F, as seguintes afirmações são válidas:

i. $\|\mathbf{v}\| > 0$ para $\mathbf{v} \neq \mathbf{0}$;

ii. $\|c\mathbf{v}\| = |c| \, \|\mathbf{v}\|$;

iii. $|(\mathbf{v} \mid \mathbf{w})| \leq \|\mathbf{v}\| \, \|\mathbf{w}\|$; (desigualdade de Cauchy-Schwarz)

iv. $\|\mathbf{v} + \mathbf{w}\| \leq \|\mathbf{v}\| + \|\mathbf{w}\|$.

Demonstração

i. Da definição de norma baseada em um produto interno, podemos escrever

$$\|\mathbf{v}\|^2 = (\mathbf{v} \mid \mathbf{v}) > 0 \quad \text{se } \mathbf{v} \neq \mathbf{0}.$$

Portanto, se depreende da afirmação anterior que

$$\|\mathbf{v}\| > 0 \quad \text{se } \mathbf{v} \neq \mathbf{0}. \quad \blacklozenge$$

ii. A partir da definição de norma e das propriedades do produto escalar de um vetor, podemos escrever

$$\begin{aligned} \|c\mathbf{v}\|^2 &= (c\mathbf{v} \mid c\mathbf{v}) \\ &= |c|^2 (\mathbf{v} \mid \mathbf{v}) \\ &= |c|^2 \|\mathbf{v}\|^2, \end{aligned}$$

e, tomando a raiz quadrada, obtemos

$$\|c\mathbf{v}\| = |c| \|\mathbf{v}\|. \quad \blacklozenge$$

iii. Se $\mathbf{v}$ e/ou $\mathbf{w}$ são nulos ou se $(\mathbf{v} \mid \mathbf{w}) = 0$ para $\mathbf{v}, \mathbf{w} \neq \mathbf{0}$, a desigualdade é obviamente satisfeita. Suponhamos, então, que $(\mathbf{v} \mid \mathbf{w}) \neq 0$ e que $\|\mathbf{v}\| > 0$. Definimos o vetor $\boldsymbol{\delta}$ por

$$\boldsymbol{\delta} = \mathbf{w} - \frac{(\mathbf{w} \mid \mathbf{v})}{\|\mathbf{v}\|^2}\mathbf{v}.$$

Assim,

$$\begin{aligned} 0 \leq \|\boldsymbol{\delta}\|^2 &= \left(\mathbf{w} - \frac{(\mathbf{w} \mid \mathbf{v})}{\|\mathbf{v}\|^2}\mathbf{v} \mid \mathbf{w} - \frac{(\mathbf{w} \mid \mathbf{v})}{\|\mathbf{v}\|^2}\mathbf{v}\right) \\ &= (\mathbf{w} \mid \mathbf{w}) - \frac{(\mathbf{w} \mid \mathbf{v})(\mathbf{v} \mid \mathbf{w})}{\|\mathbf{v}\|^2} \\ &= \|\mathbf{w}\|^2 - \frac{|(\mathbf{v} \mid \mathbf{w})|^2}{\|\mathbf{v}\|^2}, \end{aligned}$$

e, por consequência,

$$|(\mathbf{v} \mid \mathbf{w})|^2 \leq \|\mathbf{v}\|^2 \|\mathbf{w}\|^2 .$$

Tomando a raiz quadrada da expressão anterior, obtemos a desigualdade de Cauchy-Schwarz. ♦

iv. A desigualdade de Minkowski pode ser demonstrada a partir da desigualdade $z + z^* \leq 2|z|$, válida para qualquer número complexo z, e da desigualdade de Cauchy-Schwarz:

$$\begin{aligned}
\|\mathbf{v}+\mathbf{w}\|^2 &= (\mathbf{v}+\mathbf{w} \mid \mathbf{v}+\mathbf{w}) \\
&= (\mathbf{v} \mid \mathbf{v}) + (\mathbf{v} \mid \mathbf{w}) + (\mathbf{v} \mid \mathbf{w})^* + (\mathbf{w} \mid \mathbf{w}) \\
&\leq \|\mathbf{v}\|^2 + 2\,|(\mathbf{v} \mid \mathbf{w})| + \|\mathbf{w}\|^2 \\
&\leq \|\mathbf{v}\|^2 + 2\,\|\mathbf{v}\|\,\|\mathbf{w}\| + \|\mathbf{w}\|^2 \\
&= (\|\mathbf{v}\| + \|\mathbf{w}\|)^2 .
\end{aligned}$$

Tomando a raiz quadrada da última desigualdade, obtemos a desigualdade de Minkowski. ♦

Substituindo $\mathbf{v}$ por $\mathbf{v}-\mathbf{s}$ e $\mathbf{w}$ por $\mathbf{s}-\mathbf{w}$ na desigualdade de Minkowski, obtemos o seguinte resultado:

$$\|\mathbf{v}-\mathbf{w}\| \leq \|\mathbf{v}-\mathbf{s}\| + \|\mathbf{s}-\mathbf{w}\| , \tag{5.17}$$

conhecido como *desigualdade triangular*. Tomando-se $\|\mathbf{v}-\mathbf{w}\|$ como a "distância" entre os vetores $\mathbf{v}$ e $\mathbf{w}$, a desigualdade triangular é a generalização do resultado da geometria plana euclidiana segundo a qual o comprimento de um lado de um triângulo é sempre inferior à soma dos comprimentos dos outros dois lados.

No caso de um espaço sobre o corpo dos números reais, a desigualdade de Cauchy-Schwarz nos permite definir o "ângulo" entre dois vetores. Efetivamente, a desigualdade de Cauchy-Schwarz afirma que

$$\frac{|(\mathbf{v} \mid \mathbf{w})|}{\|\mathbf{v}\| \, \|\mathbf{w}\|} \leq 1.$$

Portanto, há sentido em definir uma função real $\cos\theta$ como

$$\cos\theta = \frac{(\mathbf{v} \mid \mathbf{w})}{\|\mathbf{v}\| \, \|\mathbf{w}\|} \tag{5.18}$$

ou

$$(\mathbf{v} \mid \mathbf{w}) = \|\mathbf{v}\| \, \|\mathbf{w}\| \cos\theta. \tag{5.19}$$

O resultado anterior nos permite generalizar o conceito geométrico de ortogonalidade.

Definição 5.5. *Dois vetores,* $\mathbf{v}$ *e* $\mathbf{w}$*, de um espaço com produto interno* V *sobre o corpo dos números reais ou complexos são ortogonais se* $(\mathbf{v} \mid \mathbf{w}) = 0$.

Definição 5.6. *Um conjunto de vetores* $\{\mathbf{v}_i\}$ *num espaço com produto interno* V *é dito* ortogonal *se dois vetores quaisquer do conjunto são ortogonais entre si, ou seja,*

$$(\mathbf{v}_i|\mathbf{v}_j) = 0 \quad para\, i \neq j.$$

Definição 5.7. *Um conjunto de vetores* $\{\mathbf{v}_i\}$ *num espaço com produto interno* V *é dito* ortonormal *se, além de serem ortogonais, todos os vetores do conjunto tiverem norma unitária, ou seja, para todo vetor* $\mathbf{v}_i$ *do conjunto,* $\|\mathbf{v}_i\| = 1$.

Exemplos

1. A base canônica em $\mathbb{R}^n$ é um conjunto de vetores ortonormais em relação ao produto interno canônico.

2. O caráter de ortogonalidade não é absoluto, pois ele depende do produto interno considerado sobre o espaço vetorial. Consideremos, por exemplo, o espaço vetorial $\mathbb{R}^2$ e o produto interno canônico tomando como base a base canônica. Segundo esse produto interno, os vetores (a, b) e $(-b, a)$ são ortogonais:

$$\begin{aligned}((a,b) \mid (-b,a)) &= -ab + ab \\ &= 0.\end{aligned}$$

Por outro lado, podemos definir um outro produto interno em $\mathbb{R}^2$. Consideremos os vetores $\mathbf{v} = (\mathrm{v}_1, \mathrm{v}_2)$ e $\mathbf{w} = (\mathrm{w}_1, \mathrm{w}_2)$ de $\mathbb{R}^2$ e definamos um produto interno $(\mathbf{v} \mid \mathbf{w})$ da seguinte forma:

$$(\mathbf{v} \mid \mathbf{w}) = \mathrm{v}_1\mathrm{w}_1 - \mathrm{v}_2\mathrm{w}_1 - \mathrm{v}_1\mathrm{w}_2 + 4\mathrm{v}_2\mathrm{w}_2.$$

Essa expressão é efetivamente um produto interno, como pode ser demonstrado observando que

$$(\mathbf{v} \mid \mathbf{v}) = (\mathrm{v}_1 - \mathrm{v}_2)^2 + 3\mathrm{v}_2^2 > 0 \quad \text{se } \mathbf{v} \neq \mathbf{0}.$$

Segundo esse novo produto interno, o produto escalar dos vetores (a, b) e $(-b, a)$ é

$$((a,b) \mid (-b,a)) = b^2 - a^2 + 3ab,$$

o qual é nulo só se $b = \frac{1}{2}\left(-3 \pm \sqrt{13}\right) a$.

A seguir, demonstraremos um importante teorema sobre vetores ortogonais.

Teorema 5.4. *Os vetores não nulos de um conjunto ortogonal são linearmente independentes.*

Demonstração

Consideremos um espaço vetorial V com produto interno e um conjunto finito ou infinito de vetores ortogonais, não nulos e distintos dado pela sequência $\boldsymbol{\alpha}_1$, $\boldsymbol{\alpha}_2$,. . ., e seja o vetor $\mathbf{v}$ dado por

$$\mathbf{v} = \mathrm{v}_1\boldsymbol{\alpha}_1 + \mathrm{v}_2\boldsymbol{\alpha}_2 + +\mathrm{v}_n\boldsymbol{\alpha}_n = \sum_{i=1}^{n} \mathrm{v}_i\boldsymbol{\alpha}_i.$$

Então, da condição de ortogonalidade dos vetores $\boldsymbol{\alpha}_i$ e das propriedades do produto escalar, podemos escrever

$$\begin{aligned}(\mathbf{v} \mid \boldsymbol{\alpha}_k) &= \sum_{i=1}^{n} (\mathrm{v}_i\boldsymbol{\alpha}_i \mid \boldsymbol{\alpha}_k) \\ &= \mathrm{v}_i\left(\boldsymbol{\alpha}_i \mid \boldsymbol{\alpha}_k\right).\end{aligned}$$

Como por hipótese $\|\boldsymbol{\alpha}_k\| \neq 0$, então

$$\mathrm{v}_k = \frac{(\mathbf{v} \mid \boldsymbol{\alpha}_k)}{\|\boldsymbol{\alpha}_k\|^2}. \tag{5.20}$$

Portanto, se $\mathbf{v} = \mathbf{0}$, $\mathrm{v}_k = 0$ para $k = 1, 2, ...$, o que significa que os vetores são linearmente independentes. ♦

A inversa do teorema anterior não é válida, pois podem existir conjuntos de vetores linearmente independentes, os quais não são ortogonais. Por exemplo, em $\mathbb{R}^2$ os vetores $(1, 0)$ e $(1, 1)$ são linearmente independentes, mas não são ortogonais, considerando o produto interno canônico. Por outro lado, do teorema anterior se depreende que, se um vetor $\mathbf{v}$ é uma combinação linear de um conjunto ortogonal de vetores não nulos $(\boldsymbol{\alpha}_1, \boldsymbol{\alpha}_2, \ldots)$, então ele pode ser escrito como

$$\mathbf{v} = \sum_{i=1}^{n} \frac{(\mathbf{v} \mid \boldsymbol{\alpha}_i)}{\|\boldsymbol{\alpha}_i\|^2} \boldsymbol{\alpha}_i. \tag{5.21}$$

A partir do teorema anterior, pode-se mostrar que, se existe um conjunto ortogonal $(\boldsymbol{\alpha}_1, \ldots, \boldsymbol{\alpha}_m)$ de vetores não nulos de um espaço vetorial V n-dimensional, então $m \leq n$. Outra forma de enunciar essa afirmação é que o número máximo de direções mutuamente ortogonais não pode ser maior que a dimensão do espaço. Mais ainda, como se depreende do teorema de Gram–Schmidt (ver Seção 5.6), o número máximo de direções mutuamente ortogonais é igual à dimensão do espaço.

Definição 5.8. *Seja* $\boldsymbol{\alpha}$ *um vetor de norma unitária de um espaço V com produto interno. Para todo vetor* $\mathbf{v}$ *de V, definimos a projeção de* $\mathbf{v}$ *na direção do vetor* $\boldsymbol{\alpha}$ *e a denotamos* $Proj_\alpha \mathbf{v}$*, como o vetor de V dado por:*

$$Proj_\alpha \mathbf{v} = (\mathbf{v}|\boldsymbol{\alpha})\, \boldsymbol{\alpha}. \tag{5.22}$$

Da definição de projeção, se desprende que se $\mathbf{v} = k\,\boldsymbol{\alpha}$, onde $\boldsymbol{\alpha}$ é um vetor de norma unitária e k, uma constante, então

$$\begin{aligned}
\mathrm{Proj}_\alpha \mathbf{v} &= (\mathbf{v}|\boldsymbol{\alpha})\, \boldsymbol{\alpha} \\
&= (k\,\boldsymbol{\alpha}|\boldsymbol{\alpha})\, \boldsymbol{\alpha} \\
&= k\, (\boldsymbol{\alpha}|\boldsymbol{\alpha})\, \boldsymbol{\alpha} \\
&= k\, \boldsymbol{\alpha} \\
&= \mathbf{v}.
\end{aligned}$$

Teorema 5.5. *Dados um vetor* $\mathbf{v}$ *qualquer de um espaço* V *com produto interno e um vetor* $\boldsymbol{\alpha}$ *de norma unitária, o vetor* $\mathbf{v} - \mathrm{Proj}_\alpha \mathbf{v}$ *é ortogonal a* $\boldsymbol{\alpha}$.

Demonstração

Das propriedades do produto escalar, podemos escrever

$$\begin{aligned}(\mathbf{v} - \mathrm{Proj}_{\alpha}\mathbf{v}|\boldsymbol{\alpha}) &= (\mathbf{v}|\boldsymbol{\alpha}) - (\mathrm{Proj}_{\alpha}\mathbf{v}|\boldsymbol{\alpha}) \\ &= (\mathbf{v}|\boldsymbol{\alpha}) - ((\mathbf{v}|\boldsymbol{\alpha})\,\boldsymbol{\alpha}|\boldsymbol{\alpha}) \\ &= (\mathbf{v}|\boldsymbol{\alpha}) - (\mathbf{v}|\boldsymbol{\alpha})\,(\boldsymbol{\alpha}|\boldsymbol{\alpha}) \\ &= (\mathbf{v}|\boldsymbol{\alpha}) - (\mathbf{v}|\boldsymbol{\alpha}) \\ &= 0. \quad \blacklozenge\end{aligned}$$

Definição 5.9. *Seja* $\{\boldsymbol{\alpha}_1, \boldsymbol{\alpha}_2, \ldots, \boldsymbol{\alpha}_m\}$ *um conjunto de vetores de um espaço V com produto interno, tais que* $\|\boldsymbol{\alpha}_i\| = 1$ *e* $(\boldsymbol{\alpha}_i|\boldsymbol{\alpha}_j) = 0$ *se* $i \neq j$*, os quais são a base de um subespaço de V. Para todo vetor* $\mathbf{v}$ *de V, definimos a projeção de* $\mathbf{v}$ *no subespaço definido pelo conjunto* $\{\boldsymbol{\alpha}_1, \boldsymbol{\alpha}_2, \ldots, \boldsymbol{\alpha}_m\}$ *e o denotamos* $Proj_{\{\alpha_i\}}\mathbf{v}$*, como o vetor dado por*

$$Proj_{\{\alpha_i\}}\mathbf{v} = \sum_{i=1}^{m} (\mathbf{v}|\boldsymbol{\alpha}_i)\,\boldsymbol{\alpha}_i. \tag{5.23}$$

Teorema 5.6. *Seja* $\{\boldsymbol{\alpha}_1, \boldsymbol{\alpha}_2, \ldots, \boldsymbol{\alpha}_m\}$ *um conjunto de vetores de um espaço* V *com produto interno, tais que* $\|\boldsymbol{\alpha}_i\| = 1$ *e* $(\boldsymbol{\alpha}_i|\boldsymbol{\alpha}_j) = 0$ *se* $i \neq j$*, os quais são a base de um subespaço de* V*. Dado um vetor* $\mathbf{v}$ *de* V*, o vetor* $\mathbf{w} = \sum_{i=1}^{m} c_i\boldsymbol{\alpha}_i$ *que minimiza* $\|\mathbf{v} - \mathbf{w}\|$ *é dado por* $\mathbf{w} = Proj_{\{\alpha_i\}}\mathbf{v}$.

Demonstração

Da definição da norma

$$
\begin{aligned}
\|\mathbf{v}-\mathbf{w}\|^2 &= (\mathbf{v}-\mathbf{w}|\mathbf{v}-\mathbf{w}) \\
&= (\mathbf{v}|\mathbf{v}) - (\mathbf{v}|\mathbf{w}) - (\mathbf{w}|\mathbf{v}) + (\mathbf{w}|\mathbf{w}) \\
&= \|\mathbf{v}\|^2 - \left(\mathbf{v}|\sum_{i=1}^{m} c_i \boldsymbol{\alpha}_i\right) - \left(\sum_{i=1}^{m} c_i \boldsymbol{\alpha}_i|\mathbf{v}\right) + \left(\sum_{i=1}^{m} c_i \boldsymbol{\alpha}_i|\sum_{j=1}^{m} c_j \boldsymbol{\alpha}_j|\right) \\
&= \|\mathbf{v}\|^2 - \sum_{i=1}^{m} c_i^* (\mathbf{v}|\boldsymbol{\alpha}_i) - \sum_{i=1}^{m} c_i (\boldsymbol{\alpha}_i|\mathbf{v}) + \sum_{i=1}^{m} c_i c_i^* \\
&= \|\mathbf{v}\|^2 + \sum_{i=1}^{m} [c_i - (\mathbf{v}|\boldsymbol{\alpha}_i)]\,[c_i^* - (\boldsymbol{\alpha}_i|\mathbf{v})] - \sum_{i=1}^{m} |(\mathbf{v}|\boldsymbol{\alpha}_i)|^2 \\
&= \|\mathbf{v}\|^2 + \sum_{i=1}^{m} |c_i - (\mathbf{v}|\boldsymbol{\alpha}_i)|^2 - \sum_{i=1}^{m} |(\mathbf{v}|\boldsymbol{\alpha}_i)|^2 .
\end{aligned}
$$

A última igualdade é minimizada se $c_i = (\mathbf{v}|\boldsymbol{\alpha}_i)$, ou seja, se $\mathbf{w} = \text{Proj}_{\{\alpha_i\}}\mathbf{v}$. ♦

Exemplo: Polarização da luz

A polarização da luz diz respeito a uma de suas propriedade de natureza vetorial. Se os campos eletromagnéticos da luz emitida a instantes diferentes por uma fonte oscilam ao longo de direções diferentes e sem correlação, a luz emitida é dita não polarizada. Caso contrário, a luz é dita polarizada. A luz emitida por uma tela de cristal líquido é um exemplo de uma luz polarizada. Por outro lado, a luz do sol ou de uma lâmpada refletida em uma superfície, seja ela sólida ou líquida, é um caso de luz parcialmente polarizada. O estado de polarização da luz diz respeito à direção dos vetores campo elétrico e magnético da luz, a qual é uma onda eletromagnética transversal. Por exemplo, quando a direção dos campos ao longo da direção de propagação do feixe (eixo z) é fixa, dizemos que a onda é *linearmente polarizada*. A seguir, focaremos na descrição do campo elétrico associado à luz.

Os estados de polarização da luz monocromática plana se propagando ao longo do eixo z podem ser descritos em termos de dois estados de polarização linear normalizados e independentes, um ao longo do eixo x e outro ao longo do eixo y, dados por

$$\mathbf{E}_x = e^{i(\omega t - kz)}\mathbf{i} \tag{5.24}$$

e

$$\mathbf{E}_y = e^{i(\omega t - kz)}\mathbf{j}. \tag{5.25}$$

A partir do produto canônico, como definido pela Equação 5.15, mostra-se facilmente que a norma de ambos é 1 $\left(\|\mathbf{E}_i\| = \sqrt{\mathbf{E}_i \cdot \mathbf{E}_i^*} = 1,\ i = x, y\right)$ e que $\mathbf{E}_x \cdot \mathbf{E}_y^* = 0$, ou seja, são ortogonais. A expressão de um estado de polarização arbitrária do campo elétrico da onda transversal monocromática pode ser escrita como combinação linear dos campos anteriores:

$$\begin{aligned} \mathbf{E} &= \mathrm{E_{ox}}\,\mathbf{E}_x + \mathrm{E_{oy}}\,e^{i\phi}\mathbf{E}_y, && (5.26)\\ &= \mathrm{E_{ox}}\,e^{i(\omega t - kz)}\,\mathbf{i} + \mathrm{E_{oy}}\,e^{i(\omega t - kz + \phi)}\,\mathbf{j}, && (5.27) \end{aligned}$$

onde ϕ é uma possível fase relativa entre ambas as componentes. A partir da expressão 5.27, obteremos os campos para algumas das polarizações possíveis da luz.

1. $\phi = 0$

   As duas componentes possuem a mesma fase a todo instante e

   $$\mathbf{E} = \mathrm{E_{ox}}\,\mathbf{E}_x + \mathrm{E_{oy}}\,\mathbf{E}_y$$

   ou, considerando somente a parte real da expressão anterior, o vetor campo elétrico pode ser escrito como

   $$\mathbf{E} = \cos(\omega t - kz)\left(\mathrm{E_{ox}}\,\mathbf{i} + \mathrm{E_{oy}}\,\mathbf{j}\right). \tag{5.28}$$

Assim, o campo elétrico será linearmente polarizado e a direção de polarização fará um ângulo $0 \leq \theta = \text{artg}\left(\frac{\text{E}_{\text{oy}}}{\text{E}_{\text{ox}}}\right) \leq \frac{\pi}{2}$ com o semieixo x positivo.

2. $\phi = \pi$

   Ambas as componentes se encontram em oposição de fase e, portanto, o campo elétrico é dado por

$$\mathbf{E} = \text{E}_{\text{ox}}\, e^{i(\omega t - kz)}\, \mathbf{i} + \text{E}_{\text{oy}}\, e^{i(\omega t - kz + \pi)}\, \mathbf{j}$$

   ou, considerando somente a parte real da expressão anterior,

$$\mathbf{E} = \cos(\omega t - kz)\,(\text{E}_{\text{ox}}\, \mathbf{i} - \text{E}_{\text{oy}}\, \mathbf{j})\,. \tag{5.29}$$

   Portanto, o campo elétrico possui polarização linear, cuja direção faz um ângulo $\frac{\pi}{2} \leq \theta = \text{artg}\left(-\frac{\text{E}_{\text{oy}}}{\text{E}_{\text{ox}}}\right) \leq \pi$ com o semieixo x positivo.

3. $\phi = \pm\frac{\pi}{2}$ e $\text{E}_{\text{ox}} = \text{E}_{\text{oy}} = \text{E}_{\text{o}}$

   O campo elétrico é dado, então, por

$$\mathbf{E} = \text{E}_{\text{o}}\, \mathbf{E}_x + \text{E}_{\text{o}}\, e^{\pm i\frac{\pi}{2}}\mathbf{E}_y, \tag{5.30}$$

   e a parte real do campo elétrico é dada por

$$\begin{aligned} \mathbf{E} &= \text{E}_{\text{o}}\cos(\omega t - kz)\,\mathbf{i} + \text{E}_{\text{o}}\cos\left(\omega t - kz \pm \frac{\pi}{2}\right)\mathbf{j} \\ &= \text{E}_{\text{o}}\,(\cos(\omega t - kz)\,\mathbf{i} \mp \text{sen}\,(\omega t - kz)\,\mathbf{j})\,. \end{aligned} \tag{5.31}$$

   A expressão 5.31 mostra que o extremo do vetor campo elétrico movimenta-se uniformemente sobre um círculo com velocidade angular ω no sentido anti-horário (+) ou horário (−). A onda eletromagnética cujo vetor campo elétrico movimenta-se ao longo de um círculo é chamada de luz *circularmente polarizada.* As expressões das polarizações circulares no sentido anti-horário ou à esquerda ($\mathbf{E}_{\mathrm{E}}$) e horária ou à direita ($\mathbf{E}_{\mathrm{D}}$), como descrito por um observador em direção ao qual a onda se propaga, são dadas respectivamente por

$$\begin{aligned} \mathbf{E}_{\mathrm{D}} &= \mathrm{E}_{\mathrm{o}} \left(\cos\left(\omega t - kz\right) \mathbf{i} - \operatorname{sen}\left(\omega t - kz\right) \mathbf{j} \right), & (5.32) \\ \mathbf{E}_{\mathrm{E}} &= \mathrm{E}_{\mathrm{o}} \left(\cos\left(\omega t - kz\right) \mathbf{i} + \operatorname{sen}\left(\omega t - kz\right) \mathbf{j} \right). & (5.33) \end{aligned}$$

4. Polarização elíptica

As polarizações linear e circular podem ser consideradas como casos particulares da *polarização elíptica.* Consideremos que as componentes ortogonais tenham diferente módulo, $\mathrm{E}_{\mathrm{ox}} \neq \mathrm{E}_{\mathrm{oy}}$, e uma fase relativa ϕ arbitrária. O campo elétrico total é dado por

$$\mathbf{E} = \mathrm{E}_{\mathrm{ox}} \mathbf{E}_x + \mathrm{E}_{\mathrm{oy}} e^{i\phi} \mathbf{E}_y$$

ou, tomando somente a parte real da expressão complexa,

$$\mathbf{E} = \mathrm{E}_{\mathrm{ox}} \cos\left(\omega t - kz\right) \mathbf{i} + \mathrm{E}_{\mathrm{oy}} \cos\left(\omega t - kz + \phi\right) \mathbf{j} \qquad (5.34)$$

A partir do primeiro termo da Equação 5.34, podemos escrever

$$\begin{aligned} \operatorname{sen}\left(\omega t - kz\right) &= \pm \sqrt{1 - \cos^2\left(\omega t - kz\right)} \\ &= \pm \sqrt{1 - \frac{\mathrm{E}_{\mathrm{x}}^2}{\mathrm{E}_{\mathrm{ox}}^2}}. \qquad (5.35) \end{aligned}$$

Por outro lado, o termo correspondente ao campo ao longo do eixo y pode ser reescrito como

$$\begin{aligned}
E_y &= E_{oy}\cos(\omega t - kz + \phi) \\
&= E_{oy}\left(\cos(\omega t - kz)\cos\phi - \operatorname{sen}(\omega t - kz)\operatorname{sen}\phi\right). \quad (5.36)
\end{aligned}$$

Utilizando a Equação 5.35, podemos reescrever a última expressão como

$$\begin{aligned}
\frac{E_y}{E_{oy}} &= \cos(\omega t - kz)\,\cos\phi - \operatorname{sen}(\omega t - kz)\,\operatorname{sen}\phi \\
&= \frac{E_x}{E_{ox}}\cos\phi \mp \sqrt{1 - \frac{E_x^2}{E_{ox}^2}}\operatorname{sen}\phi
\end{aligned}$$

ou

$$\frac{E_y}{E_{oy}} - \frac{E_x}{E_{ox}}\cos\phi = \mp\sqrt{1 - \frac{E_x^2}{E_{ox}^2}}\operatorname{sen}\phi.$$

Elevando ao quadrado a expressão anterior, obtemos

$$\begin{aligned}
\frac{E_y^2}{E_{oy}^2} - 2\frac{E_y}{E_{oy}}\frac{E_x}{E_{ox}}\cos\phi + \frac{E_x^2}{E_{ox}^2}\cos^2\phi &= \left(1 - \frac{E_x^2}{E_{ox}^2}\right)\operatorname{sen}^2\phi \\
\frac{E_y^2}{E_{oy}^2} + \frac{E_x^2}{E_{ox}^2} - 2\,\frac{E_x E_y}{E_{ox}E_{oy}}\cos\phi &= \operatorname{sen}^2\phi.
\end{aligned}$$

Pode-se mostrar (ver exercício 9 do Capítulo 2) que a expressão anterior é a equação de uma elipse cujos eixos estão rotacionados de um ângulo α dado pela relação

$$\operatorname{tg}(\alpha) = \frac{2E_{ox}E_{oy}}{E_{ox}^2 - E_{oy}^2}\cos\phi.$$

Os vetores $\mathbf{E}_x$ e $\mathbf{E}_y$ constituem uma base ortonormal na qual é possível expressar qualquer polarização de uma onda monocromática, mas essa base não é única. Podemos obter um número infinito de bases por uma simples rotação do sistema de eixos cartesiano em torno do eixo z (direção de propagação da onda). Uma outra base é constituída pelas polarizações circulares. Para vermos isso, expressemos as equações 5.30 na seguinte forma:

$$\mathbf{E}_{\mathfrak{D}} = \frac{1}{\sqrt{2}} \left(\mathbf{E}_x + i\,\mathbf{E}_y\right), \tag{5.37}$$

$$\mathbf{E}_{\mathfrak{E}} = \frac{1}{\sqrt{2}} \left(i\,\mathbf{E}_x + \mathbf{E}_y\right), \tag{5.38}$$

onde supusemos $\mathrm{E_o} = \frac{1}{\sqrt{2}}$. Aplicando o produto interno canônico aos vetores anteriores, obtemos $\|\mathbf{E}_i\| = \sqrt{\mathbf{E}_i \cdot \mathbf{E}_i^*} = 1$, $i = \mathfrak{D}, \mathfrak{E}$ e $\mathbf{E}_{\mathfrak{D}} \cdot \mathbf{E}_{\mathfrak{E}}^* = 0$. Assim, $\mathbf{E}_{\mathfrak{D}}$ e $\mathbf{E}_{\mathfrak{E}}$, ondas circularmente polarizadas à direta e à esquerda, respectivamente, podem ser consideradas uma base ortonormal na qual é possível expressar a polarização arbitrária de uma onda eletromagnética monocromática. Invertendo as equações 5.37 e 5.38, podemos expressar os vetores da base linear na base circular:

$$\mathbf{E}_{\mathrm{x}} = \frac{1}{\sqrt{2}} \left(\mathbf{E}_{\mathfrak{D}} - i\,\mathbf{E}_{\mathfrak{E}}\right),$$

$$\mathbf{E}_{\mathrm{y}} = \frac{1}{\sqrt{2}} \left(-i\,\mathbf{E}_{\mathfrak{D}} + \mathbf{E}_{\mathfrak{E}}\right).$$

5.6 Ortogonalização de Gram-Schmidt

Até agora, supusemos a existência de uma base ortonormal de um espaço vetorial dado. Surge, então, a questão de como obter uma base de n vetores ortogonais dado um conjunto de n vetores linearmente independentes que expandem um dado espaço vetorial V. A seguir, enunciamos o teorema de Gram-Schmidt.

Teorema 5.7. (teorema de Gram-Schmidt) *Dados n vetores linearmente independentes $\boldsymbol{\phi}_1, \ldots, \boldsymbol{\phi}_n$ de um espaço vetorial* V *com produto interno, é possível construir n vetores de V, $\boldsymbol{\alpha}_1, \ldots, \boldsymbol{\alpha}_n$, mutuamente ortogonais, com a propriedade de que, para um dado m, com $1 \leq m \leq n$,* *os vetores* $\boldsymbol{\alpha}_1, \ldots, \boldsymbol{\alpha}_m$ *formem uma base do subespaço de V expandido pelo subconjunto de vetores* $(\boldsymbol{\phi}_1, \ldots, \boldsymbol{\phi}_m)$.

Demonstração

A demonstração será dada na forma indutiva. Podemos tomar inicialmente $\boldsymbol{\alpha}_1 = \boldsymbol{\phi}_1$. Suponhamos, então, que temos m vetores mutuamente ortogonais $\boldsymbol{\alpha}_1, \ldots, \boldsymbol{\alpha}_m$ de forma que, para todo k com $1 \leq k \leq m$, os vetores $\boldsymbol{\alpha}_1, \ldots, \boldsymbol{\alpha}_k$ expandam o subespaço de V determinado pelo conjunto $(\boldsymbol{\phi}_1, \ldots, \boldsymbol{\phi}_k)$. O vetor $\boldsymbol{\alpha}_{m+1}$ pode ser escrito como

$$\boldsymbol{\alpha}_{m+1} = \boldsymbol{\phi}_{m+1} - \sum_{k=1}^{m} \frac{(\boldsymbol{\phi}_{m+1} \mid \boldsymbol{\alpha}_k)}{\|\boldsymbol{\alpha}_k\|^2} \boldsymbol{\alpha}_k. \tag{5.39}$$

Da expressão anterior, é evidente que $\boldsymbol{\alpha}_{m+1} \neq \mathbf{0}$, pois caso contrário $\boldsymbol{\phi}_{m+1}$ seria um vetor do subespaço determinado pelos vetores $\boldsymbol{\alpha}_1, \ldots, \boldsymbol{\alpha}_m$, o que, por sua vez, implica que seria uma combinação linear dos vetores $\boldsymbol{\phi}_1, \ldots, \boldsymbol{\phi}_m$. Por outro lado, para todo j, com $1 \leq j \leq m$,

$$\begin{aligned}
(\boldsymbol{\alpha}_{m+1} \mid \boldsymbol{\alpha}_j) &= (\boldsymbol{\phi}_{m+1} \mid \boldsymbol{\alpha}_j) - \sum_{k=1}^{m} \frac{(\boldsymbol{\phi}_{m+1} \mid \boldsymbol{\alpha}_k)}{\|\boldsymbol{\alpha}_k\|^2} (\boldsymbol{\alpha}_k \mid \boldsymbol{\alpha}_j) \\
&= (\boldsymbol{\phi}_{m+1} \mid \boldsymbol{\alpha}_j) - (\boldsymbol{\phi}_{m+1} \mid \boldsymbol{\alpha}_j) \\
&= 0.
\end{aligned}$$

Portanto, os vetores $\boldsymbol{\alpha}_1, \ldots, \boldsymbol{\alpha}_{m+1}$ são mutuamente ortogonais e formam uma base do subespaço que expande os vetores $\boldsymbol{\phi}_1, \ldots, \boldsymbol{\phi}_{m+1}$. Pelo mesmo procedimento podem ser construídos os n vetores ortogonais $\boldsymbol{\alpha}_1, \ldots, \boldsymbol{\alpha}_n$ que formam uma base do espaço vetorial V. ♦

Obtida uma base ortogonal $\{\boldsymbol{\alpha}_1, \ldots, \boldsymbol{\alpha}_n\}$, obtém-se uma base ortonormal substituindo cada $\boldsymbol{\alpha}_j$ por $\frac{\boldsymbol{\alpha}_j}{\|\boldsymbol{\alpha}_j\|}$.

5.7 Operadores sobre espaços vetoriais

Um dos problemas mais importantes na física é o de determinar os autovalores e autovetores de operadores vetoriais. Esse tipo de problema se encontra, por exemplo, na mecânica clássica, associado ao problema das rotações de corpos rígidos e à descrição dinâmica de osciladores acoplados. Por outro lado, encontra-se também na mecânica quântica, associado à determinação dos valores suscetíveis de serem obtidos na medida de um determinado observável físico, uma grandeza física para a qual podemos desenhar um experimento que nos permita quantificar esse observável. Começaremos esta seção revendo os conceitos de operadores vetoriais.

5.7.1 Operadores lineares

Um operador sobre um espaço vetorial é uma função que atua sobre os vetores do espaço vetorial e, como resultado da operação, obtém-se um outro vetor do mesmo espaço. Ou seja, se $\mathbf{v}$ e $\mathbf{w}$ são dois vetores de um espaço vetorial V, podemos definir um operador T sobre V por

$$\mathrm{T}(\mathbf{v}) = \mathbf{w}.$$

Um tipo de operador especialmente importante é o denominado operador linear.

Definição 5.10. *Um operador T é dito* linear *se, dados dois vetores quaisquer* $\mathbf{v}$ *e* $\mathbf{w}$ *de um espaço vetorial V sobre um corpo F e um escalar* c *de F, ele satisfaz a seguinte relação:*

$$\mathrm{T}(c\mathbf{v} + \mathbf{w}) = c\mathrm{T}(\mathbf{v}) + \mathrm{T}(\mathbf{w}).$$

Exemplos

1. O operador vetorial T sobre V definido por $\mathrm{T}(\mathbf{v}) = \mathbf{v}$ é denominado *operador identidade.*

2. Se V é o espaço vetorial dos polinômios $\mathbf{p} = c_0 + c_1 x + \ldots + c_n x^n$ sobre o corpo $\mathbb{R}$, podemos definir um operador D sobre V por

$$\mathrm{D}(\mathbf{p}) = c_1 + 2c_2 x + \cdots + nc_n x^{n-1},$$

ou seja, D é o operador derivação e a sua linearidade é consequência da linearidade da derivação de funções.

Todo operador linear T sobre um espaço vetorial satisfaz a seguinte relação:

$$\mathrm{T}(\mathbf{0}) = \mathbf{0}.$$

Com efeito, pela linearidade de T,

$$\begin{aligned}\mathrm{T}(\mathbf{0}) &= \mathrm{T}(\mathbf{0} + \mathbf{0}) \\ &= \mathrm{T}(\mathbf{0}) + \mathrm{T}(\mathbf{0}),\end{aligned}$$

o que significa que $\mathrm{T}(\mathbf{0}) = \mathbf{0}$.

A linearidade dos operadores vetoriais tem como consequência que eles preservam as combinações lineares. Consideremos o vetor $\mathbf{v}$ de um espaço vetorial de dimensão finita V como combinação linear na base ordenada $\{\boldsymbol{\alpha}_1, \ldots, \boldsymbol{\alpha}_n\}$ do espaço, ou seja, $\mathbf{v} = \sum_{i=1}^{n} \mathrm{v}_i \boldsymbol{\alpha}_i$, onde os v_i são escalares. O operador linear T sobre V atuando sobre o vetor $\mathbf{v}$ pode ser escrito da seguinte maneira:

$$\mathrm{T}(\mathbf{v}) = \mathrm{T}\left(\sum_{i=1}^{n} \mathrm{v}_i \boldsymbol{\alpha}_i\right)$$

$$= \sum_{i=1}^{n} \mathrm{v}_i \, \mathrm{T}\left(\boldsymbol{\alpha}_i\right).$$

Isso mostra que o operador linear sobre um espaço vetorial com uma base ordenada está univocamente determinado por sua ação sobre os vetores da base. Portanto, conhecida a imagem pelo operador de cada vetor da base, podemos determinar a imagem de um vetor qualquer do espaço vetorial, conhecida a sua representação nessa base.

Definição 5.11. *Dado um operador T sobre um espaço V, um operador S sobre V é dito* adjunto *de T se, para todo par de vetores* **v** *e* **w** *de V,*

$$(\mathrm{T}\,\mathbf{v}|\mathbf{w}) = (\mathbf{v}|\mathrm{S}\,\mathbf{w})\,. \tag{5.40}$$

Lema. *Se um operador possui um adjunto, ele é único.*

Demonstração: Com efeito, suponhamos que S_1 e S_2 são dois operadores adjuntos de T, ou seja, $(\mathrm{T}\,\mathbf{v}|\mathbf{w}) = (\mathbf{v}|\mathrm{S}_1\,\mathbf{w}) = (\mathbf{v}|\mathrm{S}_2\,\mathbf{w})$. Das propriedades do produto interno, a última igualdade pode ser escrita como

$$(\mathbf{v}|\left(\mathrm{S}_1 - \mathrm{S}_2\right)\mathbf{w}) = 0,$$

a qual é válida para qualquer par de vetores **v** e **w** e, portanto, $\mathrm{S}_1 = \mathrm{S}_2$. ♦

O adjunto de um operador T é denotado por $\mathrm{T}^\dagger$.

Definição 5.12. *Um operador linear T sobre um espaço vetorial V é dito* autoadjunto *se, dados dois vetores,* **v** *e* **w**, *de V,*

$$(\mathrm{T}\,\mathbf{v}|\mathbf{w}) = (\mathbf{v}|\mathrm{T}\,\mathbf{w})\,, \tag{5.41}$$

ou seja, $\mathrm{T} = \mathrm{T}^\dagger$.

5.7.2 Representação de operadores por matrizes

O dito no final da seção anterior pode ser colocado em termos matemáticos da seguinte forma: seja um espaço vetorial V de dimensão n e uma base ordenada $\{\boldsymbol{\alpha}_1, \ldots, \boldsymbol{\alpha}_n\}$ de V, e suponhamos que a ação de um operador T sobre os elementos da base seja dada por

$$\mathrm{T}\left(\boldsymbol{\alpha}_i\right) = \sum_{j=1}^{n} \mathrm{T}_{ij}\boldsymbol{\alpha}_j, \tag{5.42}$$

onde os T_{ij} são escalares, ou seja, a ação do operador sobre cada vetor da base tem como resultado um vetor do mesmo espaço vetorial. Os escalares T_{ij} podem ser considerados elementos de uma matriz quadrada T, $n \times n$, que é a matriz associada ao operador T na base vetorial dada. Os elementos da fileira i-ésima da matriz T correspondem aos coeficientes da ação do operador sobre o i-ésimo vetor da base ordenada na mesma base.

Seja um vetor $\mathbf{v}$ de um espaço vetorial V dado por $\mathbf{v} = \sum_{i=1}^{n} \mathrm{v}_i \boldsymbol{\alpha}_i$. A ação do operador T sobre o vetor é dada por

$$\begin{aligned}
\mathrm{T}\left(\mathbf{v}\right) &= \mathrm{T}\left(\sum_{i=1}^{n} \mathrm{v}_i \boldsymbol{\alpha}_i\right) \\
&= \sum_{i=1}^{n} \mathrm{v}_i \mathrm{T}\left(\boldsymbol{\alpha}_i\right) \\
&= \sum_{i=1}^{n} \mathrm{v}_i \sum_{j=1}^{n} \mathrm{T}_{ij}\boldsymbol{\alpha}_j \\
&= \sum_{j=1}^{n} \left(\sum_{i=1}^{n} \mathrm{v}_i \mathrm{T}_{ij}\right) \boldsymbol{\alpha}_j.
\end{aligned}$$

Usando notação matricial, a última identidade pode ser escrita como

$$\mathrm{T}\left(\mathbf{v}\right) = \begin{bmatrix} \mathrm{v}_1 & \ldots & \mathrm{v}_n \end{bmatrix} \begin{bmatrix} \mathrm{T}_{11} & \ldots & \mathrm{T}_{1n} \\ \vdots & \ddots & \vdots \\ \mathrm{T}_{n1} & \ldots & \mathrm{T}_{nn} \end{bmatrix} \begin{bmatrix} \boldsymbol{\alpha}_1 \\ \vdots \\ \boldsymbol{\alpha}_n \end{bmatrix}. \tag{5.43}$$

Suponhamos que mudemos a base do espaço vetorial de $\mathrm{B} = \{\boldsymbol{\alpha}_1, \ldots, \boldsymbol{\alpha}_n\}$ para $\mathrm{B}' = \{\boldsymbol{\alpha}'_1, \ldots, \boldsymbol{\alpha}'_n\}$. Na Seção 5.4, vimos que as componentes de um vetor $\mathbf{v}$ nas bases B e B′ estão relacionadas por $[\mathbf{v}]_{\mathrm{B}'} = \mathrm{P}^{-1}[\mathbf{v}]_{\mathrm{B}}$, onde P é uma matriz quadrada inversível formada pelas componentes dos elementos da nova base em termos da base antiga. Surge a seguinte questão: como é a representação matricial de um operador T na nova base? Para responder essa pergunta, utilizamos como ponto de partida a definição de operador linear:

$$[\mathrm{T}(\mathbf{v})]_{\mathrm{B}} = [\mathrm{T}]_{\mathrm{B}}[\mathbf{v}]_{\mathrm{B}}.$$

Por outro lado, da Equação 5.12, temos

$$[\mathrm{T}(\mathbf{v})]_{\mathrm{B}} = \mathrm{P}[\mathrm{T}(\mathbf{v})]_{\mathrm{B}'},$$

portanto,

$$\begin{aligned}[\mathrm{T}]_{\mathrm{B}}[\mathbf{v}]_{\mathrm{B}} &= \mathrm{P}[\mathrm{T}(\mathbf{v})]_{\mathrm{B}'} \\ &= \mathrm{P}[\mathrm{T}]_{\mathrm{B}'}[\mathbf{v}]_{\mathrm{B}'}\end{aligned}$$

ou

$$\mathrm{P}^{-1}[\mathrm{T}]_{\mathrm{B}}\mathrm{P}[\mathbf{v}]_{\mathrm{B}'} = [\mathrm{T}]_{\mathrm{B}'}[\mathbf{v}]_{\mathrm{B}'}.$$

Assim, as representações de um operador linear T nas bases B e B′ estão relacionadas por

$$[\mathrm{T}]_{\mathrm{B}'} = \mathrm{P}^{-1}[\mathrm{T}]_{\mathrm{B}}\mathrm{P}, \tag{5.44}$$

onde a matriz P tem o significado dado na Seção 5.4.

Teorema 5.8. *Se* $\{\boldsymbol{\alpha}_1, \ldots, \boldsymbol{\alpha}_n\}$ *é uma base ordenada ortonormal de um espaço vetorial* V *com produto interno e* T *é um operador autoadjunto sobre* V, *então* $\mathrm{T}_{ij} = \mathrm{T}^*_{ji}$.

Demonstração

Da definição de operador linear, temos

$$\mathrm{T}\boldsymbol{\alpha}_i = \sum_k \mathrm{T}_{ik}\boldsymbol{\alpha}_k,$$

portanto,

$$\begin{aligned}(\mathrm{T}\boldsymbol{\alpha}_i|\boldsymbol{\alpha}_j) &= \sum_k \mathrm{T}_{ik}\,(\boldsymbol{\alpha}_k|\boldsymbol{\alpha}_j)\\ &= \mathrm{T}_{ij}.\end{aligned}$$

Por outro lado,

$$\begin{aligned}(\boldsymbol{\alpha}_i|\mathrm{T}\boldsymbol{\alpha}_j) &= (\mathrm{T}^*\boldsymbol{\alpha}_j|\boldsymbol{\alpha}_i)\\ &= \mathrm{T}^*_{ji}.\end{aligned}$$

Portanto, da condição de autoadjunto, resulta que $\mathrm{T}_{ij} = \mathrm{T}^*_{ji}$. ♦

A matriz que representa um operador autoadjunto é dita *hermitiana*.

5.8 Invariantes

Dado um operador, existem funções escalares deste que tomam o mesmo valor em qualquer sistema de coordenadas. São os denominados **invariantes**. Exemplos de invariantes são o *traço* e o *determinante* de uma matriz, como será demonstrado a seguir.

Invariância do traço

O traço de uma matriz M quadrada é o escalar definido por

$$\mathrm{tr}\,(\mathrm{M}) \equiv \sum_i \mathrm{M}_{ii},$$

ou seja, é a soma dos elementos da sua diagonal principal e possui, entre outras, a seguinte propriedade: $\mathrm{tr}\,(\mathrm{AB}) = \mathrm{tr}\,(\mathrm{BA})$, a qual pode ser demonstrada a partir da sua definição. Por uma mudança de base, o traço do operador T na nova base é dado por

$$\begin{aligned} \mathrm{tr}\left([\mathrm{T}]_{\mathrm{B}'}\right) &= \mathrm{tr}\left(\mathrm{P}^{-1}[\mathrm{T}]_{\mathrm{B}}\,\mathrm{P}\right) \\ &= \mathrm{tr}\left(\mathrm{PP}^{-1}[\mathrm{T}]_{\mathrm{B}}\right) \\ &= \mathrm{tr}\left([\mathrm{T}]_{\mathrm{B}}\right). \quad \blacklozenge \end{aligned}$$

Invariância do determinante

O determinante de uma matriz possui, entre outras, a seguinte propriedade: se A e B são matrizes quadradas, $\det(\mathrm{AB}) = \det(\mathrm{A})\det(\mathrm{B})$. Assim,

$$\begin{aligned} \det\left([\mathrm{T}]_{\mathrm{B}'}\right) &= \det\left(\mathrm{P}^{-1}[\mathrm{T}]_{\mathrm{B}}\,\mathrm{P}\right) \\ &= \det\left(\mathrm{P}^{-1}\right)\det\left([\mathrm{T}]_{\mathrm{B}}\right)\det(\mathrm{P}). \end{aligned}$$

Finalmente, como P é inversível, $1 = \det(\mathrm{I}) = \det\left(\mathrm{PP}^{-1}\right) = \det(\mathrm{P})\det\left(\mathrm{P}^{-1}\right)$, ou seja, $\det(\mathrm{P}) = \left(\det\left(\mathrm{P}^{-1}\right)\right)^{-1}$, sendo possível afirmar, então, que

$$\det\left([\mathrm{T}]_{\mathrm{B}'}\right) = \det\left([\mathrm{T}]_{\mathrm{B}}\right). \quad \blacklozenge$$

5.9 Autovalores e autovetores

Consideremos as seguintes situações:

1. Quando um corpo rígido se movimenta mantendo um ponto fixo, o teorema de Euler nos diz que tal movimento corresponde a uma rotação pura. Nesse caso, o deslocamento dos eixos coordenados rigidamente ligados ao corpo rígido não se transladam, mas simplesmente mudam

a orientação. Assim, um vetor dirigido ao longo do eixo de rotação permanecerá inalterado por efeito desta. Como determinar essa direção?

2. Dado um sistema de massas vinculadas entre si por forças elásticas, elas adquirem um movimento oscilatório com determinadas frequências e com determinada relação de fases entre elas. Quais são esses modos de oscilação?

Esses são alguns exemplos de problemas recorrentes em física associados à determinação de vetores e valores próprios.

Definição 5.13. *Seja V um espaço vetorial sobre o corpo F e T um operador linear sobre V. Denomina-se valor próprio ou autovalor de T o escalar* λ *de F tal que exista um vetor* $\mathbf{v}$ *de V para o qual*

$$\mathrm{T}\left(\mathbf{v}\right)=\lambda\mathbf{v}. \tag{5.45}$$

O vetor $\mathbf{v}$ é denominado *vetor próprio* ou *autovetor* de T associado ao *autovalor* λ.

Reescrevamos a equação de autovalores 5.45. Seja $\{\boldsymbol{\alpha}_1,\ldots,\boldsymbol{\alpha}_n\}$ uma base ordenada de V e seja $\mathbf{v}=\sum\limits_i \mathrm{v}_i\boldsymbol{\alpha}_i$. Podemos escrever o problema de autovalores de um operador T como

$$\begin{aligned}
\mathrm{T}\left(\mathbf{v}\right)&=\lambda\mathbf{v}\\
\mathrm{T}\left(\sum_i \mathrm{v}_i\boldsymbol{\alpha}_i\right)&=\lambda\sum_i \mathrm{v}_i\boldsymbol{\alpha}_i\\
\sum_i \mathrm{v}_i\mathrm{T}\left(\boldsymbol{\alpha}_i\right)&=\sum_i \lambda\mathrm{v}_i\boldsymbol{\alpha}_i\\
\sum_i \mathrm{v}_i\sum_j \mathrm{T}_{ij}\boldsymbol{\alpha}_j&=\sum_j \lambda\mathrm{v}_j\boldsymbol{\alpha}_j
\end{aligned}$$

$$\sum_j \left(\sum_i \mathrm{T}_{ij} \mathrm{v}_i \right) \boldsymbol{\alpha}_j = \sum_j \lambda \mathrm{v}_j \boldsymbol{\alpha}_j.$$

Portanto,

$$\sum_i \mathrm{T}_{ij} \mathrm{v}_i = \lambda \mathrm{v}_j.$$

Usando a delta de Kronecker,[2] a expressão anterior pode ser escrita da seguinte maneira:

$$\sum_i (\mathrm{T}_{ij} - \lambda \delta_{ij}) \, \mathrm{v}_i = 0 \tag{5.46}$$

ou em forma de operadores, assim:

$$(\mathrm{T} - \lambda \mathrm{I}) \, \mathbf{v} = \mathbf{0}. \tag{5.47}$$

A Equação 5.46 representa o conjunto de n equações homogêneas nas n incógnitas v_i dadas por

$$\begin{gathered} (\mathrm{T}_{11} - \lambda) \, \mathrm{v}_1 + \ldots + \mathrm{T}_{1n} \mathrm{v}_n = 0 \\ \vdots \\ \mathrm{T}_{n1} \mathrm{v}_1 + \ldots + (\mathrm{T}_{nn} - \lambda) \, \mathrm{v}_n = 0 \end{gathered} \tag{5.48}$$

A condição necessária e suficiente para a existência de uma solução não trivial ($\mathbf{v} \neq \mathbf{0}$) é que o determinante dos coeficientes seja nulo, isto é,

$$\det (\mathrm{T} - \lambda \mathrm{I}) = 0, \tag{5.49}$$

o qual representa um polinômio de ordem n em λ, denominado **polinômio característico**. A Equação 5.49 é denominada *equação de autovalores* ou *equação de valores característicos*. Assim, a equação de autovalores terá até n raízes, as quais podem ser reais ou complexas, simples ou múltiplas. Se as

[2] A delta de Kronecker definida por $\delta_{ij} = \begin{cases} 1 & \text{se} \quad i = j \\ 0 & \text{se} \quad i \neq j \end{cases}$, é o elemento genérico da matriz identidade I.

componentes da matriz do operador T forem reais e a equação característica tiver um autovalor complexo, então o complexo conjugado também é solução da equação característica.

As n equações 5.48 foram escritas com relação a uma base determinada do espaço vetorial V. A escolha de uma outra base conduzirá a um conjunto diferente de coeficientes para as representações de T e $\mathbf{v}$, porém a equação de autovalores permanecerá a mesma. Isso ocorre devido ao fato de que, como vimos na Seção 5.8, o determinante de uma matriz representa um invariante em relação a uma mudança de base. Suponhamos que T' representa o operador na nova base. Nesse caso,

$$\begin{aligned} \det\left(\mathrm{T}' - \lambda \mathrm{I}\right) &= \det\left(\mathrm{P}^{-1}\mathrm{TP} - \lambda \mathrm{P}^{-1}\mathrm{P}\right) \\ &= \det\left(\mathrm{P}^{-1}\left[\mathrm{T} - \lambda \mathrm{I}\right]\mathrm{P}\right) \\ &= \det\left(\mathrm{P}^{-1}\right)\det\left(\mathrm{T} - \lambda \mathrm{I}\right)\det\left(\mathrm{P}\right) \\ &= \det\left(\mathrm{T} - \lambda \mathrm{I}\right). \end{aligned}$$

De todas as bases possíveis para a representação do operador T, interessa aquela na qual o operador é representado por uma matriz diagonal. Nesse caso, os elementos da diagonal principal da matriz serão os autovalores do operador, e os elementos da base serão os autovetores de T. Ou seja, se $\{\boldsymbol{\alpha}_i\}$ é uma base na qual T é diagonal, então $\mathrm{T}\left(\boldsymbol{\alpha}_i\right) = \lambda_i \boldsymbol{\alpha}_i$ e

$$\mathrm{T} = \begin{bmatrix} \lambda_1 & 0 & \dots & 0 \\ 0 & \lambda_2 & \cdots & 0 \\ \vdots & \vdots & \ddots & \vdots \\ 0 & 0 & \dots & \lambda_n \end{bmatrix}. \tag{5.50}$$

Assim, um operador T sobre um espaço vetorial V é diagonalizável se existir uma base de V na qual cada vetor seja autovetor do operador. A seguir, estabeleceremos alguns resultados importantes em relação ao problema de diagonalização de operadores num espaço vetorial V, em particular de operadores representados por matrizes simétricas e com elementos reais.

Teorema 5.9. *Seja* T *um operador representado por uma matriz hermitiana. Todos os autovalores da matriz são reais e os autovetores correspondentes são ortogonais, ou seja, são linearmente independentes.*

Demonstração

Seja λ_i o autovalor correspondente ao autovetor $\mathbf{v}_i$. A equação de autovalores é escrita em forma matricial como

$$\mathrm{T}\mathbf{v}_i = \lambda_i \mathbf{v}_i, \tag{5.51}$$

onde $\mathbf{v}_i$ é uma matriz coluna $n \times 1$ cujos elementos são as componentes do vetor na base ordenada $\{\boldsymbol{\alpha}_i\}$ e T é uma matriz $n \times n$. Por outro lado, podemos tomar o transposto conjugado da seguinte equação de autovalores em relação ao autovetor $\mathbf{v}_j$:

$$\begin{aligned} (\mathrm{T}\,\mathbf{v}_j)^\dagger &= (\lambda_j\,\mathbf{v}_j)^\dagger \\ \mathbf{v}_j^\dagger\,\mathrm{T}^\dagger &= \lambda_j^*\,\mathbf{v}_j^\dagger, \end{aligned} \tag{5.52}$$

onde o símbolo * indica conjugação complexa. Multipliquemos a Equação 5.51 pela esquerda pelo vetor $\mathbf{v}_j^\dagger$, matriz $1 \times n$, e a Equação 5.52 pela direita pelo vetor $\mathbf{v}_i$, vetor coluna $n \times 1$, obtendo

$$\mathbf{v}_j^\dagger\,\mathrm{T}\,\mathbf{v}_i = \lambda_i\,\mathbf{v}_j^\dagger\,\mathbf{v}_i \tag{5.53}$$

e

$$\mathbf{v}_j^\dagger\,\mathrm{T}^\dagger\,\mathbf{v}_i = \lambda_j^*\,\mathbf{v}_j^\dagger\,\mathbf{v}_i, \tag{5.54}$$

respectivamente.

Pelo caráter hermético da matriz associada ao operador T, os membros esquerdos de ambas as expressões são iguais. Por outro lado, nos membros direitos temos escrito em forma matricial o produto escalar dos vetores $\mathbf{v}_j^\dagger$ e $\mathbf{v}_i$. Subtraindo membro a membro as equações 5.53 e 5.54, obtemos

$$\left(\lambda_i - \lambda_j^*\right) \mathbf{v}_j^\dagger \cdot \mathbf{v}_i = 0. \tag{5.55}$$

Se $i = j$, $\mathbf{v}_i^\dagger \cdot \mathbf{v}_i = |\mathbf{v}_i|^2$, o qual é positivo definido. Portanto, a equação é nula se $\lambda_i = \lambda_i^*$, ou seja, se λ_i é real. Se $i \neq j$ e $\lambda_i \neq \lambda_j$, então a expressão é nula se $\mathbf{v}_j \cdot \mathbf{v}_i = 0$, ou seja, se os autovetores são ortogonais. Se, por outro lado, $\lambda_i = \lambda_j$, os correspondentes autovetores não são necessariamente ortogonais, e qualquer combinação linear desses autovetores será também um autovetor com o mesmo autovalor. Considerando um autovetor qualquer do plano definido pelo par de autovetores originais e pelo processo de ortogonalização de Gram-Schmidt, é possível obter dois autovetores ortogonais entre si. ♦

5.9.1 Autovalores em $\mathbb{R}^3$

Um número considerável de problemas em física correspondem à determinação dos autovalores e autovetores de matrizes 3×3. Nesse caso, é interessante particularizar alguns resultados gerais a esse caso específico. Consideremos, então, o problema da determinação dos autovalores e autovetores para operadores vetoriais em $\mathbb{R}^3$. Os operadores são representados por matrizes 3×3, e, portanto, o polinômio característico é um polinômio $p(\lambda)$ de grau 3 na incógnita λ:

$$\begin{aligned} p(\lambda) &= \det\left(\mathrm{T} - \lambda \mathrm{I}\right) \\ &= \begin{vmatrix} \mathrm{T}_{11} - \lambda & \mathrm{T}_{12} & \mathrm{T}_{13} \\ \mathrm{T}_{21} & \mathrm{T}_{22} - \lambda & \mathrm{T}_{23} \\ \mathrm{T}_{31} & \mathrm{T}_{32} & \mathrm{T}_{33} - \lambda \end{vmatrix}. \end{aligned}$$

Em razão de o polinômio característico ser um invariante, por ser o determinante de um operador, seus coeficientes podem ser escritos em termos dos invariantes da matriz. É trivial mostrar que a equação característica nesse caso é dada por

$$\lambda^3 - \mathrm{tr}\,(\mathrm{T})\,\lambda^2 + \frac{1}{2}\left[(\mathrm{tr}\,(\mathrm{T}))^2 - \mathrm{tr}\left(\mathrm{T}^2\right)\right]\lambda - \det(\mathrm{T}) = 0. \tag{5.56}$$

Portanto, a matriz terá no máximo 3 autovalores (raízes da equação característica), sendo que pelo menos um deles será real. Com efeito, pelo polinômio característico ser de grau impar (grau 3),

$$\lim_{\lambda\to+\infty} p(\lambda) = +\infty \quad \text{e} \quad \lim_{\lambda\to-\infty} p(\lambda) = -\infty.$$

Por isso, sendo uma função contínua, ela cruza o eixo das abscissas pelo menos uma vez. Assim, a equação de autovalores terá 1 ou 3 raízes reais iguais ou diferentes. Se algum dos autovalores for complexo, seu complexo conjugado também será um autovalor. ♦

5.9.2 Exemplos de aplicação

A seguir, serão abordados alguns exemplos de aplicação do problema de valores próprios em física.

Osciladores harmônicos acoplados

Quando dois ou mais osciladores harmônicos se encontram acoplados, o movimento do conjunto pode ser complicado. Em geral, haverá uma troca de energia entre os diversos osciladores, levando a um movimento que, individualmente, pode não ser harmônico. Porém, o movimento pode ser resolvido em modos normais de oscilação, que correspondem a movimentos coletivos com determinada frequência, sendo que os diversos modos são independentes entre si. Como exemplo simples, do desenvolvimento das oscilações de um

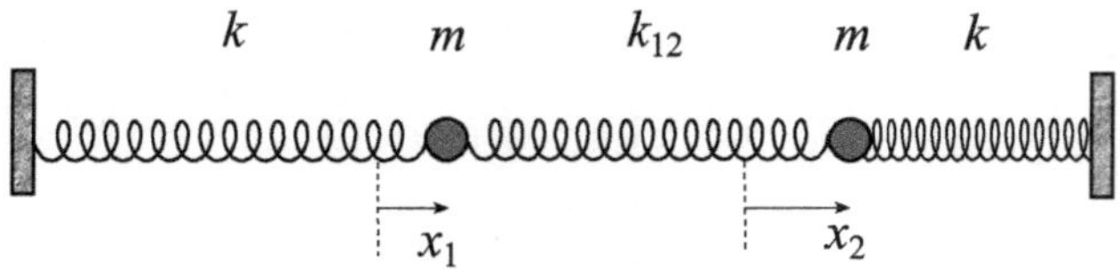

Figura 5.1 – Conjunto de massas m ligadas entre si por uma mola de constante elástica k_{12} e a suportes fixos por molas de constante elástica k.

sistema físico em modos normais, consideremos o caso de dois osciladores lineares do tipo massa-mola, compostos por partículas de massa m e molas de constante elástica k acoplados por uma mola de constante elástica k_{12} (Figura 5.1). O sistema possui, ao todo, 2 graus de liberdade. Sejam x_1 e x_2 as posições de cada uma das massas em relação aos seus respectivos pontos de equilíbrio. Suponhamos, ainda, que quando ambas as molas de constante elástica k tiverem a mesma deformação ($x_1 - x_2 = 0$), a mola de constante k_{12} estará relaxada. As equações de movimento no formalismo de Lagrange são:

$$\frac{d}{dt}\left(\frac{dL}{d\dot{x}_i}\right) - \frac{dL}{dx_i} = 0 \quad i = 1,\, 2, \tag{5.57}$$

onde L é a lagrangeana do sistema, a qual é definida como a diferença entre as energias cinética T e potencial U do sistema ($L = T - U$). As expressões das energias cinética T e potencial U do sistema são dadas, respectivamente, por

$$T = \frac{1}{2}m\dot{x}_1^2 + \frac{1}{2}m\dot{x}_2^2,$$
$$U = \frac{1}{2}kx_1^2 + \frac{1}{2}kx_2^2 + \frac{1}{2}k_{12}\left(x_2 - x_1\right)^2.$$

Escrevamos explicitamente as equações de movimento 5.57 para as coordenadas x_1e x_2:

$$\begin{aligned} m\ddot{x}_1 + (k + k_{12})\, x_1 - k_{12} x_2 &= 0 \\ m\ddot{x}_2 + (k + k_{12})\, x_2 - k_{12} x_1 &= 0 \end{aligned} \tag{5.58}$$

O sistema 5.58 constitui um conjunto de duas equações diferenciais lineares simultâneas de segunda ordem acopladas nas variáveis x_1 e x_2. Vemos que, se o terceiro termo nas equações de movimento não estivesse presente, as equações não estariam acopladas e as soluções seriam as conhecidas para um oscilador independente. Podemos escrever o sistema de equações 5.58 em forma matricial como

$$\mathrm{T}\ddot{\mathbf{x}} + \mathrm{U}\mathbf{x} = \mathbf{0},$$

onde

$$\mathrm{T} = \begin{bmatrix} m & 0 \\ 0 & m \end{bmatrix}, \; \mathrm{U} = \begin{bmatrix} k + k_{12} & -k_{12} \\ -k_{12} & k + k_{12} \end{bmatrix}, \; \mathbf{x} = \begin{bmatrix} x_1 \\ x_2 \end{bmatrix}, \; \ddot{\mathbf{x}} = \begin{bmatrix} \ddot{x}_1 \\ \ddot{x}_2 \end{bmatrix}.$$

Procuramos soluções do tipo harmônicas. Assim, supomos que as variáveis x_1 e x_2 são dadas por funções oscilatórias do tipo $x_i = A_i\, e^{i\omega t}$, onde A_i é uma amplitude complexa, lembrando que o movimento efetuado pela massa é representado pela parte real da função. Em geral, os valores dos coeficientes A_i são determinados a partir das condições iniciais do movimento do sistema. Nesse tipo de solução, as coordenadas oscilam com a mesma frequência ω. Substituindo as soluções de prova nas equações de movimento e dividindo ambos os membros por $e^{i\omega t}$, obtemos

$$\begin{aligned} -\omega^2\, m\, A_1 + (k + k_{12})\, A_1 - k_{12}\, A_2 &= 0, \\ -\omega^2\, m\, A_2 + (k + k_{12})\, A_2 - k_{12}\, A_1 &= 0. \end{aligned}$$

Podemos escrever essas equações de forma sucinta, apelando à notação matricial:

$$\mathrm{U}\,\mathbf{A} = \lambda \mathrm{T}\,\mathbf{A}, \tag{5.59}$$

onde **A** é o vetor representado pela matriz 2×1 dada por

$$\mathbf{A} = \begin{bmatrix} A_1 \\ A_2 \end{bmatrix}$$

e $\lambda = \omega^2$. Se introduzirmos o novo vetor **Y**, dado por $\mathbf{Y} = m\,\mathbf{A}$, e a nova matriz M, dada por $\mathrm{M} = \frac{1}{m}\mathrm{U}$, a Equação 5.59 pode ser reescrita como

$$\mathrm{M}\,\mathbf{Y} = \lambda\mathbf{Y}, \tag{5.60}$$

a qual representa, do ponto de vista matemático, um problema de autovalores associado ao problema dos osciladores acoplados. Determinemos os autovalores de M, os quais são as raízes do seu polinômio característico, escrito em termos dos invariantes de M como

$$\lambda^2 - \mathrm{tr}\,(\mathrm{M})\,\lambda + \det\,(\mathrm{M}) = 0.$$

Substituindo, na expressão anterior, os invariantes da matriz M pelas suas expressões em termos das suas componentes, obtemos

$$\lambda^2 - 2\frac{k + k_{12}}{m}\lambda + \frac{k^2 + 2k\,k_{12}}{m^2} = 0.$$

As soluções da equação característica, os autovalores, são dadas em termos das frequências por

$$\omega_{1,2} = \begin{cases} \sqrt{\frac{k}{m}} \\ \\ \sqrt{\frac{k+2k_{12}}{m}} \end{cases},$$

ou seja, existem dois movimentos oscilatórios possíveis do conjunto de osciladores acoplados, nos quais ambas as coordenadas oscilam com a mesma frequência característica, ω_1 ou ω_2. O movimento mais geral possível pode ser escrito em termos desses dois movimentos oscilatórios puros.

Os autovetores são obtidos substituindo na Equação 5.60 o valor correspondente do autovalor:

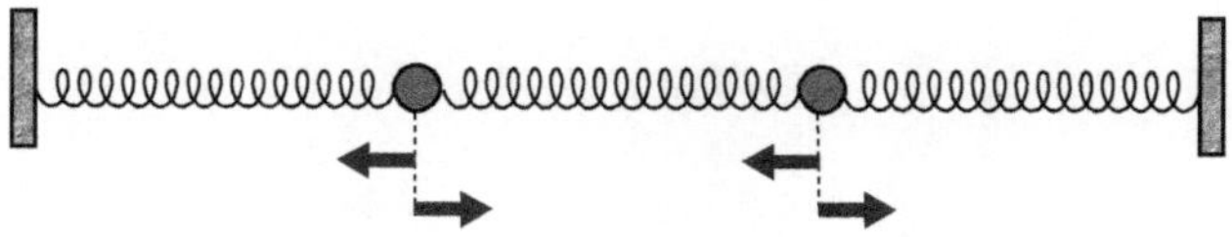

Figura 5.2 – Modo de oscilação normal no qual as massas oscilam em fase.

i. $\omega_1 = \sqrt{\frac{k}{m}}$

$$\begin{bmatrix} \frac{k+k_{12}}{m} & -\frac{k_{12}}{m} \\ -\frac{k_{12}}{m} & \frac{k+k_{12}}{m} \end{bmatrix} \begin{bmatrix} \frac{A_1}{m} \\ \frac{A_2}{m} \end{bmatrix} = \frac{k}{m} \begin{bmatrix} \frac{A_1}{m} \\ \frac{A_2}{m} \end{bmatrix}$$

Desenvolvendo a expressão, obtemos o seguinte sistema de equações:

$$(k + k_{12})\, A_1 - k_{12}A_2 = kA_1,$$
$$-k_{12}A_1 + (k + k_{12})\, A_2 = kA_2.$$

A solução do sistema de equações é

$$A_2 = A_1$$

ou

$$\mathbf{Y}_{\omega_1} = A \begin{bmatrix} 1 \\ 1 \end{bmatrix},$$

onde A é uma constante arbitrária determinada pela condição inicial do movimento. Assim, o autovetor correspondente ao autovalor ω_1 representa o modo normal de oscilação, no qual os movimentos oscilatórios de ambas as massas se encontram em fase, deixando a mola de acoplamento no estado relaxado (Figura 5.2).

ii. $\omega_2 = \sqrt{\frac{k+2k_{12}}{m}}$

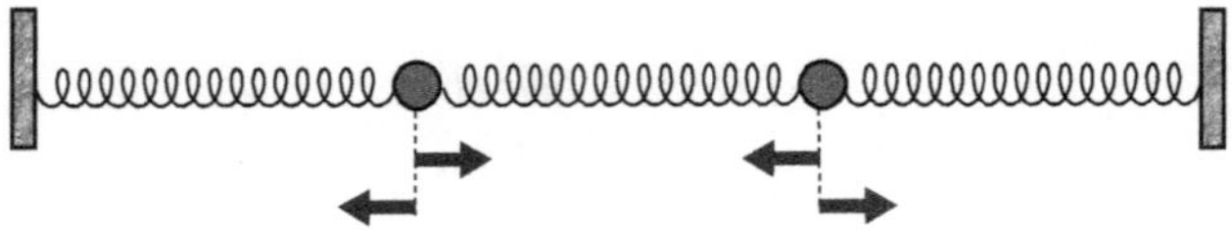

Figura 5.3 – Modo de oscilação normal no qual as massas oscilam em oposição de fase.

$$\begin{bmatrix} \frac{k+k_{12}}{m} & -\frac{k_{12}}{m} \\ -\frac{k_{12}}{m} & \frac{k+k_{12}}{m} \end{bmatrix} \begin{bmatrix} \frac{A_1}{m} \\ \frac{A_2}{m} \end{bmatrix} = \frac{k+2k_{12}}{m} \begin{bmatrix} \frac{A_1}{m} \\ \frac{A_2}{m} \end{bmatrix}$$

Procedendo como anteriormente, obtemos o seguinte sistema de equações:

$$\begin{aligned} (k+k_{12})\,A_1 - k_{12}A_2 &= (k+k_{12})\,A_1, \\ -k_{12}A_1 + (k+k_{12})\,A_2 &= (k+k_{12})\,A_2. \end{aligned}$$

A solução do sistema de equações é

$$A_2 = -A_1$$

ou

$$\mathbf{Y}_{\omega_2} = A \begin{bmatrix} 1 \\ -1 \end{bmatrix},$$

onde A é novamente uma constante arbitrária determinada pela condição inicial do movimento. O autovetor correspondente à frequência ω_2 representa o modo normal de oscilação no qual os movimentos oscilatórios de ambas as massas se encontram em oposição de fase (Figura 5.3)

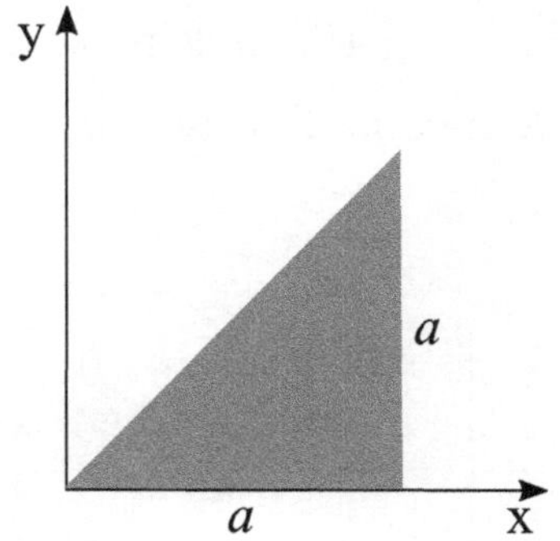

Figura 5.4 – Lâmina delgada com formato de triângulo retângulo e cujos catetos medem a.

Tensor de inércia de um corpo homogêneo

No estudo da rotação de corpos rígidos, surge naturalmente o conceito de *tensor de inércia* ou *tensor momento de inércia*, o qual é simétrico. A diagonalização do tensor de inércia determina os denominados *momentos principais de inércia*, e as direções definidas pelos autovetores correspondentes definem os *eixos principais de inércia*. Os elementos do tensor de inércia T para um corpo extenso são definidos por

$$T_{ij} = \int \rho\left(\vec{r}\right)\left(r^2\delta_{ij} - r_i r_j\right) dV, \quad i, j = x, y, z,$$

onde $\rho\left(\vec{r}\right)$ é a densidade volumétrica de matéria em um elemento de volume dV na posição $\vec{r}$, r_i adota os valores das coordenadas cartesianas da posição do elemento de volume e δ_{ij} é a delta de Kronecker.

Exemplo

Seja um corpo dado por uma lâmina delgada com forma de triângulo retângulo de catetos igual a a, como mostrado na Figura 5.4. No caso de a lâmina delgada ser paralela ao plano x-y, a densidade volumétrica pode ser escrita da seguinte maneira:

$$\rho\left(\vec{r}\right) = \sigma\left(x, y\right)\delta\left(z\right),$$

onde $\sigma(x, y)$ é uma densidade superficial de matéria e $\delta(z)$ é a delta de Dirac (ver Anexo C). O tensor de inércia T desse corpo em relação ao sistema de coordenadas dado é

$$\mathrm{T} = \begin{bmatrix} \frac{\sigma a^4}{12} & -\frac{\sigma a^4}{8} & 0 \\ -\frac{\sigma a^4}{8} & \frac{\sigma a^4}{4} & 0 \\ 0 & 0 & \frac{\sigma a^4}{3} \end{bmatrix}.$$

Os momentos principais de inércia do tensor são as raízes da equação característica do tensor:

$$\det(\mathrm{T} - \lambda \mathrm{I}) = \begin{vmatrix} \frac{\sigma a^4}{12} - \lambda & -\frac{\sigma a^4}{8} & 0 \\ -\frac{\sigma a^4}{8} & \frac{\sigma a^4}{4} - \lambda & 0 \\ 0 & 0 & \frac{\sigma a^4}{3} - \lambda \end{vmatrix} = 0.$$

A equação característica é dada por

$$\left(\lambda^2 - \frac{\sigma a^4}{3}\lambda + \frac{\sigma^2 a^8}{192}\right)\left(\frac{\sigma a^4}{3} - \lambda\right) = 0.$$

Da solução da equação característica, obtemos os autovalores ou momentos principais de inércia $I_i\,(= \lambda_i)$:

$$I_1 = \sigma a^4 \left(\frac{1}{6} + \frac{\sqrt{13}}{24}\right), \quad I_2 = \sigma a^4 \left(\frac{1}{6} - \frac{\sqrt{13}}{24}\right), \quad I_3 = \frac{\sigma a^4}{3}.$$

A partir da forma do tensor de inércia (os elementos da linha 3 e da coluna 3 do tensor têm elementos nulos, exceto o T_{33}), é possível antecipar que o eixo z é um dos eixos principais de inércia, ou seja, todo vetor paralelo ao eixo z é um autovetor correspondente ao autovalor I_3. Sem perda de generalidade, podemos tomar como autovetor normalizado correspondente ao momento principal de inércia I_3 o vetor

$$\mathbf{v}_3 = \begin{bmatrix} 0 \\ 0 \\ 1 \end{bmatrix}.$$

As duas direções restantes encontram-se, portanto, no plano x-y. Determinemos esses eixos principais de inércia, dados por vetores cuja forma geral em notação matricial é

$$\mathbf{v}_{1,2} = \begin{bmatrix} \mathrm{v}_x \\ \mathrm{v}_y \\ 0 \end{bmatrix}.$$

As componentes do autovetor $\mathbf{v}_1$ correspondente ao momento principal de inércia I_1 são as soluções do seguinte sistema de equações:

$$\frac{\sigma a^4}{12}\mathrm{v}_x - \frac{\sigma a^4}{8}\mathrm{v}_y = \sigma a^4 \left(\frac{1}{6} + \frac{\sqrt{13}}{24}\right) \mathrm{v}_x,$$
$$-\frac{\sigma a^4}{8}\mathrm{v}_x + \frac{\sigma a^4}{4}\mathrm{v}_y = \sigma a^4 \left(\frac{1}{6} + \frac{\sqrt{13}}{24}\right) \mathrm{v}_y.$$

A resolução do sistema anterior mostra que o autovetor correspondente ao momento principal de inércia I_1 é

$$\mathbf{v}_1 = c \begin{bmatrix} \dfrac{2-\sqrt{13}}{3} \\ 1 \\ 0 \end{bmatrix},$$

onde c é uma constante arbitrária que pode ser especificada se o vetor for normalizado. Por outro lado, as componentes do autovetor correspondente ao momento de inércia I_2 são as soluções do seguinte sistema de equações:

$$\frac{\sigma a^4}{12}\mathrm{v}_x - \frac{\sigma a^4}{8}\mathrm{v}_y = \sigma a^4 \left(\frac{1}{6} - \frac{\sqrt{13}}{24}\right) \mathrm{v}_x,$$

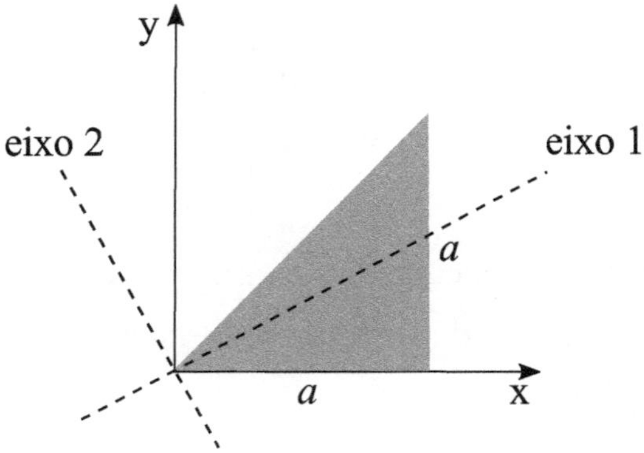

Figura 5.5 – Eixos principais de inércia da lâmina delgada triangular paralela ao plano x-y em relação ao sistema de coordenadas da figura. O terceiro eixo principal de inércia é o eixo z.

$$-\frac{\sigma a^4}{8}\mathrm{v}_x + \frac{\sigma a^4}{4}\mathrm{v}_y = \sigma a^4 \left(\frac{1}{6} - \frac{\sqrt{13}}{24}\right)\mathrm{v}_y.$$

Assim, $\mathbf{v}_2$ é dado por:

$$\mathbf{v}_2 = c\begin{bmatrix} \dfrac{2+\sqrt{13}}{3} \\ 1 \\ 0 \end{bmatrix},$$

onde novamente c é uma constante arbitrária. Os eixos principais de inércia determinados pelos autovetores $\mathbf{v}_1$ e $\mathbf{v}_2$ são mostrados na Figura 5.5, sendo o eixo z o terceiro eixo principal de inércia.

Mecânica quântica e o spin do elétron

Os postulados fundamentais da mecânica quântica, teoria revolucionária sobre a descrição de sistemas físicos em escala atômica e molecular, estabelecem que:

1. A qualquer tempo, o estado de um sistema é representado por um vetor $|\psi\rangle$ pertencente ao espaço vetorial de estados $\mathfrak{E}$ do sistema;

2. Qualquer grandeza física que seja mensurável é descrita por um operador hermitiano sobre $\mathfrak{E}$;

3. O único resultado possível de uma medida de uma grandeza física é algum dos autovalores do operador associado.

Previamente à realização da medida de um observável físico de um sistema, em geral, o máximo que pode ser dito sobre o resultado de uma medida do observável é dado em termos de probabilidades. Se o sistema se encontra no estado dado por $|\psi\rangle$, a probabilidade $\mathscr{P}(a_n)$ em uma medida de o observável A obter o valor a_n, o qual corresponde ao autovetor normalizado $|u_n\rangle$ de A, é dada pelo quadrado da projeção de $|\psi\rangle$ sobre a direção do autovetor, sendo representado por

$$\mathscr{P}(a_n) = |\langle u_n|\psi\rangle|^2 . \tag{5.61}$$

Um exemplo é dado por um sistema quântico que possui só dois estados possíveis, ou seja, seu espaço de estados tem dimensão 2. Consideremos que experiência similar é concebida por O. Stern e realizada por ele em colaboração com W. Gerlach, em 1922. No trabalho original de Stern-Gerlach, átomos de prata foram enviados perpendicularmente a um campo magnético intenso e não uniforme **H**, cuja orientação era definida como sendo o eixo z, ao longo da qual o módulo do campo magnético variava ($\mathbf{H} \simeq \mathbf{H}(z)$), colidindo, em seguida, com um detector extenso. O átomo de prata possui 47 elétrons, sendo que somente um deles, o da camada mais externa, contribui para o momento angular do átomo e, portanto, para um momento magnético $\boldsymbol{\mu}$. O momento angular do elétron é o de *spin*, denotado **S**, sendo que $\boldsymbol{\mu} \propto \mathbf{S}$. Devido à interação com o campo magnético, o sistema possui uma energia potencial $U = -\boldsymbol{\mu} \cdot \mathbf{H}$, experimentando uma força $\mathbf{F} = \mu_z \frac{d\mathrm{H}_z}{dz}$. Assim, o átomo era defletido devido à existência da força **F**. Assumindo que a orientação do momento magnético do átomo de prata fosse aleatória no momento de ingressar na região do campo magnético, classicamente era esperado que os átomos de prata emergissem com uma distribuição contínua de posições ao longo do eixo z e, portanto, deixassem um rastro contínuo e extenso no detector ao longo de uma direção paralela ao eixo z. Assim, a posição sobre o detector seria uma medida da componente z do momento magnético do átomo. O resultado obtido, porém, foi somente duas marcas sobre o detector, em posições simétricas ao longo do eixo z e em relação à direção do feixe de átomos, o que indicava que havia somente dois valores possíveis da componente do momento magnético ao longo do eixo z, nomeados μ_z^+ e μ_z^-, com $\mu_z^+ = -\mu_z^-$. Resultados similares foram obtidos para qualquer outra orientação do campo. Assim, a conclusão a que se chegou foi de que existem dois estados possíveis para o spin do elétron, ou seja, o seu espaço de estados S_z possui somente dois autoestados, denotados $|S_z;+\rangle$ e $|S_z;-\rangle$, cujos autovalores, pode-se mostrar, são iguais a $\frac{\hbar}{2}$ e $-\frac{\hbar}{2}$, respectivamente, onde $\hbar \equiv \frac{h}{2\pi} = 1,0546 \times 10^{-34}$J s.

5.10 Problemas

1. Aplique o processo de Gram-Schmidt aos vetores $\boldsymbol{\alpha}_1 = (1,1,1)$, $\boldsymbol{\alpha}_2 = (1,0,1)$ e $\boldsymbol{\alpha}_3 = (-1,-1,0)$ para obter uma base ortonormal de $\mathbb{R}^3$ com o produto interno canônico.

2. Seja V um espaço vetorial com um produto interno. Define-se a distância entre dois vetores $\mathbf{v}$ e $\mathbf{w}$, e denotamos como $d(\mathbf{v},\mathbf{w})$ o número dado por

$$d(\mathbf{v},\mathbf{w}) \equiv \|\mathbf{v}-\mathbf{w}\|. \tag{5.62}$$

Mostre que

i- $d(\mathbf{v},\mathbf{w}) \geq 0$;

ii- $d(\mathbf{v},\mathbf{w}) = 0$ se, e somente se, $\mathbf{v} = \mathbf{w}$;

iii- $d(\mathbf{v},\mathbf{w}) = d(\mathbf{w},\mathbf{v})$;

iv- $d(\mathbf{v},\mathbf{w}) \leq d(\mathbf{v},\vec{u}) + d(\mathbf{w},\vec{u})$ para um vetor $\vec{u}$ qualquer de V.

3. Suponha o espaço vetorial $\mathbb{R}^4$ com o produto interno canônico. Expresse o vetor $\mathbf{v} = (-1,2,6,0)$ na forma $\mathbf{v} = \mathbf{w}_1 + \mathbf{w}_2$, onde $\mathbf{w}_1$ é um vetor do subespaço W gerado pelos vetores $\mathbf{u}_1 = (-1,0,1,2)$ e $\mathbf{u}_2 = (0,1,0,1)$ e $\mathbf{w}_2$ é ortogonal a W.

4. Mostre que as funções polinomiais de ordem menor ou igual a n formam um espaço vetorial, denotado P^n.

5. O conjunto dado por $\{1, x, x^2\}$ é uma base de P^2, denominada *base canônica*. Considerando o produto interno em P^2 dado por $(p|q) = \int_{-1}^{1} p(x)\, q(x)\, dx$, aplique o processo de Gram-Schmidt para obter uma base ortonormal de P^2 a partir da base canônica.[3]

6. Mostre que a equação característica de uma matriz A 2×2 pode ser expressada como $\lambda^2 - \mathrm{tr}(A)\lambda + \det(A) = 0$.

7. Resolva os modos normais de oscilação do sistema mostrado na Figura 5.6, o qual consiste em um conjunto de 3 massas, duas de valor m e uma terceira de valor $2m$, ligadas por molas de constante elástica k e que podem deslizar sem atrito por um sulco circular (ver Figura 5.6).

[3]Os polinômios da base ortonormal são os três primeiros *polinômios de Legendre*, os quais são tratados de forma mais geral na Seção 6.4.

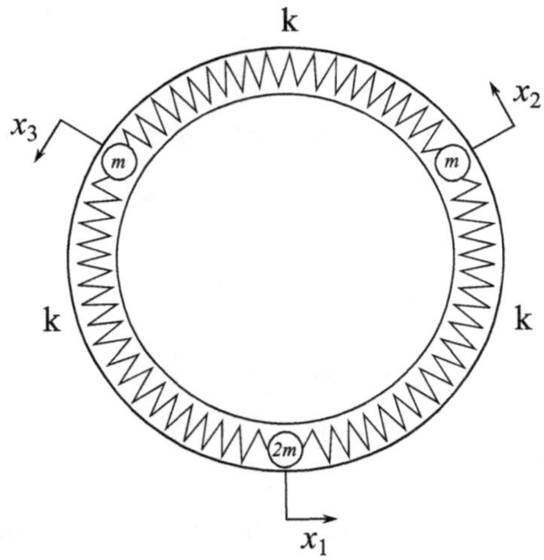

Figura 5.6 – Oscilador mecânico composto por molas e massas as quais podem deslizar sem atrito por um sulco circular.

Capítulo 6

Funções ortogonais

Os conceitos abordados no capítulo anterior, válidos para espaços vetoriais de dimensão finita, podem ser generalizados a espaços vetoriais de dimensão infinita. Nesse sentido, espaços de dimensão infinita surgem naturalmente na solução de problemas, descritos por equações diferenciais com condições de contorno, como na determinação da distribuição das temperaturas em um problema com fontes ou de potenciais eletrostáticos, os quais tomam determinados valores sobre as superfícies que limitam uma determinada região do espaço. Os vetores destes espaços vetoriais são funções de valor real ou complexo. O principal resultado que será apresentado neste capítulo é o chamado problema de Sturm-Liouville, o qual fornece um importante resultado teórico sobre as características das soluções da maioria das equações diferenciais lineares de segunda ordem, como condições de contorno que se encontram na física. Como exemplos de soluções a problemas de Sturm-Liouville, serão apresentadas as séries de Fourier e os polinômios de Legendre.

6.1 Espaços vetoriais de funções

As funções com as quais normalmente nos deparamos na física são normalmente "bem comportadas". Assim, é possível definir algumas operações necessárias para estabelecer o conceito de espaço vetorial das funções.

1. Dadas duas funções f e g definidas em um certo domínio D, a soma $f+g$ é uma função também definida em D e dada por

$$(f+g)(x) = f(x) + g(x).$$

2. Dadas duas funções f e g definidas num certo domínio D, o produto $f\,g$ é uma função definida em D e dada por

$$(f\,g)(x) = f(x)\;g(x).$$

3. Dado um escalar k e uma função *f*, o produto kf é definido por

$$(kf)(x) = kf(x).$$

4. Define-se a *função nula* $\theta(x)$ em um domínio D como $\theta(x) = 0$ para todo x em D.

Exemplo: Seja $f(x)$ uma função par, ou seja, $f(x) = f(-x)$. O conjunto de todas as funções pares formam um espaço vetorial. A mesma afirmação é válida para as funções ímpares, ou seja, as funções para as quais $f(x) = -f(-x)$, e para as funções periódicas de período *t*, qualquer que seja *t*, definidas por $f(x+t) = f(x)$.

Exemplo: Seja V o espaço dos polinômios sobre o corpo dos números complexos, os quais possuem a forma geral

$$p(x) = c_0 + c_1x + c_2x^2 + \ldots + c_nx^n.$$

O conjunto infinito $\{p_0, p_1, p_2, \ldots\}$, onde $p_k = x^k$, $k = 0, 1, 2, \ldots$ é uma base do espaço das funções polinomiais. Com efeito, pela definição, temos

$$p(x) = c_0 p_0 + c_1 p_1 + c_2 p_2 + \ldots + c_n p_n,$$

ou seja, as funções polinomiais podem ser escritas como uma combinação linear dos elementos do conjunto, isto é, o conjunto infinito $\{p_0, p_1, p_2, \ldots\}$ gera o espaço V. Para comprovar que as funções p_k são linearmente independentes, suponhamos que

$$c_0 p_0 + c_1 p_1 + c_2 p_2 + \ldots + c_n p_n = 0$$

para um n qualquer, ou seja,

$$c_0 + c_1 x + c_2 x^2 + \ldots + c_n x^n = 0$$

para todo valor de x. Do cálculo, sabemos que um polinômio de grau n possui no máximo n raízes. Portanto, a última equação é possível para qualquer valor de x somente se $c_1 = c_2 = \ldots = c_n = 0$. Como o resultado é obtido para um n arbitrário, as funções $p_0, p_1, p_2, \ldots$ são linearmente independentes e constituem uma base de V.

É fácil mostrar, a partir dos resultados do cálculo, que o conjunto das funções definidas e contínuas num intervalo $[a, b]$ é um espaço vetorial; o mesmo é válido para as funções continuamente diferenciáveis até ordem n em um intervalo $[a, b]$. Denotaremos $C[a, b]$ o espaço das funções contínuas em $[a, b]$ e $C^n[a, b]$ o espaço das funções com derivadas contínuas até ordem n no intervalo $[a, b]$. É fácil mostrar que o espaço $C^{n+1}[a, b]$ é um subespaço do $C^n[a, b]$. Dessa forma, haverá uma sequência infinita de espaços vetoriais: $C[a, b]$, $C^1[a, b]$, $C^2[a, b]$, $C^3[a, b]$, …, sendo cada um deles um subespaço do espaço anterior na sequência. Assim, podemos dizer que os espaços vetoriais $C^n[a, b]$ são de dimensão infinita para todo n. Como exemplo disso, podemos considerar a sequência infinita de funções 1, x, $x^2, \ldots$ definidas no intervalo $[a, b]$, onde cada uma delas é um elemento do espaço $C^n\,[a, b]$, independentemente de n, e, como foi provado no exemplo anterior, são linearmente independentes.

Exemplo: **Funções de quadrado integrável**. Uma função f é dita de quadrado integrável se existe $\int |f(x)|^2\, dx$, ou seja, $\int |f(x)|^2\, dx < \infty$. Para tal fim, precisamos demonstrar que as funções de quadrado integrável satisfazem as propriedades que definem um espaço vetorial, o qual denotaremos $\mathcal{F}^2$. A partir das propriedades básicas das integrais, temos o seguinte:

1. Se c é um escalar qualquer de F e $f \in \mathcal{F}^2$, então $cf \in \mathcal{F}^2$. Com efeito, $|cf|^2 = |c|^2\, |f|^2$;
2. Se f, $g \in \mathcal{F}^2$, a função $h = f + g$ é de quadrado integrável. Demonstremos essa última afirmação.

Demonstração

$$\begin{aligned} |h|^2 &= |f + g|^2 \\ &= (f + g)\,(f^* + g^*) \\ &= |f|^2 + |g|^2 + 2\,\mathrm{Re}\,(f\, g^*)\,. \end{aligned}$$

Da desigualdade $\mathrm{Re}\, z \leq |z|$,válida para números complexos, podemos escrever

$$\begin{aligned} 2\,\mathrm{Re}\;(f\, g^*) &\leq 2\,|f\, g^*| \\ &= 2\,|f|\,|g|\,. \end{aligned}$$

Por outro lado, da identidade

$$|f-g|^2 = |f|^2 + |g|^2 - 2|f||g|$$

e do fato de que o membro da esquerda é sempre positivo, podemos escrever que

$$2|f||g| \leq |f|^2 + |g|^2 .$$

Assim,

$$|h|^2 \leq 2\left(|f|^2 + |g|^2\right),$$

o qual, a partir dos teoremas fundamentais do cálculo integral, garante que a função $h \in \mathcal{F}^2$. ♦

Para completar a descrição das funções como elementos de um espaço de vetores, devemos estabelecer de um ponto de vista formal o que entendemos como o "comprimento" de uma função e o "ângulo" entre funções, ou seja, precisamos de um produto interno no espaço das funções. A seguir, consideraremos funções de $\mathcal{F}^2$ em um intervalo $[a,b]$, denotado $\mathcal{F}^2[a,b]$. Nesse espaço, é possível definir o seguinte produto interno: dadas as funções f e g de $\mathcal{F}^2[a,b]$, define-se o produto interno de f e g no intervalo $[a,b]$ por

$$(f \mid g) = \int_a^b f(x)\, g(x)^*\, dx. \tag{6.1}$$

Assim, a norma $\|f\|$ de uma função de $\mathcal{F}^2[a,b]$ é dada por

$$\|f\|^2 = \int_a^b f(x)\, f(x)^*\, dx = \int_a^b |f(x)|^2\, dx. \tag{6.2}$$

Se as funções forem de valor real, desconsideramos a conjugação complexa. O produto interno 6.1 pode ser generalizado da seguinte maneira: dadas duas funções arbitrárias f e g de $\mathcal{F}^2[a,b]$ e uma função determinada $r(x)$, contínua em $[a,b]$ e $r(x) > 0$ em (a,b), denominada *função peso*, define-se o produto interno de f e g em relação à função peso r no intervalo $[a,b]$ por

$$(f \mid g)_r = \int_a^b f(x)\, g(x)^*\, r(x)\, dx, \tag{6.3}$$

e a norma de um vetor f é dada por

$$\|f\|_r^2 = \int_a^b f(x)\, f(x)^*\, r(x)\, dx = \int_a^b |f(x)|^2\, r(x)\, dx. \tag{6.4}$$

Seja um conjunto de funções $f_i(x)$, $i = 1, 2, 3, \ldots$ de $\mathcal{F}^2[a,b]$. O conjunto de funções é dito *ortonormal* se elas satisfazem a seguinte relação:

$$\int_a^b f_m(x)\, f_n^*(x)\, dx = \delta_{mn}. \tag{6.5}$$

Suponhamos que exista uma sequência infinita de funções ortonormais $\{\phi_i\}$ de um espaço vetorial V, e seja f um elemento arbitrário de V. A expressão $\sum_i c_i \phi_i$, onde $c_i = (f|\phi_i)$, satisfaz a denominada *desigualdade de Bessel*, a qual é dada por

$$\sum_{i=1}^{\infty} |c_i|^2 \leq \|f\|^2. \tag{6.6}$$

Demonstração

Seja n fixo. Do teorema 5.6, vemos que

$$\sum_{i=1}^{n} |c_i|^2 \leq \|f\|^2,$$

ou seja, a soma é limitada por cima para todo valor de n. Por outro lado, a soma não pode diminuir para valores crescentes de n, portanto a soma converge para $n \to \infty$, e o limite não pode ser maior que $\|f\|^2$; assim $\sum_{i=1}^{\infty} |c_i|^2 \leq \|f\|^2$. ♦

A Equação 6.6 implica, ainda, que $c_n \to 0$ para $n \to \infty$.

Definição 6.1. *Diz-se que a expressão* $\sum k_i \varphi_i$, *formada por elementos* φ_i *de um espaço vetorial V e escalares* k_i, converge em média *a um elemento* g *de V se*

$$\lim_{n\to\infty} \left\| \sum_{i=1}^{n} k_i \varphi_i - g \right\| = 0.$$

Definição 6.2. *Um conjunto de elementos* $\{\alpha_i\}$ *de um espaço vetorial V é dito uma* base de aproximação *de V se, para todo elemento f de V e todo número real positivo* ε, *existe um conjunto de coeficientes* $\{k_i\}$ *tais que*

$$\left\| f - \sum_{i=1}^{n} k_i \alpha_i \right\| < \varepsilon.$$

Esse resultado não implica necessariamente que a série $\sum_{i=1}^{n} k_i \alpha_i$ convirja na média a *f*.

Teorema 6.1. *Se* $\{\phi_i\}$ *é uma base de aproximação de um espaço vetorial* V *formada por elementos ortonormais e f é um elemento arbitrário de* V, *a série* $\sum c_i \phi_i$, *onde* $c_i = (f|\phi_i)$, *converge na média a f.*

Demonstração

Da definição de uma base de aproximação, para qualquer ε positivo existe uma combinação linear tal que $\left\| f - \sum_{i=1}^{n} k_i \phi_i \right\| < \varepsilon$. Por outro lado, do teorema 5.6, a aproximação dada por $\sum_{i=1}^{n} c_i \phi_i$ é a melhor aproximação, o que significa que $\left\| f - \sum_{i=1}^{n} c_i \phi_i \right\|$ deve ser menor que qualquer ε arbitrariamente pequeno. Portanto, $\sum_{i=1}^{n} c_i \phi_i$ converge em média a *f*. ♦

6.2 O problema de Sturm-Liouville

Na física, muitos problemas se reduzem a achar a solução de uma equação diferencial com determinadas condições de contorno. Um tipo muito comum de equação diferencial é uma equação diferencial linear de segunda ordem. Equações desse tipo são obtidas na mecânica ondulatória e na termodinâmica, para citar alguns exemplos. Uma equação diferencial linear de segunda ordem é denominada *equação de Sturm-Liouville* quando pode ser escrita de forma geral como

$$\frac{d}{dx}\left[p\left(x\right)\frac{dy}{dx}\right]+\left[q\left(x\right)+\lambda r\left(x\right)\right]y=0, \tag{6.7}$$

onde, num dado intervalo $[a,b]$, as funções p, q e r são reais e contínuas, as funções p e q são positivas e p é continuamente diferenciável, sendo λ um parâmetro, a princípio, arbitrário. As soluções de interesse são as que satisfazem a Equação 6.7 de forma não trivial e que, ao mesmo tempo, satisfazem determinadas condições de contorno nos extremos do intervalo $[a,b]$. A equação de Sturm-Liouville pode ser colocada em uma forma que lembra a teoria dos operadores sobre espaços vetoriais:

$$\mathcal{L}y=-\lambda ry, \tag{6.8}$$

onde $\mathcal{L}$, definido por

$$\mathcal{L}\equiv\frac{d}{dx}\left[p\left(x\right)\frac{d}{dx}\right]+q\left(x\right), \tag{6.9}$$

é um operador linear no espaço das funções. Assim, λ e y são o autovalor e autovetor do operador $\mathcal{L}$, respectivamente. Vejamos alguns exemplos de equações diferenciais que podem ser expressadas como uma equação de Sturm-Liouville.

Exemplos

1. Equação do oscilador harmônico:

$$\frac{d^2y}{dx^2}+\lambda y=0.$$

2. Equação de Schrödinger:

$$-\frac{\hbar^2}{2m}\frac{d^2\psi}{dx^2}+V(x)\,\psi=E\psi.$$

O operador $\mathcal{L}$ atua sobre funções do espaço $\mathcal{F}^2[a,b]$ e gera funções de $\mathcal{F}^2[a,b]$. As funções que satisfazem as condições de contorno que devem ser satisfeitas constituem um subespaço de $\mathcal{F}^2[a,b]$, que denotaremos $\mathcal{F}_c^2[a,b]$. Exigiremos, também, que o operador $\mathcal{L}$ seja autoadjunto em $\mathcal{F}_c^2[a,b]$. Em geral, isso não é satisfeito para qualquer condição de contorno. Estabeleceremos, a seguir, quais são as condições de contorno que garantem que o operador $\mathcal{L}$ seja autoadjunto.

Sejam duas funções, f e g de $\mathcal{F}_c^2[a,b]$, e suponhamos que $\mathcal{L}$ seja autoadjunto. Nesse caso, podemos escrever

$$\begin{aligned}
0 &= (\mathcal{L}f|g)-(f|\mathcal{L}g)\\
&= \int_a^b \mathcal{L}f\,g^*dx-\int_a^b f\,(\mathcal{L}g)^*\,dx\\
&= \int_a^b [p'f'+pf''+qf]\,g^*dx-\int_a^b f\,(p'g'^*+pg''^*+qg^*)\,dx\\
&= \int_a^b \frac{d}{dx}\left[p\,(f'g^*-fg'^*)\right]dx\\
&= p\,(b)\left[f'(b)\,g\,(b)^*-f\,(b)\,g'(b)^*\right]-p\,(a)\left[f'(a)\,g\,(a)^*-f\,(a)\,g'(a)^*\right].
\end{aligned}$$

A última igualdade é satisfeita se nos extremos do intervalo f e g satisfazem alguma das seguintes condições:

1. $y=0$;

2. $\frac{dy}{dx}=0$;

3. $y + k\,\frac{dy}{dx} = 0$, para uma constante k arbitrária;

4. Se $p(a) = p(b)$, $y(a) = y(b)$ e $y'(a) = y'(b)$ (condições de contorno periódicas).

Além das condições enumeradas anteriormente, outras condições de contorno fazem com que o operador $\mathcal{L}$ seja autoadjunto, como a função se anular em um dos extremo e a derivada, no outro. Agora estamos em condições de enunciar, sem demonstração, o teorema a seguir.

Teorema 6.2. (**teorema de Sturm-Liouville**) *Se num espaço $\mathcal{F}_c^2\,[a,b]$ o operador $\mathcal{L}$ é autoadjunto, então existe uma sequência infinita de autofunções $\{\phi_i\}$, ortogonais entre si com relação à função peso r no intervalo $[a,b]$, ou seja,*

$$\int_a^b \phi_i \phi_j^* r\, dx = 0 \qquad se\, i \neq j,$$

e para toda função f de $\mathcal{F}_c^2\,[a,b]$, a série $\sum_i c_i\,\phi_i$, onde $c_i = (f|\phi_i)$, converge uniformemente e absolutamente a f, e se f é integrável sobre $[a,b]$, a série converge em média a f.

6.3 Séries de Fourier

Consideremos a seguinte equação de tipo Sturm-Liouville,

$$\frac{d^2y}{dx^2} + \lambda y = 0, \tag{6.10}$$

e procuremos as soluções não triviais que satisfaçam a seguinte condição de contorno:

$$y(0) = 0, \quad y(\pi) = 0.$$

A condição de contorno para $x = 0$ pode ser satisfeita se $y = \text{sen}\left(\lambda^{1/2}x\right)$. Por outro lado, a condição de contorno para $x = \pi$ pode ser satisfeita se $\lambda^{1/2}\pi = n\pi$. Assim, as soluções não triviais existem para $\lambda = n^2$. Dessa forma, obtemos como soluções não triviais da equação diferencial 6.10 a sequência infinita de autofunções

$$\text{sen}\,(x)\,,\ \text{sen}(2x),\ \text{sen}(3x), \ldots, \tag{6.11}$$

com os correspondentes autovalores

$$1,\ 4,\ 9, \ldots.$$

É simples mostrar que as autofunções satisfazem a seguinte relação de ortogonalidade:

$$\int_0^\pi \text{sen}\,(mx)\,\text{sen}\,(nx) = \frac{\pi}{2}\delta_{mn}. \tag{6.12}$$

Consideremos, agora, a mesma equação diferencial 6.10 e procuremos soluções dela sujeitas à seguinte condição de contorno:

$$\frac{dy}{dx}(0) = 0, \quad \frac{dy}{dx}(\pi) = 0.$$

Nesse caso, as soluções são os elementos da seguinte sequência infinita de autofunções:

$$1,\ \cos\,(x)\,,\ \cos(2x),\ \cos(3x), \ldots, \tag{6.13}$$

com os correspondentes autovalores

$$0,\ 1,\ 4,\ 9, \ldots.$$

A sequência 6.13 satisfaz a seguinte relação de ortogonalidade:

$$\int_0^\pi \cos\,(mx)\cos\,(nx) = \frac{\pi}{2}\delta_{mn}. \tag{6.14}$$

Observemos, também, que as funções da sequência infinita

$$1,\ \cos(x),\ \text{sen}(x),\ \cos(2x),\ \text{sen}(2x), \ldots \tag{6.15}$$

satisfazem as relações de ortogonalidade no intervalo $[0, 2\pi]$. A sequência ortonormalizada de autofunções correspondente é a seguinte:

$$1,\ \frac{1}{\sqrt{\pi}}\cos(x),\ \frac{1}{\sqrt{\pi}}\text{sen}(x),\ \frac{1}{\sqrt{\pi}}\cos(2x),\ \frac{1}{\sqrt{\pi}}\text{sen}(2x), \ldots. \tag{6.16}$$

Uma série como

$$a_0 + \frac{1}{\sqrt{\pi}}\sum_{n=1}^{\infty}\left[a_n \cos(nx) + b_n \,\text{sen}(nx)\right], \tag{6.17}$$

onde a_0, a_n e b_n, para $n = 1, 2, \ldots$, são coeficientes arbitrários *a priori*, é denominada *série trigonométrica*. Podemos generalizar a discussão anterior para funções harmônicas em um intervalo $[0, T]$. O conjunto de funções harmônicas dadas pelas expressões

$$\sqrt{\frac{2}{T}}\,\text{sen}\left(\frac{2\pi n x}{T}\right)$$

e

$$\sqrt{\frac{2}{T}}\cos\left(\frac{2\pi m x}{T}\right),$$

para n e m inteiros não nulos e um número T real e positivo, são funções periódicas de período T, que satisfazem as seguintes relações de ortogonalidade no intervalo $[0, T]$:

$$\frac{2}{T}\int_0^T \text{sen}\left(\frac{2\pi m x}{T}\right)\text{sen}\left(\frac{2\pi n x}{T}\right)dx = \delta_{mn}, \tag{6.18}$$

$$\frac{2}{T}\int_0^T \text{sen}\left(\frac{2\pi m x}{T}\right)\cos\left(\frac{2\pi n x}{T}\right)dx = 0, \quad \text{(válida ainda no caso } m = 0\text{)}, \tag{6.19}$$

$$\frac{2}{T}\int_0^T \cos\left(\frac{2\pi mx}{T}\right)\cos\left(\frac{2\pi nx}{T}\right)dx = \delta_{mn}. \tag{6.20}$$

Finalmente, estamos em condições de afirmar, sem demonstração, que se uma função f é integrável no intervalo $[0,T]$ e periódica de período T, ela pode ser escrita como uma série trigonométrica, denominada *série de Fourier*, a qual converge a f em todo ponto do intervalo onde f é diferenciável. Assim, a série de Fourier de uma função f integrável e periódica de período T no intervalo $[0,T]$ é dada por

$$f(x) = \frac{1}{2}a_0 + \sum_{n=1}\left[a_n\cos\left(\frac{2\pi nx}{T}\right) + b_n \operatorname{sen}\left(\frac{2\pi nx}{T}\right)\right], \tag{6.21}$$

onde os coeficientes são dados por

$$\begin{aligned} a_n &= \frac{2}{T}\int_0^T f(x)\cos\left(\frac{2\pi nx}{T}\right)dx, \quad n \geq 0, \\ b_n &= \frac{2}{T}\int_0^T f(x)\operatorname{sen}\left(\frac{2\pi nx}{T}\right)dx, \quad n > 0. \end{aligned} \tag{6.22}$$

6.4 Polinômios de Legendre

Consideremos a seguinte equação tipo Sturm-Liouville:

$$\frac{d}{dx}\left[\left(1-x^2\right)\frac{dy}{dx}\right] + l(l+1)y = 0, \tag{6.23}$$

onde escrevemos o autovalor λ como $l(l+1)$. As soluções não triviais dessa equação diferencial de segunda ordem no domínio $[-1,1]$ da variável x são os denominados *polinômios de Legendre* $P_l(x)$,[1] onde l toma valores inteiros

[1]Para um tratamento formal dos polinômios de Legendre, consultar as seguintes obras: 1) *Física matemática*, de Eugene Butkov; 2) *A Course of Modern Analysis*, de Whittaker e Watson.

não nulos $(0, 1, 2, ...)$ para assegurar a convergência da série.

Uma forma compacta dos polinômios de Legendre é dada pela denominada *fórmula de Rodrigues*:

$$P_l(x) = \frac{1}{2^l l!} \frac{d^l}{dx^l} \left(x^2 - 1\right)^l. \tag{6.24}$$

Demonstração

Consideremos a função $f_n(x)$ definida por

$$f_l(x) = \left(x^2 - 1\right)^l. \tag{6.25}$$

Diferenciando f_n duas vezes, obtemos:

$$\left(1 - x^2\right) f_l^{(2)} + 2(l-1)\, x\, f_l^{(1)} + 2l\, f_l, \tag{6.26}$$

onde usamos a notação $\frac{d^n f}{dx^n} \equiv f^{(n)}$ por razões de clareza. Diferenciando a expressão acima l-vezes por meio da fórmula de Leibniz,[2] obtemos, após um pouco de trabalho, a expressão

$$\left(1 - x^2\right) f_l^{(l+2)} - 2x\, f_l^{(l+1)} + l(l+1)\, f_l^{(l)} = 0. \tag{6.27}$$

A expressão 6.27 é idêntica à Equação 6.23, onde identificamos

$$y(x) = f_l^{(l)}(x) = \frac{d^l}{dx^l} \left(x^2 - 1\right)^l. \tag{6.28}$$

Observemos que, a partir da regra de Leibniz, a expressão anterior pode ser escrita como

$$\begin{aligned} \frac{d^l}{dx^l} \left(x^2 - 1\right)^l &= \frac{d^l}{dx^l} \left[(x-1)^l (x+1)^l\right] \\ &= (x+1)^l\, l! + \text{termos contendo o fator}\,(x-1), \end{aligned} \tag{6.29}$$

[2]Fórmula de Leibniz: $\frac{d^n}{dx^n} [f(x)\, g(x)] = \sum\limits_{k=0}^{n} \frac{n!}{k!(n-k)!} \frac{d^k f}{dx^k} \frac{d^{n-k} g}{dx^{n-k}}$.

e, portanto, $y(1) = 2^l l!$. Finalmente, impondo a condição de normalização dos polinômios de Legendre, a qual é dada por $P_l(1) = 1$, podemos escrever

$$P_l(x) = \frac{1}{2^l l!} \frac{d^l}{dx^l} \left(x^2 - 1\right)^l . \quad \blacklozenge$$

A fórmula de Rodrigues dos polinômios de Legendre mostra que eles são polinômios de ordem l em x, sendo que a sua paridade depende da paridade de l: P_l é par (ímpar) para l par (ímpar). Nesse caso,

$$P_l(-1) = (-1)^l P_l(1), \tag{6.30}$$

o que nos permite, também, provar a relação de ortogonalidade dos polinômios de Legendre no seu intervalo de definição.

Demonstração

Escrevamos

$$\int_{-1}^{1} P_m(x) P_n(x)\, dx = \frac{1}{2^{m+n} m! n!} \int_{-1}^{1} \frac{d^m}{dx^m} \left(x^2 - 1\right)^m \frac{d^n}{dx^n} \left(x^2 - 1\right)^n dx. \tag{6.31}$$

Integrando por partes uma vez, obtemos

$$\int_{-1}^{1} \frac{d^m}{dx^m} \left(x^2 - 1\right)^m \frac{d^n}{dx^n} \left(x^2 - 1\right)^n dx = \frac{d^m}{dx^m} \left(x^2 - 1\right)^m \frac{d^{n-1}}{dx^{n-1}} \left(x^2 - 1\right)^n \Big|_{-1}^{1}$$
$$- \int_{-1}^{1} \frac{d^{m+1}}{dx^{m+1}} \left(x^2 - 1\right)^m \frac{d^{n-1}}{dx^{n-1}} \left(x^2 - 1\right)^n dx.$$

O polinômio $\left(x^2 - 1\right)^n = (x+1)^n (x-1)^n$ tem zeros de ordem n em $x = \pm 1$. Supondo $n > m$, o termo integrado contendo derivada de até ordem $n - 1$ é nulo quando avaliado em $x = \pm 1$. Integrando por partes mais $n-1$ vezes, obtemos

$$\int_{-1}^{1} \frac{d^m}{dx^m}\left(x^2-1\right)^m \frac{d^n}{dx^n}\left(x^2-1\right)^n dx = (-1)^l \int_{-1}^{1} \frac{d^{m+n}}{dx^{m+n}}\left(x^2-1\right)^m \left(x^2-1\right)^n dx.$$

Na última integral, $\frac{d^{m+n}}{dx^{m+n}}\left(x^2-1\right)^m = 0$, pois derivamos o polinômio um número de vezes maior que o seu grau $(2m)$ e, portanto,

$$\int_{-1}^{1} P_m(x)\, P_n(x)\, dx = 0, \qquad m \neq n.$$

Consideremos agora que $n = m$. Nesse caso,

$$\begin{aligned}\frac{d^{m+n}}{dx^{m+n}}\left(x^2-1\right)^m &= \frac{d^{2m}}{dx^{2m}}\left(x^2-1\right)^m \\ &= (2m)!,\end{aligned}$$

e a expressão 6.31 pode ser escrita como

$$\int_{-1}^{1} P_m(x)\, P_m(x)\, dx = \frac{(-1)^m (2m)!}{2^{2m}(m!)^2} \int_{-1}^{1} \left(x^2-1\right)^m dx.$$

Pode-se mostrar facilmente que a integral no segundo membro é dada por

$$\int_{-1}^{1} \left(x^2-1\right)^m dx = (-1)^m \frac{2^{m+1} m!}{1 \times 3 \times 5 \times \ldots \times (2m+1)} \tag{6.32}$$

e, consequentemente,

$$\int_{-1}^{1} P_m(x)\, P_m(x)\, dx = \frac{(-1)^m (2m)!}{2^{2m}(m!)^2} (-1)^m \frac{2^{m+1} m!}{1 \times 3 \times 5 \times \ldots \times (2m+1)}$$

$$= \frac{2}{2m+1}. \quad \blacklozenge \tag{6.33}$$

Essa última relação é usada para normalizar os polinômios de Legendre. Assim, as relações de ortogonalidade entre os polinômios de Legendre pode ser escrita como

$$\int_{-1}^{1} P_m(x)\, P_n(x)\, dx = \frac{2}{2m+1}\delta_{mn}. \quad \blacklozenge \tag{6.34}$$

Os primeiros 5 polinômios de Legendre são (Figura 6.1):

$$\begin{aligned} P_0 &= 1, \\ P_1 &= x, \\ P_2 &= \frac{1}{2}\left(3x^2 - 1\right), \\ P_3 &= \frac{1}{2}\left(5x^3 - 3x\right), \\ P_4 &= \frac{1}{8}\left(35x^2 - 30x^2 + 3\right). \end{aligned}$$

Fazendo a substituição $x = \cos\theta$, onde θ é o ângulo zenital no sistema de coordenadas esféricas, os polinômios de Legendre $P_l(\cos\theta)$ são definidos no intervalo $0 \leq \theta \leq \pi$. Em termos do ângulo θ, a relação de ortogonalidade pode ser escrita como

$$\int_{0}^{\pi} P_m(\cos\theta)\, P_n(\cos\theta) \operatorname{sen}\theta\, d\theta = \frac{2}{2m+1}\delta_{mn}. \tag{6.35}$$

É possível demonstrar as seguintes propriedades dos polinômios de Legendre:

1. Para $x = 0$,

$$P_l(0) = 0 \qquad l \text{ impar}, \tag{6.36a}$$

$$P_l(0) = (-1)^{l/2} \frac{l!}{2^l \left(\frac{l}{2}!\right)^2} \qquad l \text{ par.} \tag{6.36b}$$

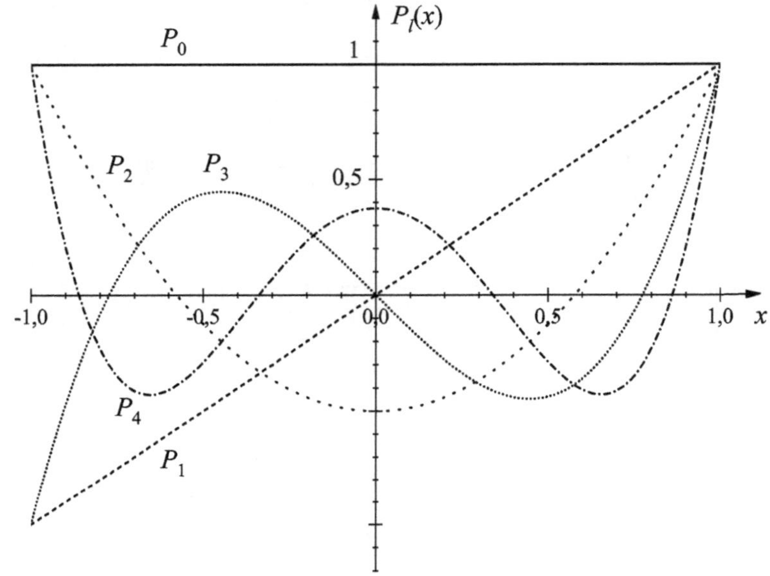

Figura 6.1 – Representação gráfica dos primeiros 5 polinômios de Legendre.

2. Relações de recorrência:

   i. $(2l+1)\,xP_l = (l+1)\,P_{l+1} + lP_{l-1}$ para $l \geq 1$,

   ii. $(l+1)\,P_l = \frac{dP_{l+1}}{dx} - x\frac{dP_l}{dx}$ para $l \geq 0$,

   iii. $(2l+1)\,P_l = \frac{dP_{l+1}}{dx} - \frac{dP_{l-1}}{dx}$ para $l \geq 1$,

   iv. $lP_l = x\frac{dP_l}{dx} - \frac{dP_{l-1}}{dx}$ para $l \geq 1$,

   v. $(x^2-1)\,\frac{dP_l}{dx} = xlP_l - lP_{l-1}$ para $l \geq 1$,

   vi. $P_{l+1} = xP_l - \frac{1-x^2}{l+1}\frac{dP_l}{dx}$ para $l \geq 0$,

   vii. $P_{l-1} = xP_l + \frac{1-x^2}{l}\frac{dP_l}{dx}$ para $l \geq 0$.

Devido ao fato de os polinômios de Legendre serem um conjunto completo de funções ortogonais no seu domínio de definição, uma função $f(x)$ qualquer pode ser expandida no domínio $-1 \leq x \leq 1$, ou uma função $f(\cos\theta)$ no intervalo $0 \leq \theta \leq \pi$, em termos dos polinômios de Legendre como

$$f(x) = \sum_l A_l P_l(x), \tag{6.37}$$

onde os coeficientes A_l são dados pela expressão

$$A_l = \frac{2l+1}{2} \int_{-1}^{1} f(x) P_l(x)\, dx. \tag{6.38}$$

6.5 Exemplos de aplicação

O uso de conjuntos de funções ortogonais é comum na solução da equação de Laplace ($\nabla^2 \varphi = 0$) no eletromagnetismo, onde φ é o potencial elétrico. É possível mostrar, a partir da primeira fórmula de Green, que o conhecimento do potencial φ em uma superfície S que rodeie um volume V, chamada de *condição de contorno de Dirichlet*, ou o conhecimento do campo elétrico $\vec{E}$ em todo ponto sobre uma superfície S, chamada de *condição de contorno de Neumann*, determina de forma unívoca o potencial no interior do volume V.[3] Consideremos as situações a seguir.

Problema 1

Determinar o potencial eletrostático φ na região do espaço limitada por uma superfície cúbica, definida por $0 < x, y, z < L$, que toma o valor $\varphi = 0$ sobre todas as faces da superfície cúbica, exceto sobre as faces paralelas ao plano x-y, nas quais toma o valor $\varphi = \varphi_o$ (Figura 6.2).

[3] Para uma demonstração disso, consultar a obra *Classical Electrodynamics*, 2. ed., de J.D. Jackson.

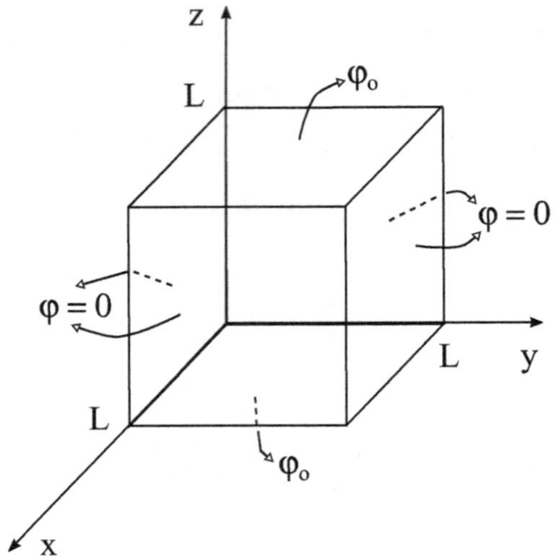

Figura 6.2 – Superfície cúbica de aresta L, cujas superfícies laterais têm potencial nulo e cujas bases inferior e superior têm potencial φ_o.

Solução

O potencial φ pode ser considerado como a soma de dois potenciais, φ_1 e φ_2, onde φ_1 satisfaz as mesmas condições de contorno que φ, exceto que $\varphi_1 (z = 0) = 0$, e φ_2 satisfaz as mesmas condições de contorno que φ, exceto que $\varphi_2 (z = L) = 0$. Determinemos φ_1 e φ_2.

Os potenciais φ_j $(j = 1, 2)$ satisfazem a equação de Laplace. A simetria do problema dita usarmos coordenadas cartesianas. Em coordenadas cartesianas, a equação é escrita como

$$\nabla^2 \varphi = \frac{\partial^2 \varphi_j}{\partial x^2} + \frac{\partial^2 \varphi_j}{\partial y^2} + \frac{\partial^2 \varphi_j}{\partial z^2} = 0. \tag{6.39}$$

Supondo para φ_j uma solução da forma $\varphi_j = X_j (x) Y_j (y) Z_j (z)$, a equação de Laplace se reduz a

$$\frac{1}{X_j} \frac{\partial^2 X_j}{\partial x^2} + \frac{1}{Y_j} \frac{\partial^2 Y_j}{\partial y^2} + \frac{1}{Z_j} \frac{\partial^2 Z_j}{\partial z^2} = 0. \tag{6.40}$$

Para que a solução seja válida em qualquer ponto do domínio, cada termo deve ser igual a uma constante. Definimos

$$\frac{1}{X_j}\frac{\partial^2 X_j}{\partial x^2} = -\alpha^2,$$
$$\frac{1}{Y_j}\frac{\partial^2 Y_j}{\partial y^2} = -\beta^2,$$
$$\frac{1}{Z_j}\frac{\partial^2 Z_j}{\partial z^2} = \gamma^2,$$

onde as constantes, como se deduz da Equação 6.40, devem satisfazer a relação

$$\alpha^2 + \beta^2 = \gamma^2.$$

As soluções das equações diferenciais anteriores são as seguintes funções:

$$X_j(x) = e^{\pm i\alpha x},$$
$$Y_j(y) = e^{\pm i\beta y},$$
$$Z_j(z) = e^{\pm\sqrt{\alpha^2+\beta^2}z}.$$

Em princípio, as constantes α, β e γ são determinadas pelas condições de contorno. Pelo fato de as paredes da caixa cúbica sobre os planos y-z ($x = 0$) e x-z ($y = 0$) serem mantidas a potencial nulo, vemos que a forma adequada das funções X e Y, que serão parte dos potenciais φ_j ($j = 1, 2$), serão as mesmas para ambos os potenciais, sendo dadas por:

$$X_{1,2} = \operatorname{sen}(\alpha x),$$
$$Y_{1,2} = \operatorname{sen}(\beta y).$$

Por outro lado, a condição sobre as φ_j ($j = 1, 2$) de serem nulas para $x = L$ e $y = L$ sugere que α e β sejam dadas pelas expressões $\alpha_m = \frac{m\pi}{L}$ e $\beta_n = \frac{n\pi}{L}$, onde $m, n = 0, 1, 2, \ldots$. Assim, a constante γ dependerá de ambos os índices, m e n, sendo dada por $\gamma_{mn} = \frac{\pi}{L}\sqrt{m^2 + n^2}$. Dessa forma, obtemos para X e Y:

$$X^m_{1,2}(x) = \text{sen}\left(\frac{m\pi}{L}x\right),$$
$$Y^n_{1,2}(y) = \text{sen}\left(\frac{n\pi}{L}y\right).$$

Da forma geral da solução para a coordenada z e da condição sobre o potencial φ_1 de ser nulo para $z = 0$, a solução para a coordenada z é dada por

$$Z^{mn}_1(z) = \text{senh}(\gamma_{mn}z).$$

Assim, a função φ^{mn}_1 é dada por

$$\varphi^{mn}_1(x, y, z) = \text{sen}\left(\frac{m\pi}{L}x\right)\text{sen}\left(\frac{n\pi}{L}y\right)\text{senh}\left(\frac{\pi}{L}\sqrt{m^2+n^2}z\right), \qquad (6.41)$$

a qual satisfaz todas as condições de contorno, exceto a condição $\varphi(z = L) = \varphi_o$. O potencial φ_1 pode ser expandido como uma série em termos das funções φ^{mn}_1

$$\varphi_1(x, y, z) = \sum_{m,n} c_{mn}\,\varphi^{mn}_1(x, y, z),$$

onde os coeficientes c_{mn} serão escolhidos para satisfazer a última condição de contorno:

$$\varphi_o = \sum_{m,n} c_{mn}\,\text{sen}\left(\frac{m\pi}{L}x\right)\text{sen}\left(\frac{n\pi}{L}y\right)\text{senh}\left(\pi\sqrt{m^2+n^2}\right).$$

A última expressão é uma série dupla de Fourier, onde os coeficientes c_{mn} são obtidos aplicando as relações de ortogonalidade das funções harmônicas. Por exemplo, se queremos obter o coeficiente c_{rs}, multiplicamos ambos os membros da expressão anterior por $\text{sen}\left(\frac{r\pi}{L}x\right)\text{sen}\left(\frac{s\pi}{L}y\right)$ e integramos no domínio de definição das variáveis x e y. Aplicando as condições de ortogonalidade das séries de Fourier, obtemos:

$$c_{rs} = \frac{4\varphi_o}{L^2 \operatorname{senh}\left(\pi\sqrt{r^2+s^2}\right)} \int_0^L \operatorname{sen}\left(\frac{r\pi}{L}x\right) dx \int_0^L \operatorname{sen}\left(\frac{s\pi}{L}y\right) dy$$

$$= \frac{16\varphi_o}{\pi^2 \operatorname{senh}\left(\pi\sqrt{r^2+s^2}\right)} \times \begin{cases} \frac{1}{rs} & r \text{ e } s \text{ ímpares} \\ 0 & \text{em qualquer outro caso} \end{cases} \tag{6.42}$$

Em relação ao potencial φ_2, a função $Z_2(z)$ precisa satisfazer a condição de contorno $Z_2(0) = \varphi_o$ e $Z_2(L) = 0$. Definamos a função $Z_2(z)$ por

$$Z_2(z) = \operatorname{senh}\left(\gamma\left(z - L\right)\right).$$

É fácil mostrar que $Z_2(z)$ satisfaz a mesma equação diferencial que $Z_1(z)$ e satisfaz a condição $Z_2(L) = 0$. Assim, a função $\varphi_2^{mn}(x,y,z)$, dada por

$$\varphi_2^{mn}(x,y,z) = \operatorname{sen}\left(\frac{m\pi}{L}x\right) \operatorname{sen}\left(\frac{n\pi}{L}y\right) \operatorname{senh}\left(\frac{\pi}{L}\sqrt{m^2+n^2}\left(z-L\right)\right), \tag{6.43}$$

satisfaz todas as condições de contorno, exceto $\varphi_2(0) = \varphi_o$. Como no caso do potencial φ_1, o potencial φ_2 pode ser expandido em termos das funções φ_2^{mn} da seguinte forma:

$$\varphi_2(x,y,z) = \sum_{m,n} d_{mn}\, \varphi_2^{mn}(x,y,z),$$

onde os coeficientes d_{mn} serão escolhidos para satisfazer a última condição de contorno em $z = 0$:

$$\varphi_o = \sum_{m,n} d_{mn} \operatorname{sen}\left(\frac{m\pi}{L}x\right) \operatorname{sen}\left(\frac{n\pi}{L}y\right) \operatorname{senh}\left(-\pi\sqrt{m^2+n^2}\right).$$

Procedendo de forma similar ao caso dos coeficientes c_{mn}, os coeficientes d_{mn} serão dados por

$$d_{mn} = -\frac{4\varphi_o}{L^2 \operatorname{senh}\left(\pi\sqrt{m^2+n^2}\right)} \int_0^L \operatorname{sen}\left(\frac{m\pi}{L}x\right) dx \int_0^L \operatorname{sen}\left(\frac{n\pi}{L}y\right) dy$$

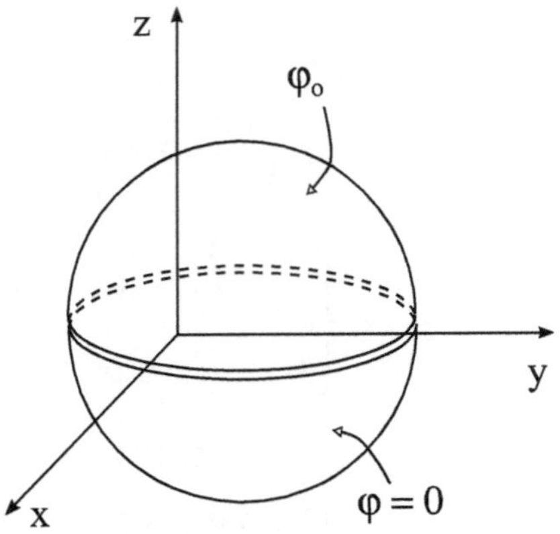

Figura 6.3 – Superfície esférica de raio R e centro na origem de um sistema de coordenadas, composta de dois hemisférios, onde a hemisfério inferior tem potencial nulo e o superior tem potencial φ_o.

$$= \frac{16\varphi_o}{\pi^2 \operatorname{senh}\left(\pi\sqrt{m^2+n^2}\right)} \times \begin{cases} \frac{1}{mn} & m \text{ e } n \text{ ímpares} \\ 0 & \text{em qualquer outro caso} \end{cases} \tag{6.44}$$

Portanto, o potencial φ é dado por

$$\begin{aligned} \varphi &= \varphi_1 + \varphi_2 \\ &= \sum_{m,n} \left(c_{mn}\varphi_1^{mn} + d_{mn}\varphi_2^{mn} \right), \end{aligned}$$

onde os elementos da expressão estão definidos nas Equações 6.41 a 6.44.

Problema 2

Determinar o potencial eletrostático no interior de uma região esférica de raio R centrada na origem do sistema de coordenadas e dividida em dois hemisférios pelo plano x-y, o qual toma o valor $\varphi = \varphi_o$ sobre o hemisfério superior e o valor $\varphi = 0$ sobre o hemisfério inferior (Figura 6.3).

Solução

Pela simetria do problema, utilizaremos as coordenadas esféricas. O potencial em toda a região interior à esfera de raio R é a solução da equação de Laplace. Em coordenadas esféricas, o laplaciano é dado pela expressão 3.89. Como o problema tem simetria azimutal (não depende do ângulo ϕ), a equação de Laplace se reduz a

$$\nabla^2\varphi = \frac{1}{r^2\text{sen}\,\theta}\left[\frac{\partial}{\partial r}\left(r^2\text{sen}\,\theta\frac{\partial\varphi}{\partial r}\right) + \frac{\partial}{\partial\theta}\left(\text{sen}\,\theta\frac{\partial\varphi}{\partial\theta}\right)\right] = 0. \tag{6.45}$$

Assumamos para φ a seguinte forma:

$$\varphi\left(r,\theta\right) = \frac{U\left(r\right)}{r}P\left(\theta\right).$$

Substituindo na Equação 6.45 e multiplicando a expressão resultante por r^2/PU, obtemos uma expressão em variáveis separadas:

$$\frac{1}{P\,\text{sen}\,\theta}\frac{d}{d\theta}\left(\text{sen}\,\theta\frac{dP}{d\theta}\right) + \frac{r^2}{U}\frac{d^2U}{dr^2} = 0.$$

Como a expressão deve valer para todo valor de r e θ no domínio de definição, ambos os termos na equação anterior devem ser iguais a uma constante real, a qual, por conveniência, faremos igual a $l(l+1)$:

$$\frac{1}{P\,\text{sen}\,\theta}\frac{d}{d\theta}\left(\text{sen}\,\theta\frac{dP}{d\theta}\right) = -l\left(l+1\right),$$
$$\frac{r^2}{U}\frac{d^2U}{dr^2} = l\left(l+1\right).$$

A solução da equação para $U(r)$ é da forma $A_l\,r^{l+1} + B_l\,r^{-l}$. Mas, como procuramos uma expressão para o potencial em todos os pontos dentro da esfera de raio R na qual não existe carga, inclusive para $r = 0$, desconsideraremos os termos com B_l. Por outro lado, a solução da equação diferencial para P são os polinômios de Legendre $P_l\,(\cos\theta)$. Assim, a solução geral para o potencial será da forma

$$\varphi\left(r,\theta\right) = \sum_{l=0} A_l\,r^l P_l\left(\cos\theta\right).$$

Sobre a superfície ($r = R$), o potencial toma o valor φ_o sobre o hemisfério superior $\left(0 \leq \theta < \frac{\pi}{2}\right)$, e o valor zero, sobre o hemisfério inferior $\left(\frac{\pi}{2} < \theta \leq \pi\right)$. Os coeficientes da série serão dados pela expressão

$$A_l = \frac{(2l+1)\,\varphi_o}{2R^l} \int_0^{\frac{\pi}{2}} P_l(\cos\theta)\,\text{sen}\,\theta\, d\theta,$$

ou, definindo $\cos\theta = x$,

$$A_l = \frac{(2l+1)\,\varphi_o}{2R^l} \int_0^1 P_l(x)\, dx.$$

O coeficiente A_0 é dado por

$$A_0 = \frac{\varphi_o}{2},$$

e os coeficientes A_l para $l \geq 1$ podem ser calculados com a ajuda da relação de recorrência c) dos polinômios de Legendre:

$$\begin{aligned}
\int_0^1 P_l(x)\, dx &= \frac{1}{2l+1}\left[P_{l+1}(x) - P_{l-1}(x)\right]\Big|_0^1 \\
&= \frac{1}{2l+1}\left[\left(P_{l+1}(1) - P_{l-1}(1)\right) - \left(P_{l+1}(0) - P_{l-1}(0)\right)\right] \\
&= -\frac{1}{2l+1}\left(P_{l+1}(0) - P_{l-1}(0)\right).
\end{aligned}$$

A última igualdade decorre da normalização dos polinômios e da identidade 6.30 dos polinômios de Legendre. Assim, os valores dos coeficientes podem ser obtidos a partir da propriedade 3 dos polinômios de Legendre. No caso particular de l ser par, *l+1* e *l-1* são ímpares e, portanto,

$$A_l = 0. \quad (l \text{ par})$$

Assim, o desenvolvimento terá somente termos com l ímpar e zero.

6.6 Problemas

1. Demonstre o resultado conhecido como *teorema de Parseval*: se num intervalo $[-\pi, \pi]$ a função $f(x)$ é dada por $f(x) = \frac{1}{2} a_0 + \sum a_n \cos(nx) + \sum b_n \operatorname{sen}(nx)$, então o seu valor médio no intervalo, definido por $\langle f^2(x) \rangle = \frac{1}{2\pi} \int\limits_{-\pi}^{\pi} f^2(x)\, dx$, é dado por

$$\langle f^2(x) \rangle = \left(\frac{1}{2} a_0\right)^2 + \frac{1}{2} \sum a_n^2 + \frac{1}{2} \sum b_n^2. \tag{6.46}$$

2. Dada uma função $f(x)$ num intervalo $[-\pi, \pi]$, a expressão

$$f(x) = \sum_{-\infty}^{\infty} c_n\, e^{inx} \tag{6.47}$$

é denominada série de Fourier complexa da função $f(x)$.

   i. Mostre que as funções e^{inx} e e^{imx} são ortogonais para $m \neq n$. (*Ajuda*: considere a fórmula de Euler dos números complexos)

   ii. Determine os coeficientes c_n.

3. Obtenha as Equações 6.29 e 6.33.

4. Demonstre as identidades 6.36.

5. A partir da fórmula de Rodrigues, obtenha os primeiros 5 polinômios de Legendre.

Apêndice A

Matrizes

Uma matriz A de ordem $m \times n$ sobre o corpo F e denotada $A_{m\times n}$ é uma função do conjunto dos pares ordenados (i, j), $1 \leq i \leq m$, $1 \leq j \leq n$, sobre o corpo F. Os elementos da matriz A são os escalares $A(i, j) = A_{ij}$. É costume representar uma matriz como um arranjo retangular de seus elementos, tendo m linhas e n colunas:

$$A_{m\times n} = \begin{bmatrix} A_{11} & A_{12} & \cdots & A_{1n} \\ A_{21} & A_{22} & \cdots & A_{2n} \\ \vdots & \vdots & \ddots & \vdots \\ A_{m1} & A_{m2} & \cdots & A_{mn} \end{bmatrix}.$$

A.1 Operações com matrizes $m \times n$

1. Soma e diferença de matrizes: a soma ou diferença de duas matrizes A e B de ordem $m \times n$ é uma outra matriz de ordem $m \times n$, $A \pm B$, onde os seus elementos são dados por

$$(A \pm B)_{ij} = A_{ij} \pm B_{ij}.$$

2. O produto de um escalar c por uma matriz A é a matriz cA, cujos

elementos são dados por

$$(c\mathrm{A})_{ij} = c\mathrm{A}_{ij}.$$

3. O produto de uma matriz $\mathrm{A}_{m\times n}$ por uma matriz $\mathrm{B}_{r\times s}$, nessa ordem, está definido somente no caso em que o número de colunas da primeira matriz coincide com o número de linhas da segunda matriz, ou seja, está definida somente se $n = r$. Nesse caso, o produto das matrizes $\mathrm{A}_{m\times n}$ e $\mathrm{B}_{n\times s}$ é a matriz $\mathrm{C}_{m\times s}$, cujos elementos são dados por

$$C_{ij} = (\mathrm{A\ B})_{ij} = \sum_{k=1}^{n} \mathrm{A}_{ik}\mathrm{B}_{kj}.$$

Em geral, o produto não é comutativo.

A.2 Matrizes quadradas $n \times n$

Um caso particularmente importante de matrizes são as denominadas *quadradas*. Uma matriz $\mathrm{A}_{n\times n}$ é uma matriz quadrada quando o número de suas linhas é igual ao seu número de colunas. O valor de n é a ordem da matriz quadrada A.

1. Matriz identidade: Denomina-se matriz identidade I a matriz quadrada cujos elementos são dados por

$$\mathrm{I}_{ij} = \begin{cases} 1 & i = j \\ 0 & i \neq j \end{cases}$$

Por exemplo, a matriz identidade $\mathrm{I}_{3\times 3}$ é dada por

$$\mathrm{I}_{3\times 3} = \begin{bmatrix} 1 & 0 & 0 \\ 0 & 1 & 0 \\ 0 & 0 & 1 \end{bmatrix}.$$

2. O produto de uma matriz quadrada A com a matriz identidade da mesma ordem é a mesma matriz A:

$$\mathrm{A\,I} = \mathrm{I\,A} = \mathrm{A}.$$

3. Dada uma matriz A, define-se a matriz transposta de A, denotada A^t, a matriz cujos elementos são dados por

$$\mathrm{A}^t_{ij} = \mathrm{A}_{ji}.$$

4. Define-se como *determinante* de uma matriz A, denotado det A ou |A|, a função que associa um escalar, o det A, à matriz quadrada A e que tem as seguintes propriedades:

   i. det I = 1;

   ii. det A = 0 se A tem duas linhas ou duas colunas iguais;

   iii. det A = 0 se A tem alguma linha ou coluna onde todos os elementos são 0;

   iv. Se a matriz A′ é obtida a partir de A trocando entre si duas linhas ou duas colunas, então

   $$\det \mathrm{A}' = -\det \mathrm{A};$$

   v. det (AB) = det (BA);

   vi. det A^t = det A.

É possível mostrar que existe uma única função com essas propriedades.

O determinante de uma matriz $A_{2\times 2}$ é dado por

$$\begin{aligned}\det A &= \begin{vmatrix} A_{11} & A_{12} \\ A_{21} & A_{22} \end{vmatrix} \\ &= A_{11}A_{22} - A_{12}A_{21}.\end{aligned}$$

No caso de uma matriz $A_{3\times 3}$, o seu determinante é dado por

$$\begin{aligned}\det A &= \begin{vmatrix} A_{11} & A_{12} & A_{13} \\ A_{21} & A_{22} & A_{23} \\ A_{31} & A_{32} & A_{33} \end{vmatrix} \\ &= A_{11}\begin{vmatrix} A_{22} & A_{23} \\ A_{32} & A_{33} \end{vmatrix} - A_{21}\begin{vmatrix} A_{12} & A_{13} \\ A_{32} & A_{33} \end{vmatrix} + A_{31}\begin{vmatrix} A_{12} & A_{13} \\ A_{22} & A_{23} \end{vmatrix}.\end{aligned}$$

5. Denota-se $A\,(i \mid j)$ a matriz obtida a partir da matriz quadrada A, eliminando a linha *i-éssima* e a coluna *j-éssima*. Denomina-se *cofator* do elemento A_{ij} da matriz A, denotado C_{ij}, o número definido por

$$C_{ij} = (-1)^{i+j} \det\left[A\,(i \mid j)\right].$$

6. Uma matriz quadrada A é dita *simétrica* se seus elementos satisfazem a seguinte condição:

$$A_{ij} = A_{ji}.$$

7. Uma matriz quadrada A é dita *antissimétrica* se seus elementos satisfazem a seguinte condição:

$$A_{ij} = -A_{ji}.$$

8. Dada uma matriz quadrada A, a matriz quadrada A_S, definida por

$$A_S \equiv A + A^t,$$

é uma matriz simétrica, e a matriz quadrada A_A definida por

$$A_A \equiv A - A^t,$$

é uma matriz antissimétrica. Portanto, toda matriz quadrada A pode ser escrita como a soma de uma matriz simétrica e uma matriz antissimétrica:

$$A = \frac{A_S + A_A}{2}.$$

9. Uma matriz quadrada $A_{n\times n}$ sobre o corpo $\mathbb{C}$ dos números complexos é *hermitiana* se

$$A_{ij} = A^*_{ji}.$$

10. Dada uma matriz A, existem três operações básicas entre linhas de uma matriz, denominadas *operações elementares*, dadas por

    i. Multiplicação da linha *r-éssima* por um escalar c não nulo:

$$L_r \to cL_r \ \left((eA)_{rj} = cA_{rj}\right);$$

ii. Substituição da linha *r-éssima* pela linha *r-éssima* mais c vezes a linha *s-éssima*:

$$L_r \to L_r + cL_s((e\text{A})_{rj} = \text{A}_{rj} + c\text{A}_{sj});$$

iii. Intercâmbio das linhas *r-éssima* e *s-éssima*:

$$((e\text{A})_{rj} = \text{A}_{sj},\ (e\text{A})_{sj} = \text{A}_{rj}).$$

11. Para toda operação elementar e existe a operação elementar inversa, e^{-1}, tal que

$$e^{-1}(e\text{A}) = e\left(e^{-1}\text{A}\right) = \text{A}.$$

12. Uma matriz quadrada é dita *elementar* se ela é obtida a partir da matriz identidade por meio de uma única operação elementar entre linhas.

Exemplo

Seja a matriz quadrada E dada por

$$\text{E} = \begin{bmatrix} 1 & 2 & 0 \\ 0 & 1 & 0 \\ 0 & 0 & 1 \end{bmatrix}.$$

A matriz E é elementar, pois é obtida a partir da matriz identidade $\text{I}_{3\times 3}$ por meio da operação $E_1 = L_1 + 2L_2$, onde L_i é a linha *i-éssima* da matriz identidade. Usaremos a notação $\text{E} = e(\text{I})$, onde e é uma operação elementar.

13. Se E é uma matriz elementar de ordem $n \times n$ dada por $\mathrm{E} = e(\mathrm{I})$, então, dada uma matriz $\mathrm{A}_{n\times n}$, $e(\mathrm{A}) = \mathrm{EA}$.

Demonstração

Para a demonstração, consideraremos uma das operações elementares por vez. Por outro lado, escreveremos A_{ij} como

$$\mathrm{A}_{ij} = (\mathrm{A})_{ij} = (\mathrm{IA})_{ij} = \sum \mathrm{I}_{ik}\mathrm{A}_{kj}.$$

Consideremos a 1ª operação elementar: $\mathrm{E}_{rj} = c\mathrm{I}_{rj}$.

$$\begin{aligned}(e\mathrm{A})_{rj} &= c\mathrm{A}_{rj} \\ &= \sum c\mathrm{I}_{rk}\mathrm{A}_{kj} \\ &= \sum \mathrm{E}_{rk}\mathrm{A}_{kj} \\ &= (\mathrm{EA})_{rj}\end{aligned}$$

Consideremos a 2ª operação: $\mathrm{E}_{rj} = \mathrm{I}_{rj} + c\mathrm{I}_{sj}$.

$$\begin{aligned}(e\mathrm{A})_{rj} &= \mathrm{A}_{rj} + c\mathrm{A}_{sj} \\ &= \sum \mathrm{I}_{rk}A_{kj} + \sum c\mathrm{I}_{sk}\mathrm{A}_{kj} \\ &= \sum \left(\mathrm{I}_{rk} + c\mathrm{I}_{sk}\right)\mathrm{A}_{kj} \\ &= \sum \mathrm{E}_{rk}\mathrm{A}_{kj} \\ &= (\mathrm{EA})_{rj}\end{aligned}$$

Consideremos a 3ª operação: $\mathrm{E}_{rj} = \mathrm{I}_{sj}$, $\mathrm{E}_{sj} = \mathrm{I}_{rj}$.

$$(e\mathrm{A})_{rj} = \mathrm{A}_{sj} \qquad\qquad (e\mathrm{A})_{sj} = \mathrm{A}_{rj}$$

$$\begin{aligned} &= \sum \mathrm{I}_{sk}\mathrm{A}_{kj} \qquad &&= \sum \mathrm{I}_{rk}\mathrm{A}_{kj} \\ &= \sum \mathrm{E}_{rk}\mathrm{A}_{kj} &&= \sum \mathrm{E}_{sk}\mathrm{A}_{kj} \\ &= (\mathrm{EA})_{rj} &&= (\mathrm{EA})_{sj} \quad \blacklozenge \end{aligned}$$

14. Para toda operação elementar e existe a operação elementar inversa e^{-1}, tal que

$$e^{-1}(\mathrm{E}) = e^{-1}(e(\mathrm{I})) = \mathrm{I}.$$

A.3 Matrizes inversíveis

Definição A.1. *Seja A uma matriz de ordem $n \times n$ sobre o corpo F e B uma matriz tal que $AB = I$ é dita* matriz inversa de A por direita. *Se $BA = I$, B é dita* matriz inversa de A por esquerda.

1. Se $\mathrm{BA} = \mathrm{I}$ e $\mathrm{AC} = \mathrm{I}$, então $\mathrm{B} = \mathrm{C}$.

   Demonstração

   $$\mathrm{B} = \mathrm{BI} = \mathrm{B}(\mathrm{AC}) = (\mathrm{BA})\,\mathrm{C} = \mathrm{C}. \quad \blacklozenge$$

   Nesse caso, B é dita *matriz inversa* de A, sendo única e representada por A^{-1}.

2. Se A é inversível, A^{-1} também é inversível, e $\left(\mathrm{A}^{-1}\right)^{-1} = \mathrm{A}$.

3. Se A e B são inversíveis, AB também é inversível, e

   $$(\mathrm{AB})^{-1} = \mathrm{B}^{-1}\mathrm{A}^{-1}. \tag{A.1}$$

   Demonstração

$$(AB)\, B^{-1}A^{-1} = A\left(BB^{-1}\right)A^{-1} = AA^{-1} = I,$$

e

$$B^{-1}A^{-1}(AB) = B^{-1}\left(A^{-1}A\right)\, B = B^{-1}B = I. \quad \blacklozenge$$

4. Toda matriz elementar é inversível.

   Demonstração

   Sejam e e e^{-1} uma operação elementar e a sua inversa, respectivamente, e sejam as matrizes elementares respectivas E e E^{-1}.

$$EE^{-1} = e\left(e^{-1}(I)\right) = I$$

$$E^{-1}E = e^{-1}\left(e\,(I)\right) = I \quad \blacklozenge$$

5. Se A é uma matriz de ordem $n \times n$ que pode ser reduzida à matriz identidade por uma série de operações elementares, então ela é inversível e a sua inversa é o produto das matrizes elementares.

   Demonstração

   Suponha que, aplicando k operações elementares à matriz A, obtenhamos a matriz identidade

$$E_k \ldots E_2E_1A = I,$$

   Então, aplicando as operações inversas na expressão anterior, obtemos

$$A = E_1^{-1}E_2^{-1} \ldots E_k^{-1}I = E_1^{-1}E_2^{-1} \ldots E_k^{-1},$$

ou seja, A é um produto de matrizes inversíveis e, portanto, ela mesma é inversível e

$$E_k \ldots E_2 E_1 = A^{-1}. \quad \blacklozenge$$

6. Se A é uma matriz de ordem $n \times n$, ela é inversível se det A$\neq 0$ e

$$A^{-1} = \frac{1}{\det A} C^t,$$

onde C é a matriz dos cofatores de A.

Apêndice B

Função δ de Dirac

B.1 Definição e propriedades

A denominada função delta $\delta(x)$ ou função delta de Dirac, introduzida por Paul A. M. Dirac, é uma função imprópria ou distribuição definida por

$$\delta(x) = \begin{cases} 0 & (x \neq 0) \\ \infty & (x = 0) \end{cases} \tag{B.1}$$

e que possui as seguintes propriedades:

1.
$$\int_{-\infty}^{\infty} \delta(x)\, dx = 1, \tag{B.2}$$
o qual mostra que a delta de Dirac tem unidades do inverso da coordenada x.

2. Se $f(x)$ é uma função contínua,
$$\int_{-\infty}^{\infty} \delta(x)\, f(x)\, dx = f(0), \tag{B.3}$$
conhecida como *propriedade de filtragem.*

Demonstração

Consideremos os limites de integração como sendo ε e $-\varepsilon$, onde $0 < \varepsilon \ll 1$. Da continuidade da função $f(x)$ e da propriedade 1 da função delta, obtemos

$$\begin{aligned}\int_{-\infty}^{\infty} \delta(x) f(x)\, dx &= \int_{-\varepsilon}^{\varepsilon} \delta(x) f(x)\, dx \\ &\cong f(0) \int_{-\varepsilon}^{\varepsilon} \delta(x)\, dx,\end{aligned}$$

onde, para todos os valores de ε,

$$\int_{-\varepsilon}^{\varepsilon} \delta(x)\, dx = 1.$$

Assim, considerando $\varepsilon \to 0$, o valor meio da função $f(x)$ no intervalo $[-\varepsilon, \varepsilon]$ aproxima-se de $f(0)$, e, portanto,

$$\int_{-\infty}^{\infty} \delta(x) f(x)\, dx = f(0). \quad \blacklozenge$$

A propriedade de filtragem da função $\delta(x)$ pode ser aplicada em um ponto $x_o \neq 0$, se consideramos $\delta(x - x_o) = 0$ para $x \neq x_o$, divergindo em $x = x_o$. Se designamos I o intervalo de integração, teremos:

(a)

$$\int \delta(x - x_o)\, dx = 1, \tag{B.4}$$

se $x_o \in$ I e nula caso contrário.

(b)

$$\int \delta(x - x_o) f(x)\, dx = f(x_o), \tag{B.5}$$

se $x_o \in$ I e nula caso contrário.

Demonstração

Façamos a substituição de variável $x - x_{\text{o}} = y$, o que implica que $dx = dy$. Assim,

$$\int \delta\left(x - x_{\text{o}}\right) f\left(x\right) dx = \int f\left(y + x_{\text{o}}\right) \delta\left(y\right) dy,$$

e, usando a propriedade 2 da função delta para $y = 0$,

$$\int f\left(y + x_{\text{o}}\right) \delta\left(y\right) dy = f\left(x_{\text{o}}\right),$$

portanto,

$$\int \delta\left(x - x_{\text{o}}\right) f\left(x\right) dx = f\left(x_{\text{o}}\right). \quad \blacklozenge$$

3.

$$\int \frac{d\delta\left(x\right)}{dx} f\left(x\right) dx = -\frac{df}{dx}\left(0\right) \tag{B.6}$$

Demonstração

Integrando por parte, obtemos

$$\begin{aligned} \int_{-\infty}^{\infty} \frac{d\delta\left(x\right)}{dx} f\left(x\right) dx &= \delta\left(x\right) f\left(x\right)\Big|_{-\infty}^{\infty} - \int_{-\infty}^{\infty} \delta\left(x\right) \frac{df\left(x\right)}{dx} dx \\ &= -\frac{df}{dx}\left(0\right) \quad \blacklozenge. \end{aligned}$$

4.

$$\delta\left(y\left(x\right)\right) = \sum_i \frac{\delta\left(x - x_i\right)}{\left|\frac{dy}{dx}\left(x_i\right)\right|}, \tag{B.7}$$

onde x_i são os zeros da função $y(x)$.

Demonstração

Suponhamos que a função $y(x)$ tem zeros nos pontos x_i. O domínio de integração D, $-\infty < x < \infty$, pode ser dividido em tantos intervalos finitos D_i quantos zeros tenha a função $y(x)$, sendo cada x_i um ponto interior ao domínio $D_i = [x_i - \epsilon, x_i + \epsilon]$ para $\epsilon > 0$. Assim, a integral em todo o domínio pode ser dividida em uma somatória de integrais sobre os diversos domínios D_i:

$$\int\limits_D f(x)\,\delta(y(x))\,dx = \sum_i \int\limits_{D_i} f(x)\,\delta(y(x))\,dx.$$

Em cada uma das integrais sobre o domínio D_i podemos fazer a mudança de variável $y(x) = y$, obtendo, portanto,

$$\int\limits_{D_i} f(x)\,\delta(y(x))\,dx = \int f(x(y))\,\delta(y)\,\frac{1}{\left|\frac{dy}{dx}\right|}dy,$$

onde $1/\left|\frac{dy}{dx}\right|$ é o jacobiano da transformação. Aplicando a definição da delta de Dirac na última integral, obtemos

$$\int f(x(y))\,\delta(y)\,\frac{1}{\left|\frac{dy}{dx}\right|}dy = f(x_i)\,\frac{1}{\left|\frac{dy}{dx}(x_i)\right|},$$

o que demonstra a afirmação. ♦

B.2 Sequências delta

A função $\delta(x)$ não é uma função no sentido usual. Uma abordagem correta é considerá-la como o limite de uma sucessão ou sequência de funções $f_n(x)$ altamente concentradas em torno da origem, cuja integral no domínio $-\infty \leq x \leq \infty$ seja igual a 1, e que tem, no limite para $n \to \infty$, a propriedade

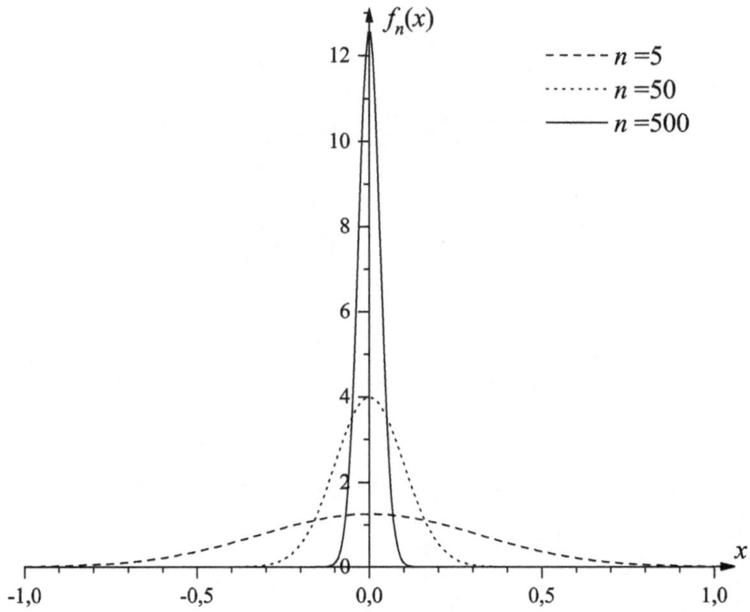

Figura B.1 – Funções da sequência f_n (Equação B.9) para $n = 5$, 50 e 500, usada para definir a função $\delta(x)$.

de filtragem da função delta. Ou seja,

$$\delta(x) = \lim_{n\to\infty} \int_{-\infty}^{\infty} f_n(x)\, dx. \tag{B.8}$$

Um exemplo de sequência de funções $f_n(x)$ que conduzem a uma função $\delta(x)$ é

$$f_n(x) = \sqrt{\frac{n}{\pi}}\, e^{-nx^2}. \tag{B.9}$$

A Figura B.1 mostra essa sequência para $n = 5$, 50 e 500. A característica dessa sequência é que, para $n \to \infty$, as funções se tornam mais estreitas e o máximo é cada vez maior.

Mostremos que a sequência delta dada pela Equação B.9 satisfaz a propriedade 1 para qualquer valor de n e a propriedade 2 para uma função $f(x)$ contínua e derivável, sendo que elas e as suas derivadas são $O\,|x|^{-N}$ para $|x| \to \infty$ para todo N:

1.

$$\int_{-\infty}^{\infty} f_n(x)\,dx = \sqrt{\frac{n}{\pi}} \int_{-\infty}^{\infty} e^{-nx^2}\,dx$$
$$= \sqrt{\frac{n}{\pi}}\sqrt{\frac{\pi}{n}}$$
$$= 1,$$

o qual mostra que satisfaz a propriedade 1. ♦

2. Para mostrar que a sequência f_n satisfaz a propriedade 2, consideremos a seguinte expressão:

$$\left| \int_{-\infty}^{\infty} f_n(x)\, f(x)\,dx - f(0) \right| = \left| \sqrt{\frac{n}{\pi}} \int_{-\infty}^{\infty} e^{-nx^2} f(x)\,dx - f(0) \right|$$
$$= \left| \sqrt{\frac{n}{\pi}} \int_{-\infty}^{\infty} e^{-nx^2} \left(f(x) - f(0)\right) dx \right|,$$

onde a última expressão é escrita levando em conta que a sequência satisfaz a propriedade 1. Pelas propriedades da função $f(x)$,

$$\left| \sqrt{\frac{n}{\pi}} \int_{-\infty}^{\infty} e^{-nx^2} \left(f(x) - f(0)\right) dx \right| \leq \text{máx} \left| \frac{df}{dx} \right| \int_{-\infty}^{\infty} e^{-nx^2} |x|\,dx$$
$$= \text{máx} \left| \frac{df}{dx} \right| \frac{1}{\sqrt{n\pi}} \xrightarrow[n \to \infty]{} 0,$$

como queríamos mostrar. ♦

Além da sequência f_n dada pela Equação B.9, diversas outras sequências podem ser utilizadas para definir a função delta, apresentando as mesmas características gerais. Duas outras sequências que levam a uma função delta de Dirac são

$$g_n = \frac{n}{\pi\left(n^2x^2+1\right)}$$

e

$$h_n = \frac{n}{\sqrt{\pi}}e^{-n^2x^2}.$$

Em mais de uma dimensão e em coordenadas cartesianas, a função delta de Dirac é generalizada como

1. $\delta\left(\mathbf{r}-\mathbf{r}_o\right) = \delta\left(x-x_o\right)\delta\left(y-y_o\right)\delta\left(z-z_o\right);$

2. $\int\limits_V \delta\left(\mathbf{r}-\mathbf{r}_o\right)dV = \begin{cases} 1 & \text{se } V \text{ contém } \mathbf{r}_o \\ 0 & \text{se } V \text{ não contém } \mathbf{r}_o \end{cases}.$

Assim, a expressão $\delta\left(\mathbf{r}-\mathbf{r}_o\right)$ tem as unidades do inverso de V.

B.3 Aplicações da delta de Dirac

A função delta de Dirac encontra grande utilidade no eletromagnetismo, sendo utilizada para representar distribuições discretas e contínuas (lineares e de superfície) de carga como uma densidade volumétrica.

Exemplos

i. Uma carga pontual q no ponto $\mathbf{r}_o$

$$\rho\left(\mathbf{r}\right) = q\,\delta\left(\mathbf{r}-\mathbf{r}_o\right)$$

ii. Um conjunto de cargas pontuais q_i nos pontos $\mathbf{r}_i$

$$\rho(\mathbf{r}) = \sum_i q_i\, \delta(\mathbf{r} - \mathbf{r}_i) .$$

Dependendo da simetria da distribuição de carga, pode ser útil utilizar sistemas de coordenadas diferentes do cartesiano. A escolha de um determinado sistema deve ser pautado pela possibilidade de que a distribuição de carga seja caracterizada pelo maior número possível de valores constantes das coordenadas. Vejamos alguns exemplos:

- Uma carga Q distribuída uniformemente sobre uma superfície esférica de raio R

  Nesse caso, um sistema de coordenadas natural para o problema é o esférico, estando a distribuição de carga caracterizada pelo fato de ser $r = R$ para todos os elementos de carga. Assim, podemos escrever

  $$\rho(\mathbf{r}) = k\,\delta(r - R) ,$$

  onde k deve ser determinada pela condição de que a integral no volume seja a carga total Q. Integremos a expressão anterior da densidade em todo o espaço e igualemos a Q:

  $$\begin{aligned} Q &= \int \rho(\mathbf{r})\, dV \\ &= \iiint k\,\delta(r - R)\, r^2 \operatorname{sen}\theta dr d\theta d\phi \\ &= k \int \delta(r - R)\, r^2 dr \int \operatorname{sen}\theta d\theta \int d\phi \\ &= k 4\pi R^2, \end{aligned}$$

  portanto, $k = Q/4\pi R^2$, ou seja, é a densidade superficial de carga.

- Uma carga Q distribuída uniformemente sobre um disco de espessura desprezível, de raio R, posicionado sobre o plano x-y e centrado com o eixo z

Nesse caso, podemos utilizar o sistema de coordenadas cilíndricas. Para o disco, $z = 0$ e r varia entre 0 e R (utilizaremos o símbolo r no lugar de ρ para indicar a distância ao eixo z). Assim, escrevemos a densidade volumétrica como

$$\rho(\mathbf{r}) = k\,\delta(z)\,H(R-r),$$

onde k é novamente uma constante a ser determinada a partir da condição de que a integral no volume da densidade de carga seja a carga total Q, e H é a *função de Heaviside* ou *função escalão*, a qual toma o valor 1 para argumento positivo e zero para argumento negativo. Integrando a densidade no volume, temos:

$$\begin{aligned} Q &= \int \rho(\mathbf{r})\,dV \\ &= \iiint k\,\delta(z)\,H(R-r)\,r dz dr d\phi \\ &= k\int_{-\infty}^{\infty} \delta(z)\,dz \int_{0}^{\infty} H(R-r)\,r dr \int_{0}^{2\pi} d\phi \\ &= k2\pi \int_{0}^{R} r\,dr \\ &= k\pi R^2, \end{aligned}$$

portanto, obtemos $k = Q/4\pi R^2$, a qual é, novamente, a densidade superficial de carga.

Referências

AL-GWAIZ, M.A. **Sturm-Liouville Theory and its Applications**. London: Springer, 2008.

APOSTOL, T.M. **Calculus. v. I e II: Multi Variable Calculus and Linear Algebra, with Applications to Differential Equations and Probability**. 2.ed. New York: Ed. Wiley, 1969.

ARFKEN, G.B.; WEBER, H.J.; HARRIS, F.E. **Mathematical Methods for Physicists: a Comprehensive Guide**. 7.ed. São Paulo: Elsevier 2013.

BRAMOWITZ M.; STEGUN I. A. **Handbook of mathematical functions with formulas, graphs and mathematical tables**. National Bureau of Standards Applied Mathematics Series, Government Printing Office, 1964.

BUTKOV, E. **Física matemática**. Rio de Janeiro: Guanabara Dois, 1978.

BYERLY, W.E. **An elementary treatise on Fourier's Series and spherical, cylindrical and ellipsoidal harmonics with applications to physical mathematics**. Boston: Ginn & Company, 1893.

CHOW. T.L. **Mathematical Methods for physicists: a concise introduction**. New York: Cambridge, 2000.

COURANT, R.; HILBERT, D. **Methods of Mathematical Physics**. v. I e II. New York: Wiley, 1953.

DAVIS, H.F. **Fourier series and orthogonal functions**. New York: Dover, 1989.

DAVIS, H.F.; SNIDER A.D. **Introduction to vector analysis**. 4. ed. Boston: Allyn and Bacon, 1979.

GANS, R. **Einführung in die vektoranalysis: mit anwendungen auf die mathematische physik**. Berlin, 1921.

GIBBS J.W.; WILSON E. **Vector analysis: A text-book for the use of students of mathematics and physics**. New Haven: Yale University Press, 1947.

GOLDSTEIN, H.; POOLE, C.; SAFKO, J. **Classical Mechanics**. 3. ed. Addison-Wesley, 2001.

HOFFMAN, K.; KUNZE, R. **Algebra lineal**. Madrid: Del Castillo, 1977.

JACKSON, J.D. **Classical Electrodynamics**. 2. ed. New York: Wiley, 1975.

JACKSON, J.D. **Mathematics for Quantum Mechanics: an Introductory Survey of Operators, Eigenvalues, and Linear Vector Spaces**. New York: W.A. Benjamin, 1962.

LAMÉ G. **Leçons sur les coordonnées curvilignes et leur diverses applications**. Paris: Mallet Bachelier, 1859.

LANDAU, L.; LIFSHITZ, E.M. **Curso de física: mecânica**. São Paulo: Hemus, 2004.

LIGHTHILL, M.J. **An introduction to Fourier analysis and generalized functions**. Londres: Cambridge, 1964.

MORSE, P.M.; FESHBACH, H. **Methods of Theoretical Physics**. v. I e II. New York: MacGraw-Hill, 1953.

SAKURAI, J.J. **Modern Quantum Mechanics**. Boston: Addison-Wesly, 1994.

SANTALO, L.A. **Vectores y tensores con sus aplicaciones**. 13. ed. Buenos Aires: EUdeBA, 1985.

SCHEY, H.M. **Div, Grad, Curl and all That: An informal text on vector calculus**. 3. ed. New York: W.W. Norton & Company, 1997.

THOMAS, G.B.; WEIR M.D.; HASS, J. **Thomas's Calculus: Early Transcendentals**. 12. ed. Boston: Addison-Wesley, 2009.

THORNTON, S.T.; MARION, J.B. **Classical dynamics of particles and systems**. 5. ed. Belmont: Thomson, 2004.

WHITTAKER, E.T.; WATSON, G.N. **A course of Modern Analysis**. 3. ed. Londres: Cambridge, 1920.

WILLIAMSON, R.E.; TROTTER, H.F.; CROWELL, R.H. **Cálculo de funciones vectoriales**. Madrid: Ediciones del Castillo, 1973.

Índice remissivo